云作业调度算法

李强 著

本书出版获得以下项目支持：国家自然科学基金项目（61502330）、山西软科学计划研究项目（2016041 0008-5）、山西省高等学校科技创新项目（2020L0743）和校级学术型科研创新团队项目（『基于人工智能技术的山西省科技资源共享平台建设方案的研究』）

武汉大学出版社
WUHAN UNIVERSITY PRESS

图书在版编目(CIP)数据

云作业调度算法/李强著.—武汉：武汉大学出版社,2023.12(2024.12重印)

ISBN 978-7-307-24009-4

Ⅰ.云…　Ⅱ.李…　Ⅲ.云计算　Ⅳ.TP393.027

中国国家版本馆 CIP 数据核字(2023)第 181687 号

责任编辑:陈　红　　责任校对:汪欣怡　　版式设计:马　佳

出版发行：**武汉大学出版社**　（430072　武昌　珞珈山）

（电子邮箱：cbs22@whu.edu.cn　网址：www.wdp.com.cn）

印刷:湖北云景数字印刷有限公司

开本:787×1092　1/16　印张:21　字数:481 千字　插页:2

版次:2023 年 12 月第 1 版　　2024 年 12 月第 2 次印刷

ISBN 978-7-307-24009-4　　定价:88.00 元

李强，1980年5月出生于太原市，2007年毕业于太原理工大学计算机与软件学院，同时获工学硕士学位。现任山西省财政税务专科学校大数据学院副教授。主要从事大数据、云计算、人工智能的教学和研究。

中国计算机学会（CCF）会员，美国计算机学会（ACM）会员，中国电子学会专家委员。国际SCI源刊CMOT、JEET和JETAI特约审稿专家。获得工信部和人社部联合颁发的系统分析师、软件架构师、信息系统项目管理师、系统规划与管理师证书。工作期间，获得2017年山西省财政系统先进工作者，并多次获得山西省教育厅、财政厅、团省委和科技厅等部门的荣誉。

以第一作者身份发表论文30余篇，其中在北大核心期刊发表20篇，2篇被SCI检索。主持并成功结项8项省级课题，拥有国家发明专利2项，实用新型专利4项，软件著作权20项，出版专著2部。

前　　言

当前信息技术领域正在发生翻天覆地的变革，这样的根本性变革大约每十年会发生一次。技术的发展也应了这句经典，发展趋势总是螺旋上升的。早期的大型机时代，大型机集中了所有计算；而到了 PC 时代，计算能力则分布在每一台 PC 上；进入以"云计算"为代表的互联网时代之后，计算能力又将走向集中。这种变革不仅会影响到商业模式，而且也会改变我们在开发、部署、使用应用软件时所依赖的底层基础架构。云代表多种新技术架构（虚拟化）、服务为中心（SOA）的包装和基于 internet 供应模式的独特汇合。正是这三者的交汇使得云成为如此强大的促使 IT 技术发生又一次新变革的动力，只有这种动态的突破性力量带来的爆炸性变革才有可能创造新的发展机遇、经济效益和商业机遇。

本书结合作者多年对云计算领域应用的研究成果，对各章节结构做了精心的设计和安排，有较强的逻辑性、系统性、全面性、专业性和实践性。此外，本书还参考了其他作者发表在期刊、会议论文和网络日志等中的重要成果，以及一些公司提供的云计算应用解决方案，对此深表感谢。

其中，第 14 章主要引用作者 2017 年发表在《计算机应用》上的文章《基于 Hopfield 神经网络的云存储负载均衡策略》，第 15 章主要引用作者 2023 年发表在《系统仿真学报》上的文章《基于模拟植物生长算法的云作业调度模型》，第 16 章主要引用作者 2023 年发表在《湖南科技大学学报》上的文章《一种基于烟花算法的云作业调度策略》，第 17 章主要引用作者 2017 年发表在《科研信息化技术与应用》上的文章《一种科技云的架构方案》。

由于作者水平所限，书中不可避免地存在一些不足和错误之处，诚恳地欢迎广大读者批评指正。

李　强

2023 年 10 月 30 日

于山西省财政税务专科学校

目　　录

第1章 绪 论

1.1 云计算的概念

近年来，随着信息技术的发展，各行各业产生的数据量呈爆炸式增长趋势，用户对计算和存储的要求越来越高。为满足用户对逐日增长的数据处理的需求，企业和研究机构建立自己的数据中心，通过投入大量资源提高计算和存储能力，以达到用户要求。传统模式下，不仅需要购买 CPU、硬盘等基础设施，购买各种软件许可，还需要专业的人员维护数据中心运行，随着用户需求与日俱增，企业需要不断升级各种软硬件设施以满足需求。

在用户规模扩大的同时，应用种类也在不断增多，由于任务规模和难度指数增大，传统的资源组织和管理方式按照现有的扩展趋势，已无法满足用户服务质量的要求；投资成本和管理成本均已达到普通企业无法承担的程度。对于企业来说，并不需要一整套软硬件资源，追求的是能高效地完成对自有数据的处理。基于此，云计算技术应运而生。

1.1.1 云计算的诞生

2006 年 8 月 9 日，Google 首席执行官 Eric Schmidt 在搜索引擎大会上首次提出了"云计算"（cloud computing）的概念，翻开了计算机历史的新篇章。十几年来，这一技术如雨后春笋般迅猛发展，Amazon、Microsoft、Facebook、IBM 等业界代表纷纷投入云计算的大潮，Apache 更是将 Hadoop 等列为基金会顶级项目，百度、腾讯、阿里巴巴等国内互联网企业纷纷推出云产品，学术界也开始针对云计算进行深入研究。

云计算一直没有一个统一而明确的定义，工业界认为是一种商业模式，将成百上千的计算机组成大规模集群，支持用户按需共享使用软硬件资源[1]。学术界认为云计算是将分布式计算（distributed computing）、分布式存储（distributed storage）、并行计算（parallel computing）及虚拟化（virtualization）等分布式系统和网络融合在一起[2]。云计算因其具有以下优势而被广泛使用：可以存储和快速处理海量数据，具有高通用性，高可扩展性，按需提供服务，以及维护代价低等。

1.1.2 云计算的分类与定义

传统上，云计算架构按照服务类型自下而上被划分为基础设施即服务（infrastructure as a service，IaaS）、平台即服务（platform as a service，PaaS）和软件即服务（software as a service，SaaS）三种，如图 1-1 所示。

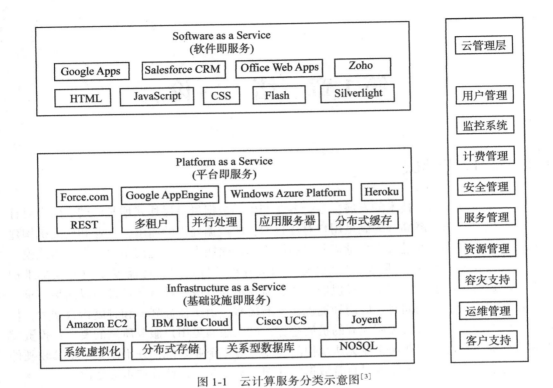

图 1-1　云计算服务分类示意图[3]

　　IaaS 是指将底层网络连接以及服务器等物理设备作为基础设施来提供资源租用与管理服务。通常来说是利用虚拟化技术来组织现有系统中的 CPU、内存和存储空间等 IT 资源。在计算和存储方面做到可定制、易扩展和健壮性。IaaS 通过对底层物理设备的抽象向用户提供信息处理、存储以及网络资源。用户能够通过租用这些资源来部署相关操作系统以及各种应用软件。用户不需要对这些物理资源进行管理——该工作由系统管理员来完成——只需要控制操作系统、存储和部署应用软件，同时也可能控制有限的网络组件，例如防火墙等。

　　PaaS 是指一种向用户提供在云基础设施之上部署定制软件的系统软件平台，该平台允许用户使用若干种平台支持的编程语言进行软件的开发，并提供相应的库、服务以及由服务提供者支持的工具。用户无须管理或控制包括网络、服务器、操作系统和存储等底层云基础设施，可能只需要控制所部署的应用软件并可能配置支撑该应用软件的环境参数。PaaS 通常建立在 IaaS 之上，通常面对的对象是应用的开发者而不是普通软件使用者。PaaS 能够提供一个屏蔽了底层基础设施的平台，让开发者无须担心系统部署的问题。与此同时，一些 PaaS 还提供封装好的 SDK 和运行库，或者一些完善的共性服务供开发者使用。

　　SaaS 是指向用户提供使用运行在云基础设施之上的某些应用软件的能力。用户可以通过各种客户端设备上搭载的客户端界面（例如网络浏览器等）或者程序界面来访问这些应用软件。用户无须管理或控制底层的网络、服务器、操作系统、存储等实现细节，可能只需要对该软件的某些参数进行配置。SaaS 更多指的是一种商业模式。SaaS 运营商向用户提供一些建立在 IaaS 基础之上的应用程序，这样用户无须购买软件也无须对软件系统进行维护，只要按需租用即可。

但随着人们对云计算相关技术研究热情的不断高涨，云计算已经突破其早先狭义的通过网络以按需、灵活的方式获得相关 IT 基础设施资源的概念，逐渐扩展到服务的交付和使用模式。越来越多的人将一切屏蔽实现细节，以服务的方式提供给用户的系统都称为云计算，或 XaaS（这里的 X 可以代表 hardware、platform 等）。

与此同时，云计算按照服务方式还可以划分为公有云（public cloud）、私有云（private cloud）和混合云（hybrid cloud）。

公有云是指独立的第三方云计算服务提供商（cloud computing service provider, CCSP）在全球范围内建立若干数据中心，为所有企业和用户提供的云服务。公有云受到运营需求的限制，对资源管理需求较为强烈，因此除非特有所指。

私有云是指由某个企业或组织为降低运行及开发成本而搭建并使用的云环境，具有专属性质，是封闭的。在私有云内部，企业或组织成员拥有相关权限可以访问并共享该云计算环境所提供的资源，而外部用户则不具有相关权限而无法访问该服务。

混合云是指公有云与私有云的结合，通常有对外服务的公有云和专属的私有云两部分。企业和用户可以将公开的服务和保密程度较低的数据放在公有云部分上，而私有服务和保密程度较高的数据放在私有云部分上。而混合云的"公""私"两部分并不是割裂的，它们之间也会相互协调工作。

目前许多学者与机构为云计算这一概念做出了不同的定义[2]。

Michael Armbrust 等人[4]认为云计算既是指通过 Internet 作为服务发布的应用程序，也指提供这些服务的数据中心中的软硬件。这些服务通常被称为 SaaS。数据中心的硬件和软件合在一起便是我们所称的"云"。当一个云以即用即付（pay as you go）方式提供给公众时，称其为公有云（public cloud），其所提供的服务就是效用计算（utility computing）；与之相对的是私有云（private cloud），其描述的是一个商业或其他机构对外不可用的内部数据中心。因此云计算就是 SaaS 和效用计算的融合。

Ian Foster 等人[5]认为云计算是一个因经济因素驱动的大规模分布式计算泛型，在云计算之中有一个抽象的、虚拟化的、动态伸缩的、计算能力得到管理的，存储、平台和服务通过互联网被按需提供给外部用户的资源池。

IBM 在其技术白皮书[6]中指出：云计算一词描述了一个系统平台或一类应用程序；该平台可以根据用户的需求动态部署、配置等；云计算是一种可以通过互联网进行访问的可以扩展的应用程序。

美国国家标准技术研究院（national institute of standards and technology, NIST）在文献[7]中指出：云计算是一种普适的、便捷的、通过网络按需介入一组配置好的计算资源池（如网络、服务器、存储、应用程序以及服务等）的模型；该模型能够以最小的管理代价或与服务提供商的交互快速地准备及发布。

综合以上观点,本书认为云计算就是并行计算、分布式计算、虚拟化技术相融合并进一步发展的产物,其能够将基于网络的大量计算机集群统一抽象为一个资源池,向用户提供一种灵活、可伸缩、有弹性且具有极高健壮性的计算资源与存储资源按需出租服务。

1.1.3 云计算的特点

云计算有以下几个主要特点。

(1)大规模。云计算通常需要数量众多的服务器等设备作为基础设施,例如 Google 拥有百万台服务器以上的云计算环境,而一般私有云也通常有几十台到上百台相关设备。

(2)虚拟化。虚拟化是云计算的底层支撑技术之一。当用户向云计算请求某种服务的时候,他并不知道该服务是由云计算环境中哪一台或几台服务器提供的。云服务提供商也可以通过虚拟化技术整合全部系统资源,从而达到动态调度、降低成本的目的。

(3)伸缩性。云计算的设计架构可以使计算机节点在无须停止服务的情况下随时加入或退出整个集群,从而实现了伸缩性。

(4)敏捷。云计算通过屏蔽底层实现细节,以服务的方式对外开放,因此,企业和用户能够快速地开发和部署相关应用软件与系统。

(5)按需服务。云计算环境可以动态地对资源进行调度,因此,用户可以根据自己的实际需要订购相应的资源,并且在需求改变的时候也能够随时调整订单以应对快速发生的变化。

(6)多租户。云计算使用多租户技术来保证用户之间的服务相互隔绝而互不干扰。当某一个服务崩溃的时候不会影响其他正在使用的服务。

(7)容错性。云计算最早提出时,就是建立在使用消费级(相对于昂贵的高级服务器而言)计算机的前提之下。该类设备的稳定性无法支撑长期 7×24 小时的在线服务,因此节点失效将成为常态。云计算拥有良好的容错机制,当某个节点发生故障的时候,可以轻易地通过副本等机制保证服务的持续。

(8)规模化经济。云计算的规模通常较大,云计算服务提供商可以使用多种资源调度技术来提高系统资源利用率从而降低使用成本,同时还可以通过通风、制冷、供电、网络接入的统筹规划降低维护成本,从而实现规模化经济,为用户提供收费更为低廉的服务。

1.1.4 云计算的典型

目前云计算已经在工业界得到了广泛的应用,有许多成熟的产品及开源软件提供给用户。下面对几种著名的云计算产品做一个简单的介绍。

(1)Amazon。Amazon 公司作为世界上最大的互联网在线零售商,为了应对高峰期的用户访问,拥有巨大的服务器集群设备,因此,具有发展云计算的先天优势条件。Amazon 被认为是目前云计算商业应用推广最为成功的服务提供商之一。它推出的云计算服务包括弹性云计算(elastic compute cloud,EC2)、弹性 MapReduce(elastic mapreduce,

EMR）、Amazon DynamoDB、简单存储服务（simple storage service，S3）和虚拟私有云（virtual private cloud，VPC）等近十种云服务。许多研究机构对 Amazon 所提供的云计算服务进行了一系列性能测试。文献 [8] 对 Amazon EC2、S3、SQS 的基本性能进行了测试。文献 [9] 详细分析了将 Amazon EC2 用于科学计算时的各项性能指标。

（2）Google：Google 作为云计算这一概念的提出者，在该领域发表了一系列重要论文，对云计算产生了极为深远的影响。其中包括云计算中心搜索引擎网络设计[10]、分布式文件系统[11]以及并行处理泛型 MapReduce[12]等。Google 目前在全球各地拥有多个云计算中心，共有超过 100 万台的服务器，而且数量仍处于持续增长中。Google Earth、Gmail、Docs 等应用都建立在其自身的云计算平台之上。同时 Google 还推出了应用软件引擎（Google App Engine，GAE）。GAE 是一个软件支撑平台，它向开发人员提供了 Java 和 Python 等编程语言标准工具集（SDK）。开发人员可以将其应用软件部署在 GAE 上而无须担心如何对系统进行管理。GAE 还提供了例如任务队列、XMPP 和 Cloud SQL 等一系列工具帮助程序更好的运行。

（3）IBM。IBM 根据其自身在大型机、小型机领域的优势，将云计算的重心放在了虚拟化技术的应用上，认为云计算是一种计算模式。IBM 采用虚拟化技术，将应用、数据、计算能力以及存储能力都能够以服务的方式通过互联网络提供给用户。大量的计算能力和存储能力被抽象为 IT 资源池，通过将这些资源组织在一起，通过创建动态的、可扩展的、灵活且可靠的虚拟资源提供给用户。基于此，IBM 推出了名为"蓝云"的宏大计划。"蓝云"主要是建立在开源 Xen 虚拟机 Linux 平台之上，加之采用 Hadoop 进行分布式任务处理，并采用了 IBM Tivoli 网络资源监控和 WebSphere 网络服务。除此之外，IBM 还推出了整套云服务交付和管理解决方案，该方案能够跨动态的虚拟化环境，并使交付可视化、可控化和自动化，帮助用户降低云计算的复杂性。

（4）EMC。EMC 是老牌存储方案提供商。它于 2008 年底推出了全球云存储平台 Atmos，采用基于策略的管理系统来创建不同层级的云存储。此外 EMC 还推出了名为 Geo 的 VPlex 产品，可以将不同存储系统的数据整合起来，建立一个大的资源池，让用户可以从任何地点访问它们。这种资源池的构建为 EMC 的云服务发展奠定了良好的基础。

（5）Salesforce。Salesforce 是提供 SaaS 云计算服务的标志性企业之一，创建于 1999 年，是一家客户关系管理（CRM）软件服务提供商。其产品允许客户通过租用的方式使用相关软件，免去了用户的软件开发设计与服务器购买等前期成本。Salesforce 还允许用户与独立软件供应商合作定制或整合相关产品，并允许在其平台上使用。

从服务的角度看上述这些产品均是面向实际生产环境应用的，因此各大企业均在提高动态管理能力这一核心问题上进行了较大的投入。首先每个产品线都有系统资源监控方案，如 IBM 的 Tivoli、Google App Engine 在其系统控制台上也能够显示系统各相关运行参数。在动态资源管理方面，云计算服务提供商通常是以虚拟机技术为基础，通过将物理设备上的资源分割为规格不同的若干虚拟机为用户提供服务。该方法粒度较大，在灵活性、自动化方面也有所欠缺。

1.2 云存储

1.2.1 云存储的定义

云存储是为了解决云计算中的存储问题,利用网格技术、集群技术或分布式文件技术等,把云数据中心的各物理机上大量异构的存储设备综合调度协同工作,满足用户数据存储的功能。云存储系统就是云计算中的存储系统,用户的数据保存在云中,对用户而言,不再需要本地的存储系统及存储设备。云存储更准确地说是一种服务,由许多存储设备和服务器所构成的集合体提供数据访问服务,用户按需购买服务。

1.2.2 云存储的优势

与传统的存储技术相比,云存储技术有以下优点[10]。

(1)成本低、见效快。传统的数据存储方式,用户要购买数量相当的硬件设备,且要为这些设备搭建平台,需要大量资金的投入。当业务需求变化时,还需对软件返工,成本高、浪费时间。采用云存储的方式,用户只需配置必要的终端设备,不再需要额外的资金搭建平台,租用需要的服务,降低了成本。

(2)易于管理。传统的存储方式,需要有专业的人员进行系统维护。采用云存储方式,维护及更新工作都由服务提供商负责。

(3)方式灵活、伸缩自如。传统的存储方式,硬件平台及软件需要不断地更新,维护成本高。采用云存储的方式,用户可以按需使用,不使用不付费即可。

1.2.3 云存储的系统结构模型

云存储处理的通常是海量数据,主要完成这些海量数据的存储和管理。云存储的系统结构模型如图 1-2 所示,包括访问层、应用接口层、基础管理层和存储层。

存储层由存储设备及存储设备管理系统组成。存储设备是由系统中的各个节点上的存储设备构成,这些节点分布在不同的地域,通过网络互联在一起。存储设备管理系统主要完成存储设备的维护升级、存储设备的监控等工作。

基础管理层实现了云存储系统中多个存储设备之间的协同工作,负责内容分发、数据的删除压缩、数据的加密、数据的备份等,它所采用的技术包括集群系统、分布式文件系统和网格计算等。

应用接口层的功能包括网络接入、用户认证、权限管理、提供公用 API 接口、提供不同的应用等。

访问层包括各种能够访问云存储系统的用户,用户可以通过标准的公共应用接口登录云存储系统,享受云存储服务。

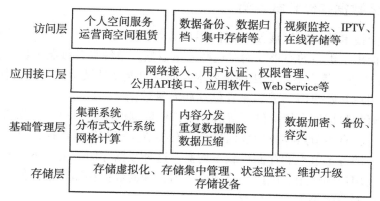

图 1-2 云存储系统结构

1.2.4 云存储的现状

云存储是为了解决云计算中的存储问题，它是利用网格技术、集群技术和分布式文件技术等，把云数据中心的各物理机上大量异构的存储设备集合在一起综合调度协同工作，以满足用户数据存储的功能需求。对用户来说数据存储是透明的，用户并不关心数据究竟存放在哪个物理机上。在云存储系统中，所有的用户数据都保存在"云"中的各个节点上，需要时从"云"节点中读取数据，对于用户来说，本地不需要存储设备。云存储也可以看作一种服务，由它为用户提供存储的服务，它不再是一个简单的存储硬件，而是融合了很多因素的复杂系统，例如存储硬件、网络设备、应用软件、公用访问接口、客户端界面、服务器、网络等。其中存储设备是这些部分的核心部件，数据最终存储在存储设备上，应用软件负责完成数据存储和业务访问的服务。用户使用的不是单一的某个存储设备，而是由这些组成部分共同构成的整体。因此，对用户来说，云存储不再是一个存储设备，而是由所有组成部分构成的系统对外提供的数据访问服务。

Amazon 是最早推出云存储服务的公司，它在 2006 年推出了简单存储服务（S3）以及弹性块存储技术[13]（EBS）。简单存储服务是一种对外出租存储服务，是 Amazon 网络服务（amazon web service，AWS）的一部分。IBM 于 2009 年推出了"企业级智能云存储"计划，该计划主要解决为客户提供应用程序方面的支持的问题，利用了存储虚拟化和基于私有云的存储归档技术[14,15]。EMC 公司推出了一种基于策略的管理系统——云存储基础架构 EMC Atmos，它是第一个容量高达 PB 的信息管理解决方案[16]。微软推出了网络硬盘服务 Windows Live SkyDrive[17]，国内众多高校、研究机构也开展了云存储相关技术的研究。清华大学郑纬民教授设计了 Corsair 系统，该系统由数据共享服务系统 Corsair 和分布式文件系统 Carrie 组成，为学校师生提供个人数据存储、社区数据分享及公共资源数据下载等服务。刘鹏等人开发了云存储平台 MassCloud，该系统具有构建成本低、性能高、可靠、使用简单的特点[18]。

1.2.5 云数据存储负载均衡

随着互联网技术的不断发展及互联网用户数量的不断增长，产生了海量数据需要存储，对服务器提出了更高的要求。面对这些海量数据，单纯靠升级服务器硬件，例如增加内存、提升 CPU 速度等，显然无法满足要求，而且更换硬件及维护硬件的代价也非常高。因此，更多的用户开始使用"云"来存储这些海量数据。

云计算为海量数据的存储提供了解决方案，但数据的不断存放、删除会造成有些节点存放的数据量大，有些节点存放的数据量小，有些节点存储热点数据，有些节点存储的数据访问量不高，即各个节点的存储负载不均衡。这种数据存储的负载不均衡将会影响云计算系统的效率及用户的使用。因此，必须设计出合理的数据存储方案，使得各个节点上的数据存储量及数据访问热度相对均衡。

数据存储负载不均衡可以归结为以下几个因素。

（1）服务器节点分布不均。由于各个节点在网络中的位置分布是不均衡的，数据存储在这些节点上，势必造成数据存储的位置不均衡性。

（2）资源存储不均衡。数据存储在各个节点上，一些节点存放得多，一些节点存放得少，造成了数据存储的不均衡。

（3）资源访问热度不同。不同资源的访问热度不同，有些资源在某些时刻的访问用户数多就会造成这些节点的负载重，引起节点间的负载不均衡。

（4）节点的硬件配置不同。配置高的节点能够应对更多用户的访问。

目前，数据存储的负载均衡算法一般分为动态负载均衡算法和静态负载均衡算法。静态负载均衡算法使用初始设计的算法计算负载量，然后分配数据，并且数据的位置不再改变。主要算法有节点空间划分方法[19]、多 hash 方法[20]、轮询法等。静态负载均衡算法比较简单，但不能适应网络中动态变化的情况。动态负载均衡算法是实时计算系统运行过程中各节点的负载情况，动态调整系统中出现的各种负载不均衡现象，主要有缓存方法[21,22]、虚拟节点算法[23,24]、动态副本方法[25]等。动态负载均衡算法虽然能够应对网络的实时变化，但这类算法相对比较复杂，需要考虑的因素也比较多。

文献［26］对 Hadoop 进行改进，主要改进了数据放置策略，基于节点网络距离与数据负载计算每个节点的调度评价值，然后选择一个最佳的远程数据副本的放置节点，从而实现数据放置的负载均衡。还有文献提出了基于动态带宽分配的 Hadoop 数据负载均衡方法。通过控制变量动态分配网络带宽实现数据负载均衡，并建立了基于控制变量的数据负载均衡数学模型。这两个算法均对 Hadoop 的负载均衡算法进行了不同程度的改进，但是在处理超负载节点时性能不是很好。

文献［27］提出了一种面向云计算的分态式自适应负载均衡策略，该策略根据节点的负载度判断节点负载的状态，当节点处于轻度过载或重度过载时，自发地执行过载避免或快速均衡的方法。该策略通过动态调整节点的效益度，减轻超重负载的节点的负载量，同时避免轻度过载的节点发展为重度过载的节点。但是该算法没有考虑节点的硬件配置等因素。

文献 [28] 提出了一种基于文件热度的多时间窗负载均衡策略，该策略最大限度地降低了系统响应时间。在计算文件热度时，不仅考虑了访问的次数和大小，还考虑了 I/O 访问时序等因素。该算法能够避免由于短时间突发性数据访问所引起的副本创建。但该算法没有综合考虑节点配置、带宽等因素。

文献 [29] 提出了一种副本放置策略，该策略是基于平衡树的。由被访问热度高的节点创建一棵虚拟平衡树，创建的时候利用相邻节点的信息，副本存放在树中的同一层的节点上。该策略能够把被访问热度高的节点的访问分散到其他节点上，实现了负载均衡，提高了数据传输速度，同时最小化创建的副本数量。但该算法没有提出删除副本的方法，也没有对相邻节点的负载情况进行考虑。

文献 [30-31] 提出了一种动态调整副本的算法，该算法能够最小化副本代价，但它没有权衡一致性和可用性等问题。

文献 [32] 提出了一种叫作 FDRM 的副本模型，该模型基于访问统计预测，能够对未来的访问情况做出预测，根据预测值完成对副本的自适应操作，使得系统开销最小化，但是该算法没有考虑节点配置的差异性等因素。

文献 [33] 提出了一种动态创建、删除副本的算法。算法实时存储每个文件的读取写入记录值，并把该记录保存在每个节点上。设定一个阈值，用于判断是否增加副本或者删除副本。如果副本收到读请求，该文件的记录值加 1，当这个值达到阈值时，创建一个新的副本；如果副本收到写请求，该文件的记录值减 1，当这个值降到 0 时，删除这个副本。在这个算法中，对于阈值的确定比较困难，同时每个节点要存储文件的读取写入记录值，将带来一定的开销。

文献 [34] 提出了一种副本调整策略，该策略根据副本的读写比例决定是否创建或删除副本，算法会每隔一定的时间周期读取副本的读写比例，但是该算法没有关注副本创建的位置。

1.3 云作业调度算法

1.3.1 MapReduce 概述

MapReduce[35] 计算框架于 2006 年由 Google 提出，可运行在由廉价普通机器组成的集群上，能处理 TB 级数据集，目前已被广泛应用于 web 日志分析、机器翻译等。

MapReduce 采用"分而治之"的思想，将处理大规模数据的作业分成若干个 map 任务和若干个 reduce 任务，每个 map 任务处理数据集的一部分，并分布在集群的各个节点上运行，当所有 map 任务执行完，reduce 任务便整合所有 map 任务产生的中间结果，经过计算后得到最终结果。[36-49] 例如，随着第二代测序技术的发展，每天产生大量的基因序列，并且基因序列的长度也在增长。若使用传统的单机对这些基因序列与人类基因库进行匹配需要几年的处理时间。在文献 [50] 中，基于 MapReduce 计算框架实现了一个并行基因匹配方法，将人类基因库分成若干人类基因块，每一个 map 任务完成基因序列与人类基因块的匹配任务，最后 reduce 任务收集 map 任务的中间结果，可快速得到匹配结果。

1.3.2 MapReduce 计算框架

目前出现很多基于 MapReduce 计算框架的云平台，例如 Hadoop、Disco[51]、Phoenix[52]，均已经用于实际环境中。图 1-3 展示了 MapReduce 云平台的基本架构，采用集中式资源管理和分配策略，由一个 JobTracker 和多个 TaskTracker 组成。JobTracker 负责分配资源和监控作业的执行。新提交的 MapReduce 作业都在 JobTracker 上排队，而 MapReduce 作业将会被分解成若干个 map 任务和 reduce 任务，JobTracker 则调用任务调度器（scheduler）将 map 任务或者 reduce 任务分配到 TaskTracker 节点上。TaskTracker 则负责执行任务。

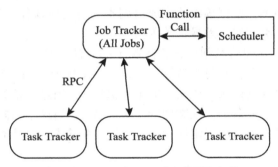

图 1-3　MapReduce 云平台的基本架构

在上述作业执行过程中，任务调度器将任务分配到 TaskTracker 节点时，存在任务和所需输入数据是否在同一节点上的问题，即数据本地性问题。若任务与数据在同一节点上，称该任务具有数据本地性，否则称没有数据本地性。没有数据本地性任务在执行时需远程读取所需数据，与有数据本地性的任务相比，增加了更多的通信开销，使得任务执行时间较长。因此，提高具有数据本地性任务的比例是优化任务调度器性能的途径之一。

然而 MapReduce 平台默认三种调度算法：first in first out（FIFO）、fair scheduler[53]、capacity scheduler[54]。虽然三者都优先选择有数据本地性的任务执行，但是集群通常被多用户共享，每个用户所使用的资源是受到限制的，很难保证任务具有数据本地性。据报告[55]，Facebook 和 Microsoft Bing 数据中心远程读取数据的操作占作业执行时间的 79%，消耗 69% 的资源。可见数据本地性问题是影响集群性能的重要因素。

1.3.3 MapReduce 任务调度策略

针对数据本地性问题已出现多种解决方案，延迟调度策略（delay scheduling）[56][57]、next-k-node 算法[58]等是以改变作业的执行顺序或者牺牲一部分公平性为代价提高具有数据本地性任务的比例。文献[59][60]引入数据预取技术，提出块内数据预取机制，为正在运行的任务预取下一个数据片段，但是并没有考虑数据块的第一块数据片段的读取延迟。文献[61-64]提出的方法均是通过分析历史数据来预测将来需要的数据并进行预取。但是历史数据并不能够完全表达出集群接下来作业的需求，性能的提升与否依赖于预测将来作业行为的准确性。

因此，设计和实现 MapReduce 云平台的任务调度算法，尽可能提高具有数据本地性任务的比例，是值得研究的关键问题之一。

1.4 云计算资源管理技术

1.4.1 云计算资源管理概述

云计算是包括大规模数据中心规划、虚拟化技术以及各种软件和平台技术等的集合，是建立在这些技术长期积累之上涵盖软硬件的一种服务。云计算服务提供商（cloud computing service provider，CCSP）能够通过规模效应来降低整个系统的边际成本。如 Google、Yahoo!、Amazon 等行业巨头纷纷投入巨资参与云计算领域的竞争。除了服务质量本身之外，价格是谁将赢得这场竞争的决定性因素。很显然，在提供相同的服务质量的前提下价格最低的供应商将赢得大多数用户。云计算服务提供商需要通过调度资源配置从而尽可能地提高系统资源利用率，并降低其价格以达到提升综合竞争力的目的。合理并高效地利用系统资源，可以令云计算服务提供商以相对较少的资源满足更多的用户需求。所以云计算的资源管理已成为系统最为核心的问题之一。

维基百科中将"资源"定义为"任何一种有形或者无形、可利用性有限的物体，或者是任何有助于维持生计的事物"。该定义强调了"资源"的一种特质"可利用性有限"，因此为了尽可能地在供需不平衡的市场中以有限资源来满足更多用户的需求，通常会要求通过资源管理来实现资源分配。计算机科学中所指的"资源"也正符合以上描述，通常认为该"资源"包括硬盘存储器、内存、CPU、各类接口控制器以及网络连接等硬件设备资源，还包括程序、数据文件、系统组件等软件资源。由于软件通常在设计好并被部署在设备上之后更改的难度较大，因此，通常在"资源管理"这一术语中所指的"资源"为系统的硬件资源。通过对这些资源在实际应用中起到的作用，可以将其抽象为"计算资源""存储资源"和"网络资源"。

"计算资源"这一术语在计算复杂度理论中有明确的定义[65]，即在特定计算模型之下，解决特定问题所要消耗的资源。常见的衡量指标包括：计算时间，即解决特定问题所需要花费的步骤数目；内存空间，即解决该问题所需要的最小内存空间。其中前者最为常见。通常决定"计算资源"的因素主要是 CPU（central processing unit）和 GPU（graphics processing unit）等具有运算能力的处理器。

"存储资源"这一术语通常是指存储数据文件的能力，即存储空间的大小。决定"存储资源"的因素主要是磁带、硬盘和内存等存储设备。

"网络资源"通常包含两种意义。一是指多个计算机系统通过通信设备与软件所形成连接；二是保存在互联网或者各种局域网上的数据资源。在本书中提到的"网络资源"主要是指前者。决定"网络资源"大小的因素通常包括交换机、路由器、光纤、网络软件等。常见的指标包括带宽、误码率等。

通常来说，资源管理通常需要资源组织、资源配置、资源存储和资源调度这四种功能[66]。而作为一种大规模分布式环境，云计算拥有的资源类型和数量都是极为巨大的，同时在对外提供服务的过程中还要求这些资源需要在某种程度上进行协同工作。此外，资源数量是动态变化的，资源池中的资源随时可能被某个服务租用一部分。相应的，被服务租用的资源也可能随着服务的终止而被释放回资源池当中。与此同时节点故障的发生也是导致资源数量变化的一个重要因素。在这种环境中，需要一种分布式、可扩展、能适应资源数量动态变化的管理架构。

1.4.2　云计算资源管理目标

在云计算中心集群规模日益庞大的今天，如果不能提升整个系统的管理能力，就无法充分利用系统资源，云计算的各项优势也就无从谈起。只有采用优秀的系统管理策略、方法与工具，才能令云计算中心的性能上一个台阶。云计算资源管理主要有如下几个目标[67]。

（1）自动化：自动化就是指整个系统在尽量少甚至完全不需要人工干预的情况下，自动完成各项服务功能，以及资源调度、故障检测与处理等功能。

（2）资源优化：云计算中心需要通过多种资源调度策略来对系统资源进行统筹安排。资源的优化通常有三种目标：通信资源调优、热均衡、负载均衡。

（3）简洁管理：云计算中心需要维护的集群设备成百上千，而各种虚拟资源更是数不胜数，为了提高运维效率，降低人力劳动强度，因此，需要以一种简洁的方式对所有系统资源进行管理；

（4）虚拟资源与物理资源的整合：虚拟资源是在物理资源上实施虚拟化技术后产生的。虚拟化技术能够令一台服务器主机同时运行若干操作系统即承载多种应用而不互相干扰，因此动态地对虚拟资源进行管理显得尤为重要。

1.4.3　云计算资源管理的关键技术

云计算系统资源管理可以分为资源监控和资源调度两部分。

1. 系统资源监控

资源监控指的是对系统的运行状况的记录，按照时间可以分为实时和非实时两种，按照监控方式可以划分为主动监控和被动监控两种。系统资源的实时监控是指系统需要记录每时每刻的运行状态；而非实时监控则是指每过一个时间间隔对系统运行状况进行记录或者由某个事件触发记录行为。主动监控是指中心节点主动向各个节点发送消息询问当时的系统运行参数；而被动监控则是指各个节点向中心节点发送消息主动汇报当时的系统状况。考虑到监控给系统带来的负载，云计算环境多采用非实时被动监控方式，即各个节点每过一个时间间隔向中心节点发送消息汇报相关系统参数。

Hadoop 提供了一个名为 Chukwa 的系统资源监控解决方案，该方案由 Yahoo！开发[68]。Chukwa 是一个开源的应用于监控大型分布式系统的数据收集系统，其构建在 Hadoop 的 HDFS 和 MapReduce 框架之上。Chukwa 可以展示用户的作业运行时间、占用资源情况、剩余资源情况、系统性能瓶颈、整体作业执行情况、硬件错误以及某个作业的失败原因。Chukwa 提供了采集数据的 Agent，由 Agent 采集数据通过 HTTP 发送给 Cluster 的 Collector，而 Collector 将数据存入 Hadoop 中，并定期运行 MapReduce 来分析数据，将结果呈现给用户。Chukwa 架构如图 1-4 所示。

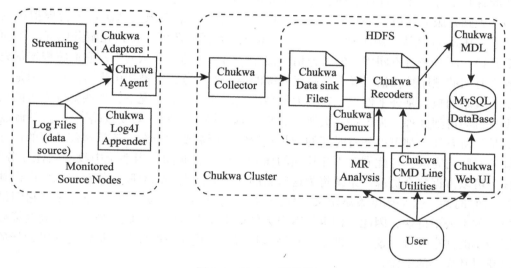

图 1-4　Chukwa 架构图

Nagios 是一款高效的开源的网络监视工具，能有效监控 Windows、Linux 和 Unix 主机的状态以及网络服务等。[69] Nagios 支持自动日志回滚功能，并能够实现对主机的冗余监控，同时还能够预先定义一些处理程序，使之能够在发生相应故障的时候进行及时处理。

Ganglia[70] 是一个高性能计算环境中的可扩展分布式监控系统。在 Ganglia 中，XML 作为数据描述方式，XDR 用于数据传输，RRDtool 用于数据展示。Ganglia 被设计用于检测数以千计的节点性能，如 CPU、内存和硬盘的利用率，以及 I/O 负载和网络流量。

2. 系统资源调度

所谓资源调度指的是在一个特定的环境中根据一定的资源使用规则，对以分布式方式存在的各种不同资源进行组合以满足不同资源使用者需求的过程。调度策略是资源管理的最上层技术，主要是确定调度资源的目的以及当资源供需发生冲突的时候如何满足所有立即需求时的处理策略。

调度资源的目的有如下几种分类：最大化满足用户请求、最大化资源利用、最低成本和最大化利润率等。根据上述目的，云计算负载均衡调度策略与算法可以分为性能优先和经济优先两类。

（1）性能优先。云计算采用虚拟化技术和大规模的数据中心技术，将分散的资源抽象为"资源池"为用户提供基础设施租赁和各种平台服务。数据中心需要对分散的物理设备进行资源整合，以一种屏蔽底层细节的方式向用户提供服务。因此云计算数据中心面临的首要问题就是共享资源与动态分配管理虚拟资源。系统性能是一种衡量动态资源管理结果的天然指标。优秀的动态资源管理策略与算法能够以最小的开销使得分散的各种资源像一台物理主机一样进行协同工作。通常系统性能指标包括平均响应时间、资源利用率、任务的吞吐率等。在云计算中性能优先主要包括如下三种策略[67]。

①先到先服务（first-come-first-service）。该策略可以最大限度地满足单台虚拟机的资源需求。Hadoop 默认采用先到先服务[71]的策略进行任务调度。先到先服务的优点是简单和低开销。所有来自不同用户的任务请求都提交到唯一的一个队列中。它们将根据优先级和提交时间的顺序被扫描。具有最高优先级的第一个任务，将被选中进行处理。但是先到先服务策略的缺点是公平性差。在有大量高优先级的任务的情况下，那些低优先级的任务很少有机会得到处理。为了提高公平性，Facebook 提出了公平调度策略[72]。公平调度的目标是让所有任务都可以随着时间的增长获得它们所需要的资源。该策略使较短的任务在合理的时间内完成，与此同时不让长期的任务等待过长时间。当系统中没有其他任务时，此任务可以占据整个资源。系统将为这些新的任务分配空闲的时隙，使它们都可以得到相同的 CPU 时间。公平调度策略定义了任务的赤字，具有较大赤字的任务意味着它们得到了更多的不公平待遇，因此它们也就有更大的概率获得资源。除此之外，公平调度策略保证了最小的共享资源。这意味即使存在许多具有较高优先级的任务，最低优先级的任务也可以获得其应得的资源。

②负载均衡。负载均衡策略是指使所有物理服务器（CPU、内存、网络带宽等）的平均资源利用率达到平衡。Chris Hyser 等人[73]通过对系统资源进行监控并计算当前利用率，将用户分配到资源利用率最低的资源上。该策略能够为用户提供较好的服务质量，但是降低了系统资源的利用率。

③提高可靠性。该策略保证各资源的可靠性达到指定的具体要求。业务可靠性与物理设备的可靠性（平均故障时间、平均维修时间等）直接相关，还包括停电、停机、动态迁移等造成的业务中断将影响业务的可靠性。在一定前提下，尽量减少虚拟机迁移次数，还需要统计虚拟机迁移对可靠性造成的量化影响[67]。

（2）经济优先。云计算系统诞生的初衷就是降低成本，而且公有云及混合云将在一个开放市场中进行商业运营，因此经济模型在资源调度问题中是一种天然的解决方法。竞价调度技术是基于经济理论的一种资源管理调度方法，其中用户对资源的需求量和云计算服务提供商可供给的资源量对单位资源价格高低起着调节杠杆的作用。对一个具体的云服务来说，可用的资源数量及其服务质量取决于云计算服务提供商所面临的竞争情况与提供该服务所能够获得的利润。抛去市场竞争策略所导致的服务价格偏离服务价值等因素，我们可以认为资源数量及其服务质量与价格是正相关的。在基于经济理论的云资源调度方法中，任何单位资源的使用都是有偿的，云用户必须以一定的价格购买其所使用的系统资源。资源提供者相当于资源提供商，能够通过提供资源得到相应的收益。在这种供需机制下，越来越多的分布式资源就会汇聚到云计算资源市场中来，可供选择的各类资源就越多。这样，云服务使用者就能获得性价比更高的服务，并且云资源提供商们也可以获取最大的收益。本书总结经济优先包括如下五种策略：

①基于智能优化算法。Mario Macias 和 Jordi Guitart[74]主要关注了云计算服务提供商供给竞争性价格的问题，提出了一个基于遗传算法的价格模型。基于遗传算法的价格模型包含三个元素：定义染色体、评估染色体和染色体的选择与繁殖。但此价格模型也存在缺陷：遗传算法的运行效率较低、收敛速度慢、遗传稳定性不太好。

②基于经济学定价。Ishai Menache，Asuman Ozdaglar 和 Nahum Shimkin[75]着重于最大化长期社会收益目标，该收益等于被执行任务的资源利用率和减去依赖于负载的操作成本。其系统模型可以共享计算能力，并且个人用户的任务请求将会被连续提交。当来自不同用户的任务到达后，每个任务会分得一定的服务资源。依据一些资源分配协议，到来的任务必须被处理并完成。否则，系统模型将会拒绝接受一些即将到达的任务，这些任务将会离开而得不到任何服务。而 Dusit Niyato 和 Athanasios V. Vasilakos 等人[76]研究了多个云资源提供者的协作行为，提出了异构协作博弈模型。首先，给出一组云提供者和一个资源和收益共享的资源池，并且开发了随机线性编程博弈模型可以处理不确定用户的随机请求，随机线性编程模型是合作的核心；其次，分析了云资源提供者协作模式的稳定性，但是此模型并未充分考虑公共云用户的服务质量，忽略了公共云用户的服务体验。Makhlouf Hadji，Wajdi Louati 和 Djamal Zeghlache[77]使用博弈论进行价格约束资源分配，并在达到最大化收益的同时满足实现最大化资源利用率的目的。作者提出一个基于供应链博弈的模型并找到纳什均衡解决方案，按属性分类的三种资源（计算、存储和网络）分别有不同的限制，需要多标准优化。具体考虑场景可分两种：有限资源和无限资源。在资源有限且存在大量用户的情况下明显的策略是拒绝一定用户数量的任务请求，在无限资源情况下接受所有的用户任务请求。

③基于博弈论的双向拍卖。Hongyi Wang 等人[78]提出基于资源消费的价格机制，可以将用户和云资源提供者间去耦合，云计算允许用户在公共云运行计算任务。在付费即使用模型中，定价机制成为用户和提供者之间的重要桥梁。Wei-Yu Lin 等人[79]通过使用一个二次价格机制实现动态拍卖来解决云计算资源的分配问题。基于该算法云服务提供商（cloud computing service provider，CCSP）可以确保合理的收益以及高效的资源分配。云服务提供商（CCSP）有两个任务：运行时间监测和向用户分配相应的资源。在决定多少资源分配给任务后，CCSP 会出售剩余的资源给云用户。提出的机制基于密封报价拍卖，阶段开始时，用户提交他们的报价给 CCSP，CCSP 随后收集所有的报价并决定价格。这个机制的主要贡献是开发一个云计算新颖资源分配算法。他们提出一个理论框架去处理云计算框架下的能力分布，这个机制在直接决策规则前提下确保有效的能力分配并且给 CCSP 合适的收益。但是系统的效率不高，而且 CCSP 的收益较低。

④基于指标调度策略。Tim Pueschel 等人[80]引入了一个可以在随机需求的情况下预测

收益和获得的利用率模型。基于此策略的决策模型的目标是让服务提供者的收益最大化，必需的信息包括即将到来的服务请求和服务价格，每一个任务的真实请求和可用能力。收益最大化问题可以归纳为整数规划问题，也是 NP-hard 优化的问题。第一类：先来先服务策略（FCFS）被用于基准，如果那里有足够的可用能力，任何即将到来的任务被接受，这是一个简单类型的系统；第二类：基于价格的策略，任务接入具体化为云提供者的最大化收益活动，他们引入一个基于策略的方法，可以自治决策过程。他们的随机请求成功的新机制控制模型可以帮助云提供者获得最大化收益，但是此模型并未充分考虑价格分布和各种资源请求。

⑤基于服务水平协议（Service-Level Agreement）。Jose Orlando Melendez 和 Shikharesh Majumdar[81] 提出的模型可以从云系统中获得的收益，使用不同匹配策略将请求映射到资源。作者提出了一种新的匹配策略，可以使用空闲的可用资源从而提高云服务提供者获得的收益。这篇论文中使用最早截止优先，可以预定基于截止期的请求。有较早截止期的请求具有较高的优先级。系统模型由两部分组成：负载参数和性能矩阵。然而他们的模型并未充分满足用户的任务执行时间需求。

通过以上对各种机制及算法的描述，可以发现目前缺乏从实践角度出发，针对某种特定资源的具体调度机制及相关算法。

1.5　研究的背景、意义及内容

1.5.1　研究的背景

中国的教育信息化历程，从 20 世纪 80 年代的计算机辅助教学（CAI）到现如今的"数字校园""智慧校园""慕课"，可以说我们走过了一个计算机社会化服务的发展历程。

在信息技术快速发展的今天，国家在教育领域的改革也在逐步深入，而数字校园建设也逐渐成为国内外高校信息化建设的重点，并逐渐被当作高校现代化层次以及高校综合实力的评判标准之一。高校一般使用的信息化系统，如办公自动化系统、邮件系统、教学在线系统、学生管理系统、财务管理系统、协同办公系统、人事系统等等，通常由于各种历史原因，会存在总体规划不严谨的问题，数据冲突和资源浪费现象比较严重。学校的网络中心机房托管的服务器通常数量较大，而大量的服务器资源既造成了电能的浪费，增加了学校的成本开支，又没有充分发挥作用，所以对高校服务器进行资源优化合并是十分重要的。

而近年来，"云计算"技术的研究与发展，无疑为我们解决在数字校园建设领域中的相关问题提供了新的思路。特别是在一些比较突出的典型问题上：例如是否可以利用硬件虚拟化技术构造服务器集群，提高空闲硬件的利用率，有效解决硬件资源瓶颈问题；是否可以借助云计算技术来构建相关集群从而解决校内数字资源的共享问题；是否可以在高校内部建立轻量级"云存储"，从而大大提高邮件系统、OA 系统、社区系统中的非结构性文件存储的高可用性。

本书针对当前流行的云计算技术进行了研究，结合教育信息化的发展趋势，以山西省几所高校数字校园建设为背景，提出了将云计算应用于数字校园的构建中。通过搭建基于Hadoop的云计算平台，达到了实现整合计算资源，提高设备利用率，降低应用复杂性，增强存储资源的共享能力以及节约能耗等目标，同时我们也看到了以此为基础而构建的数字校园的各种具体业务应用在运行方面表现得更加稳定与可靠，在管理方面表现得更加简单与便捷，在为高校师生提供各种服务方面做到了随需而变。

此外，目前山西省的科技资源共享平台体系仍存在着一些局限性，现有的科技资源共享网在一定程度上解决了科技资源广泛共享问题，但与之相连接的各平台之间实质上还是孤立的，还是处于"信息孤岛"模式。也就是说，在传统网络下完全实现跨领域跨学科的交叉合作、分享很难，科技资源还不能实现广域范围共享，这样就避免不了地方资源浪费与匮乏同时存在的现象。

随着互联网技术的迅猛发展和计算机技术的不断进步，更大规模、更新的互联网应用发展迅速，使得更多的用户通过互联网共享各种资源，由此产生了一种新的商业和计算模式——云计算。在这种新兴的商业模式下，用户能够按需使用其中的计算资源及服务，且不受时间限制，扩展性强。

云计算系统服务的实现主要依靠云数据中心完成，由于云计算技术的发展，对云数据中心的要求越来越复杂。云数据中心主要由数量巨大的服务器和网络设备组成，这些网络设备和服务器的异构性强，用户的需求复杂，要求高质量的服务、要求更合理的动态资源管理，因此对云数据中心提出了更高的要求。但实际上云数据中心目前存在着效率低、成本高、能耗高等问题。据有关资料，在我国云数据中心的众多服务器均处在空闲状态，其中只有10%左右的服务器被充分利用，处于空闲状态的服务器也会有很大的功耗，相当于满载服务器的60%，云数据中心的相当一部分能耗被浪费了。

随着云数据中心的运行，新节点不断加入云中，旧节点不断从云中删除，节点的动态变化造成系统数据负载的不均衡，必须对这些节点进行负载均衡。

1.5.2 研究的意义

云计算作为一种新兴的服务模式，它区别于传统网络的特点，给科技资源共享模式改革带来极大的机遇。在这里对基于云计算的科技资源共享问题进行研究，建立新的科技资源共享模式，具有很大的理论和现实意义，主要包括以下两点。

（1）延伸科技资源共享内涵，丰富相关的理论和实践研究。随着科技知识与技术对经济社会发展影响度的提升，国际社会也越来越重视科技创新，社会发展对科技资源共享的需求也越来越高，这引来了学者们对该方面理论的关注热潮，近十年来科技资源共享相关理论和技术一直不断发展与创新。在信息竞争激烈的今天，需要寻求一种更加符合大数据特征的科技资源共享模式，云计算的特点和模式完全符合科技资源共享模式的发展要求，这对科技资源共享来说又是一个新的转折点。寻求一种基于云计算的科技资源共享服务模式，对该模式相关问题进行研究，不仅是对现有科技资源共享内涵和深度的拓展，也是对云计算这一先进信息技术服务模式的应用尝试，对科技资源共享的发展具有很大的理论和现实意义。

（2）整合传统服务模式，推动科技资源共享服务变革。科技要创新发展，不仅需要海量的科技资源基础，更重要的是要把现有的资源共享出来，创造或孵化出新的科技成果，应用于经济社会，并进一步促进科技发展，形成良性循环。现今科技资源共享是基于传统网络的服务模式，虽然各区域或专业领域平台都已建成并运行起来，但随着大数据时代到来，人们更需要随时、随地通过各种终端来获得满意的科技资源信息，要求海量的各类科技资源能在广域范围内实现共享，而不再受各平台的差异隔阂，这就对传统的科技资源共享模式提出了更高的要求。云计算服务模式将对传统科技资源共享平台进行整合与集成，设计出符合当今发展潮流的科技资源云共享服务模式，推动共享服务变革。

目前云数据中心的资源管理大多采用静态管理方式，无法适用于网络的动态变化，将造成资源分配的不合理；同时各个服务器上的数据存储也存在着不均衡的问题。这种资源、数据存储负载不均衡的问题将导致云资源的浪费，影响云数据中心的效率。因此必须设计合理的云资源调度算法和云数据存储算法来解决云数据中心的负载不均衡的问题，从而提升资源利用率，这是云计算研究领域的一个关键问题。一个好的负载均衡策略能够使得负载分布更加均衡、有效地避免数据流量的拥挤、缩短响应时间、提高执行效率、降低能耗。

云计算的不断发展对负载均衡技术提出了更高的要求，负载均衡是云计算中资源管理、资源调度、数据存储的关键问题，它是云计算中亟待解决的问题之一。主要原因在于以下几点。

（1）负载均衡技术能够提升硬件的处理能力、减少硬件的投入。随着云计算中用户需求的不断增加，需要的资源越来越多，但云数据中心的硬件不能无限增加，必须对这些硬件设施进行有效的管理和利用。负载均衡技术能够解决这个问题，利用负载均衡技术可以统一调度和管理云中的资源，从而提高系统的处理能力，对于用户而言，好像云中的资源是无限的。

（2）负载均衡技术提高了数据的响应速度。负载均衡技术的运用，能够进行合理的资源分配及调度，充分利用所有的资源，提高数据处理的响应速度，更加合理地为用户的海量访问提供服务。

（3）负载均衡技术提升了系统的可用性和可靠性。云计算环境的可靠性也是一个非常重要的问题，比如当云中的某个服务器或者某个应用出现故障时，必须保证用户的正常操作。这些问题利用云计算的负载均衡技术能够解决。

云资源调度技术的进步、数据存储的均衡，将灵活地管理云数据中心资源，使得云资源的利用率不断提高，资源配置更优化，云资源浪费得到改善，降低云基础设施升级的成本，更好地满足用户的使用体验。本书从云计算数据存储的负载均衡及云计算资源调度的负载均衡两个方面对负载均衡问题进行了详细的研究。

1.5.3　研究的目标和内容

1. 研究目标

（1）研究云计算存储技术，为科技资源信息大数据存储设计一种存储方案。

（2）研究云作业调度算法，提高云作业单位时间的吞吐量。

（3）研究云计算的资源管理方式以及架构，设计一种云架构方式满足电子政务服务需要。

2. 主要研究内容

本书重点解决山西科技资源共享平台的整体架构问题，并提出一种建设方案。在该方案中首先拟采用云存储技术来实现日增月益的科技资源大数据的存储问题；其次，采用人工智能技术来提高云作业的调度能力；最后，融合国外先进的 TOGAF 架构技术、云计算技术和国家电子政务参考模型完善系统的整体架构。

具体研究内容如下。

（1）研究如何解决科技和教育资源大数据的存取问题，使用神经网络来实现存储的负载均衡。

（2）研究人工智能技术，尤其是神经网络技术，使用该技术提高云作业处理速度。

（3）研究云资源的管理技术，设计一套云架构方案。

1.6　云计算在科技和教育资源管理领域中的应用

1.6.1　云计算在科技领域中的应用

以黑龙江省科技共享云平台的典型应用为例。黑龙江省共享平台于 2009 年在省委省政府的高度重视以及省财政厅、教育厅的大力支持和积极推动下正式启动，同年 9 月正式运转，针对区域创新创业主体提供公益性服务。2010 年 8 月，黑龙江省共享平台第一阶段创办完成并成功经过项目验收。自共享平台运行之日起，平台服务团队在省科技厅的带领下遵循"一手抓资源，一手抓服务"的指导方针，以创新创业服务为导向，不断开拓区域科技服务工作的新格局；同年 10 月，黑龙江省成功召开有关大型仪器设备共享的工作会议，由省教育厅、财政厅和科技厅联合签发的《大型仪器共享补贴及奖励办法（试行）》颁布实施；2011 年 9 月，黑龙江省的十三个子平台也相继建设运行；2012 年 5 月，科技金融共享服务平台并网，并通过"省级中小企业公共服务平台"和"国家中小企业公共服务示范平台"的资格认证；2013 年 5 月，平台入驻哈尔滨科技创新城核心承载区——科技大厦；2014 年，共享平台启动了门户网站的二次改版，着力搭建具有商务频道与政务频道双重功能的科技服务综合数据平台，探索黑龙江省科技服务业进步新业态；截至 2015 年年底，黑龙江省共享平台服务加盟单位总数已达 782 家；入网全省 20 万元以上大型仪器设备已达 3915 台（套）；收录高端制造服务设备共计 580 台（套）；入网检测项目已达 3.2 万项；收录全省副高职以上科技人才信息 1.9 万条；仪器及检测共享服务累计已达 5.6 万次，总服务面值 3.27 亿元，同时建有 14 个数据库，其中已有 17 家高校近千条技术成果入库，并已形成了科技研发、检验检测、技术转移、创业孵化、成果转化等八大科技服务体系。

大数据时代，黑龙江省共享平台将迎来新的发展机遇，主要围绕全省"五大规划"和"十大重点产业"发展需求，提供包括研究开发、检验检测、创业孵化和服务咨询等开放共享服务，为用户提供创新创业全进程系统服务方案，具体内容如下。

（1）研究开发。以企业、产业研发需求为服务目标，整合高校、科研院所的科研设施、仪器设备以及其他科研资源，依托重点实验室、工程实验室、技术研究中心、大型科学仪器中心、分析测试中心等研发服务机构，面向企业、产业提供技术研究、产品开发设计等专业化研发服务。

（2）行业检测。黑龙江省共享平台汇集省内检验检测项目，面向全国检验检测机构和用户搭建全新的检验检测服务交易电子商务平台，为用户提供更加方便快捷的自助服务，运用互联网技术，采用电子商务手段，通过构建检测信息、网络预约、数据统计、动态监控等管理要素，实现覆盖全省的检验检测服务平台体系。

（3）创业孵化。整合各类高校创业中心、企业孵化器、高新技术开发区等机构的创新创业服务资源，对创业者或小微企业提供创业项目、经营场地、法律、企业管理、创业培训、辅导、咨询和市场推广等方面的服务，降低企业现阶段的创新创业支出，为新兴科技产业的成长和壮大提供支撑。

（4）科技咨询。黑龙江省共享平台充分利用辖区内近 500 名各行业专家、学科带头人以及十几类咨询机构作为平台咨询资源，为区域政府科技部门、战略性新兴企业及中小型科技创新企业、高等院校及科研院所知识创新进程中出现的多种问题提供专家咨询服务。

目前，黑龙江省共享平台用户需求急剧增加，整合资源的规模和数量呈爆炸式增长，实现了海量资源的高度集聚和服务的多样化。为了适应大数据时代的发展要求，实现科技需求与资源的快速匹配对接，黑龙江省共享平台与哈尔滨理工大学管理学院合作开展共享平台云服务模式设计，并与中国云谷合作，以其作为平台的物联网、云计算数据中心等基础设施支撑[82]。

1.6.2 云计算在教育领域中的应用

1. 云计算在运载教学系统中的应用

云计算作为一种全新的计算模式，具有安全快捷、经济高效诸多特点，帮助高校教育的信息化得到飞速发展，因而其巨大的潜在价值也得到了许多教育机构的认可。早在 2007 年，Google 和 IBM 就和麻省理工、卡内基梅隆大学等许多高校合作推广云计算，并为其提供相应的软硬件设备及相应的技术支持。在我国，Google 也在 2008 年与清华大学等一些高等院校和科研院所合作启动了云计算合作研究计划，推动中国的云计算普及。

在教育领域中，云计算也不断升温，到目前为止，已经有很多机构纷纷建起了云计算的教育项目。如阿拉丁网络教育构建的"阿拉丁云教育实战教学"、由云教育网提供的在线云教育系统（yunjiaoyu.com）等。除此之外，北京科技大学也建立了自身的云平台。北京科技大学的云平台由高性能计算和网格计算发展而来，提供 IaaS、PaaS 和 SaaS 服务，北京科技大学云平台的截图如图1-5所示。

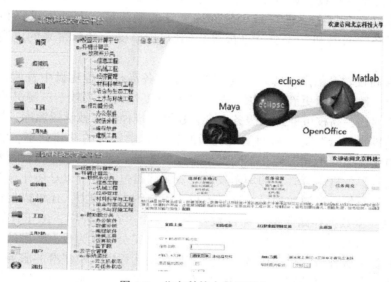

图 1-5 北京科技大学云平台

与此同时，中国教育网体检中心也提供了教育网"云"安全服务，通过"云端"感知并抵御互联网威胁，与此同时将感知到的威胁上传至系统中，自动进行处理。该平台已经为近600所高校部分网站提供监测与保障服务。还有很多高校及教育机构在云计算方面进行研究并实践，如山东科技大学等多所教育机构利用微软新一代教育云计算解决方案构架了对内、对外的门户，为全校师生提供了稳定、全面的信息服务[83]。

2. 云计算在数字校园建设中的应用

教育信息化是指在教育各领域内全面深入地运用现代信息技术，加速实现教育现代化过程，促进教育的全面改革，使之适应信息化社会对教育发展的新要求。而高校作为教学教研的重要场所，教育信息化在高校教学、教研和管理工作中均发挥着重要的作用。目前我国高校教育信息化已经具备一定的发展规模，高校硬件设施基本完备，校园初步实现信息化管理，师生有效应用信息技术，信息化经费投入持续增长。尽管如此，高校教育信息化建设过程中仍存在一些不足之处，如软硬件资金大投入低产出，资源重复建设难共享，校园网络信息安全性低等。

　　云计算的出现为高校教育信息化解决眼前问题和进一步发展提供了一种全新的思路。目前，有关云计算在高校教育信息化建设中的应用探讨主要集中于以下几个方面[84]。

　　（1）减少软硬件资金投入，充分利用软硬件资源。在教育信息化进程中，高校每年都需要投入大量的资金用于设施、设备以及各种教学学习软件、杀毒软件的更新和维护，以适应高校教学科研的需求。高校完全可以根据自身需要向云服务的提供商购买服务，只需要少量租赁资金即可享受完善的硬件环境服务，相当于拥有最新科技的硬件设备；对于软件方面存在的重复建设、更新升级等问题，高校只要通过云计算的"软件及服务"方式选择应用软件定制服务，即可减少软件许可证的购买量。而师生只要利用一台可以上网的终端设备（计算机、手机、平板等），就可以享受云计算带来的更高质量的教育教学服务。

　　（2）整合高校教育信息资源，实现资源共享。各高校资源建设中普遍存在诸如教学资源分布不均、教学资源更新速度慢、教学资源重复建设以及教学资源共享程度低等问题。面对这些问题，高校可通过云服务平台，建设大规模教育教学资源库，构建数字图书馆，打造教学科研"云"等，从而实现优质的教育教学资源的共建共享，实现资源管理与配置的集中化，缩减不同区域、不同类型学校的差距，为学生学习和教师专业发展提供更加有效的支持，促进高等教育的均衡发展。资源建设过程也可以是协作和开放的，教师和学生都可以参与教育资源的建设。这样不仅可以节约人力物力，还可以促进学术交流。

　　（3）提供安全数据存储服务，保证数据信息安全。在高校中，由于计算机和各种移动存储设备的交叉使用，机房的病毒可想而知，信息安全也成为令人焦虑的问题。高校可以选择购买云查杀服务或云存储服务。云查杀是指用远程大规模集群的服务器代替本地处理器分析检测病毒；云存储则是为用户提供安全可靠的数据存储"云端"。目前高校相对常用的是云存储服务，师生随时随地仅凭密码就可以方便地存取数据，既无须担心存储设备损坏导致数据丢失，也无须担心病毒入侵将数据损坏，因为云存储服务商提供了专业的团队来维护管理人们常说的网盘、微盘，它们可以帮助用户摆脱移动存储设备常常中毒的困扰，提供更安全可靠的数据存储服务。

　　（4）有利于构建泛在学习环境，支持个性化学习。云计算在教育领域中的应用愿景是为学生提供一个能随时随地进行学习的泛在学习环境。云计算的技术特性契合了泛在学习的特点，因此，在云平台上构建泛在学习环境具有众多优势：有利于学习资源的聚合和泛在化，降低对学习终端性能的要求，便于学习平台的建设与管理。

第2章 云计算资源管理关键技术及系统架构

2.1 引言

云计算是包括大规模数据中心规划、虚拟化技术以及各种软件和平台技术等的集合，是建立在这些技术长期积累之上涵盖软硬件的一种服务。云计算服务提供商（cloud computing service provider，CCSP）能够通过规模效应来降低整个系统的边际成本。Google、Yahoo!、Amazon 等行业巨头纷纷投入巨资参与云计算领域的竞争。除了服务质量本身之外，价格是赢得这场竞争的决定性因素。很显然，在提供相同的服务质量的前提下价格最低的供应商将赢得大多数用户。云计算服务提供商需要通过调度资源配置从而尽可能地提高系统资源利用率，并降低价格以达到提升综合竞争力的目的。合理并高效地利用系统资源，可以令云计算服务提供商以相对较少的资源满足更多的用户需求。所以云计算的资源管理已成为系统最为核心的问题之一。

本章首先对云计算资源管理做了一个概述，介绍了云计算资源管理的目标；随后介绍了云计算资源管理模型和管理策略，并描述了各种策略与算法的应用场景与特性；最后对云计算架构进行了综述，并总结了一种三层云计算管理架构，列举了编者在电子政务方面实现云架构和使用云计算实现"幕课"方面的工作，为后续章节具体的动态管理机制及优化算法提供了理论基础。

2.2 云计算资源管理的定义和特点

传统的计算资源包括 CPU、内存、磁盘空间等，云计算资源则包括整个网络中的多种复杂的集群系统，分布式系统中所包含的各种计算资源、网络资源以及其他如进程、客户账号等资源。通过虚拟化技术，云计算资源管理系统从逻辑上把这些资源耦合起来以抽象的方式提供服务。云平台屏蔽了云计算资源使用以及云计算的复杂性。云计算的资源地理上是分布的，本质上是异构的，不同的云平台有不同的资源管理策略。

相对于传统计算机系统，云计算系统的资源无论从功能的多样性还是资源的种类，均具有一些不同的特征，其特征主要表现在下面四个方面[85]。

①动态性。云计算系统中的资源能够根据需要随时加入或离开云计算系统，随着需求的变化，云计算资源的状态是动态变化的，同时云计算资源的负载也是动态改变的。

②多样性。云计算资源种类多样，功能繁多，运算能力不齐，访问接口也不一致，管理方式也很不同。包括不同计算能力的计算机、不同类型的网络，各种类型的数据库，各种数据资源、信息资源等。

③分布性。云计算资源自由分布在不同的网络，空间跨度大；云计算资源部署于不同的时期，时间跨度也大。这些特征使云资源跨越的时间和空间范围广，且规模巨大，难以管理。

④自治性。云平台资源管理层，适时地监控资源运行状态，使云计算资源具有一定的自治能力。它遵循资源管理策略动态的加载或卸载云计算资源。

2.3　云计算资源管理目标

云资源管理系统把分散在网络中的各种资源有效地组织起来，云计算平台接收到服务请求后，先对请求分析处理，然后调配相应的云计算资源，提供满足用户请求指标的服务。在整个资源的调配过程中，云资源管理的主要目标有以下几个方面：①资源配置自动化，资源管理系统完全不用人工干预，根据客户请求自动完成资源的调度与配置，自动匹配云资源使用策略；②资源规模管理，云平台中的虚拟资源与物理资源之间的绑定关系是可变的，虚拟资源的增减也是可变的；③资源性能管理，不同级别的请求分配不同规模的资源，所有资源都有对应的性能指标，在满足请求的性能指标同时合理组织各种资源，采用合理的负载均衡技术能有效地提升云计算资源性能指标；④资源利用率管理，在满足服务请求性能指标的前提下，提高虚拟资源的利用率也是资源管理的重要需求。提高节点利用率可以降低单位计算性能的电能消耗，尽量提高资源节点的利用率可以降低云计算平台的整体功耗。

2.4　云计算资源管理模型

要对云计算平台进行资源管理，首先需要描述其管理目标，合理的资源建模成为云资源管理的前提。目前主要有两种方式：一种是按照云服务以及云服务流程建模，另一种是按照资源的分类及属性来建模。

按照云服务以及云服务流程建模，是因为调用云服务的流程符合 SOA 组合服务的调用流程，可以采用面向服务的方法对调用云服务所需资源建模。提供单一功能服务的云服务是原子云服务，由多个原子云组成的服务是组合云服务。衡量云服务的性能指标主要是服务响应时间和服务并发量。计算组合服务资源的依赖关系时，需要计算不同服务被不同流程调用的概率，加权计算所有的流程调用的资源依赖关系。

按照资源属性建模也是一种通用的资源描述方式。虚拟化存储资源和虚拟化计算资源配置在不同的虚拟化网络中，不同虚拟网络中的通信会占用虚拟带宽资源，虚拟网络内部的通信不占用虚拟带宽资源。虽然虚拟化资源的种类多种多样，但是几乎所有虚拟资源都包含存储空间、运算性能、网络带宽、归属网络等属性。所以虚拟化资源的描述可以根据资源运行情况来选取合适的指标，例如对存储资源的性能描述包括存储资源空间大小、读写速率等指标。

2.5 云计算资源管理策略

云计算平台资源管理策略主要以资源处理任务的分配方式来划分：集中处理、分散部署、负载均衡和就近分配。①集中处理。将所有的任务集中分配在少数几个资源上，只要资源有剩余处理能力，任务就尽量分配到该资源上处理。集中处理可以提高系统整体的资源利用率，还能降低云计算平台的系统功耗。②分散部署。与集中处理相反，分散部署把任务分散部署到空闲资源节点上，任务可以在各个资源节点上迁移。这样既可以提高单个节点的处理能力，还可以防止因为某个节点的失效而导致任务不可完成，从而达到云管理平台的容灾性能。③负载均衡。在资源管理策略中，集中处理和分散部署是两个极端，将任务部署到工作负载最轻或者处理能力最强的几个节点上，达到负载均衡的目的，从而减少服务响应时间，提高整个系统的服务性能。④就近分配。该方式主要考虑虚拟资源间的带宽资源，衡量通信时长。将任务分配给离请求最近的资源节点，缩短虚拟资源间的通信延迟，降低云计算平台的网络传输负载。

综上所述，所有的云计算资源管理策略都是在保证服务质量的基础上，尽量提高云计算平台的性能指标，同时降低资源能耗。但是不同的管理策略涉及的侧重点不同，有的以服务响应速度为重，有的以服务安全可靠为重，有的以总耗能低为重。在选择资源管理策略时，需要根据具体情况选择不同的目标函数以判断优劣。

2.6 云计算调度算法概述

云计算资源策略是资源管理的顶层策略，云计算调度算法则是其策略实施的有力支撑。好的调度算法，既要按照快速地响应服务请求，合理地调配系统资源，还要兼顾系统能耗，绿色环保。现有的云计算调度算法，普遍采用近似优化的调度算法，针对不同的场景调度算法也不尽相同，一般来说，都需要较大的计算量且不能通用，是一个 NP 问题。简单来说就是满足云用户的约束条件，提高系统吞吐率，增加系统使用率，降低任务的完成时间。下面是一个形式化的描述。

假设总共有 n 个任务 T_i（$1<i<n$），m 个计算结点 N_j（$1<j<m$），任务 T_i 在计算结点 N_j 上估计的执行时间是 ET_{ij}，其他代价为 C_{ij}，约束条件为 T_{ij}，调度的目标是在给定的总代价 C 和约束集合 R 现状之下，完成任务集合的总的执行时间最小，即满足：

$$\sum_{i=1}^{n} C_{ij} \leqslant C, \quad \cup R_{ij} \leqslant R, \quad \min(\sum_{i=1}^{n} T_{ij}) \tag{2-1}$$

云计算调度问题主要是任务与资源的分配调度问题，首先对任务和数据进行分析，选取任务所需的资源，分配相关的数据和计算，然后将任务分配到资源上执行，同时监控任务的处理和通信，动态调整任务与资源。现有的云计算调度算法，基于不同的资源管理模型和不同的管理角度分别有不同的调度算法。

　　云计算调度算法可以借鉴网格调度算法，已经存在的启发式调度算法可以分成两类，即联机在线模式以及批处理模式。联机在线模式通常采用先来先服务的策略，任务到达后尽快匹配一个资源。批处理模式是当任务到达之后并不立即分配，而是形成一个集合，根据一定的时间周期或者一定的系统事件触发，然后对这个云用户任务集合按照预先调度方法进行处理。其中，Min-Min[86,87]算法选取每个任务的最小完成时间和计算资源匹配。Max-Min 算法在每个任务的最小完成时间后，选取最大完成时间和计算资源匹配。Suffrage[86,87]算法计算每个任务的最小完成时间和次小完成时间的差值，选取所有任务中差值最小的任务和计算资源。

2.7　云计算系统的架构

　　为了更好地对云计算资源进行管理，首先需要了解其宏观的资源管理架构。架构通常可以分为物理架构和逻辑架构。物理架构是指计算机、服务器以及网络等设备的物理连接结构；而逻辑架构则是从各个元素所发挥的功能角度来区分它们的角色并描述了它们之间的关系。物理架构和逻辑架构是可以相互进行映射的。一个好的资源管理架构能够使得云计算系统在可用性、鲁棒性等方面有较大的提升。

　　系统架构是建立云计算环境首先需要考虑的关键问题。调度系统架构通常与数据中心架构密切相关，目前在有管理需求的大规模分布式环境下多是考虑如图 2-1 所示的多级分布式体系结构。

　　随着对云计算研究的日益广泛，学界与工业界也相继发布了许多开源的云计算基础架构，如 Hadoop[71]、Enomalism[88]和桉树云[89]等。

　　在目前许多开源的云计算框架之中，Hadoop 是其中最为著名的一个。很多大型企业对 Hadoop 进行了应用，并结合企业的具体业务进行了大量的改进工作。Hadoop 最初是 Apache 基金会 Lucene 项目中的一个子项目，后来随着其重要程度越来越高，逐渐独立成为一个单独的项目。Hadoop 由许多模块组成，包括 Hadoop Common、HDFS、Mapreduce 和 Zookeeper 等。Hadoop 框架允许用户在大规模集群设备上使用简单的并行编程语言泛型对海量数据集合进行分布式处理。用户可以在不了解分布式底层实现细节的情况下对数据进行操作。在 Hadoop 集群系统中可能拥有成百上千个独立的物理设备。每个物理设备都有各自的计算与存储能力。不像其他传统方案依靠硬件设备来提供高可靠性，Hadoop 本身就被设计为在应用软件层可以随时检测并处理节点失效问题。Hadoop 的主要设计目标是为搜索以及日志分析工作服务，并不合适作为一种通用的分布式服务架构。本书部分研究成果是以 Hadoop 中的 HDFS 为原型系统并对其进行改进。

　　Enomaly's Elastic Computing Platform（ECP）是一个可编程的虚拟云架构。该平台诞生于 2005 年，ECP vl 和 v2 两代产品在全球被部署过上千次。ECP v3 是一个面向云计算服务提供商的具有完全特征的云计算环境。ECP 被设计为在管理方便且使用容易的条件下来满足各种复杂的 IT 需求。该平台基于 Linux，同时支持 Xen、Kernel Virtual Machine

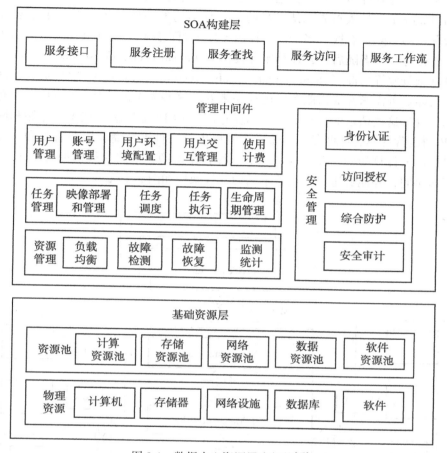

图 2-1　数据中心资源层次架构[67]

（KVM）以及 VMware 等虚拟机管理程序，并且具有高容错性以及分布式扩展消息和 XMPP 协议用于错误恢复。ECP 的所有特征及元素都有相关的 API，这些 API 提供了一个完整统一的 IaaS。

桉树云（elastic utility computing architecture for linking your programs to useful systems, Eucalyptus）是一种开源的软件基础架构。用户可以通过使用桉树云来对本组织现有的 IT 基础设施进行重组，并建立一个服务云。桉树云属于 IaaS。该平台与 Amazon 网络服务（AWS）的 API 完全兼容，可以用于建立私有云和混合云。

NimBus 是一组能够向科学计算用户提供计算能力和各类基础设施功能的工具集合[90]。Nimbus 平台允许用户将 Nimbus、OpenStack、Amazon 和其他云产品集成到一起。NimBus 基础结构是一种开源的 EC2/S3 兼容 IaaS 应用。该应用受到科学社区的广泛欢迎，其特征主要包括支持代理、批调度以及尽最大努力配置（best-effort allocations）。

以上各种开源架构虽然在实现形式上千差万别，但是它们的高层架构都是相同的[91]，

27

均是主从架构。此外许多研究人员也提出了若干云计算架构。

B. Rochwerger[92] 等人首先总结了当前云计算架构的一些不足，例如单个云计算服务提供商情况下的有限扩展性、多个云计算服务提供商直接缺乏协作性以及缺乏内置的商业服务管理支持等。作者随后将云计算服务提供商（cloud computing service provider，CCSP）和云计算基础资源提供商（cloud computing infrastructure provider，CCIP）进行了区分。前者是了解具体业务需求并提供服务应用程序来处理这些需求的实体。CCSP 不拥有提供服务应用以及处理这些请求的计算资源，相反它们从 CCIP 那里租用技术、存储和网络等资源。CCIP 则运营具体的物理资源。随后作者提出了一种支持商业服务管理和资源联合的模块化可扩展云计算架构。该架构采用了一种容器模型，采用这种模型有利于多个 CCIP 之间的资源协同，并能够避免上述若干问题。该架构如图 2-2 所示。

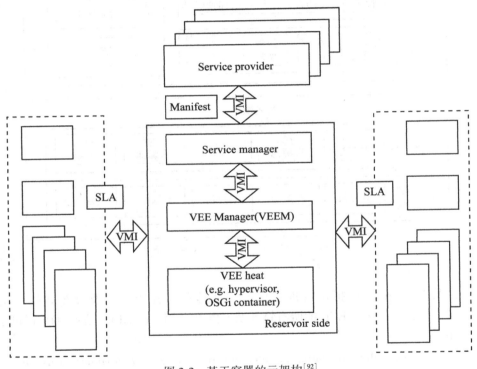

图 2-2　基于容器的云架构[92]

Rajkumar Buyya[93] 等人考虑了用户与云计算服务提供商之间签署的服务等级协议并（Service-Layer Agreement）提出了一种面向市场的云计算架构。该架构中在物理资源和虚拟机层之上有 SLA 资源配置器（SLA Resource Allocator），其主要作为数据中心和云服务提供商以及外部用户/代理商之间的接口，如图 2-3 所示。其中 User/Brokers' 可以从任何地方向数据中心/云计算服务提供商发送服务请求。SLA Resource Allocator 是一个数据中心/云计算服务提供商与外部的 User/Brokers 之间的接口。它要求如下机制之间的相互协作来支持面向 SLA 的资源管理：①服务请求检测与接纳控制；②定价；③计费；④虚拟机监控；⑤调度器；⑥服务请求监控。当一个服务请求首先被提交的时候，在决定接受还是拒绝该请求之前，服务请求检测和接纳控制机制将该请求翻译为 QoS 需求。因此，该机制保证了在有限资源条件下没有资源会因为要满足用户需求而过载。此外该机制还要求获得最新的系统状态信息使资源配置决策更高效。定价机制决定了服务请求如何被收费，例如可以根据提交时间（波峰或波谷）来收费。计费机制维护了实际用户所使用的资源，并基于此计算用户最终需要支付的金额。这些信息包括资源可用性（从 VM Monitor 处获得）和负载信息（从服务请求监控机制获得）。虚拟机监控机制保证了对虚拟机可用性及其相关资源的跟踪。调度器将收到的用户请求分配到相应的虚拟机上。服务请求监控负责跟踪服务请求的执行情况。图 2-3 中的 VMs 代表虚拟机。多个虚拟机能够根据实际情况在一个物理服务器上被启动或停止来满足服务请求。因此在同一物理服务器上对不同的虚拟资源进行配置能够提供最大的系统灵活性。图 2-3 中的 Physical Machines 表示云计算数据中心内的实际物理设备。此外在文中作者还描绘了全球云服务交易市场，用户和云计算基础资源提供商可以在该市场上对各种资源进行交易。

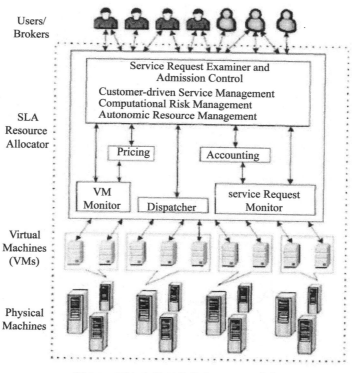

图 2-3 面向市场环境的高层云架构[26]

综上所述，在面向市场的云计算环境中，云计算环境中的角色主要包括云用户和云计算服务提供商和云计算基础资源提供商。

　　云计算用户根据与云计算服务提供商或云计算基础资源提供商签订的服务等级协议，向这两者发送相应的服务或资源请求。

　　云计算服务提供商 CCSP，CCSP 向用户提供数据库、存储、监控、内容发布等服务。这些服务都是基于云计算基础资源架构之上的。除了这些专业服务之外，CCSP 还需要提供用户管理、计费、资源申请、服务工作流等通用服务。

　　云计算基础资源提供商 CCIP，CCIP 向用户或者 CCSP 提供云计算基础资源，如服务器、网络带宽、存储阵列等物理设备。CCIP 通过虚拟化技术对这些物理设备进行分割以满足用户不同的需求。CC1P 还将提供场地及设备维护、用户管理、流量监测、虚拟机映像管理、负载均衡、故障监测与故障处理等通用服务。

　　当前 CCSP 和 CCIP 这两种角色多是由一家企业扮演。随着云计算产业的进一步发展以及行业竞争的加剧，它们所扮演的角色也必将细分。这种社会化分工越来越细是历史发展的必然趋势，因为这种方式能够提高效率，降低成本。云计算三层角色划分如图 2-4 所示。

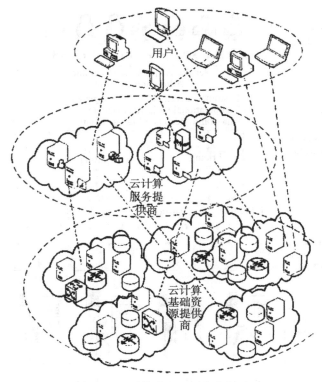

图 2-4　云计算中的三层角色划分

　　原本由一个实体承担的责任现在被划分由两个实体来完成，所以各个角色承担的管理功能也需要做出相应的调整，如图 2-5 所示。

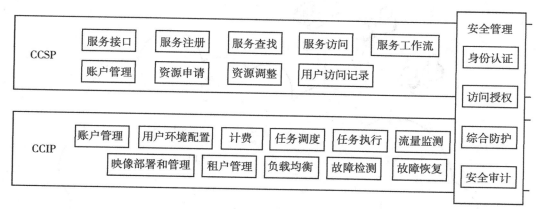

图 2-5 CCSP 与 CCIP 各自承担的管理功能

其中 CCSP 和 CCIP 均需要实现安全管理的功能。除此之外，它们都有账户管理功能，但面向的对象不同，CCSP 面对的是云用户，而 CCIP 则面对 CCSP 和云用户。CCSP 的功能集中在服务部署和服务执行上，而 CCIP 的管理功能则集中在环境配置、负载均衡和任务调度等方面。

在物理网络架构方面，一个 CCSP 可以从多个 CCIP 处租用资源，同时 CCSP 在不同的 CCIP 之间起到了类似主节点的调度管理的作用。本节在这里给出了如下的云计算网络架构图（见图 2-6）。

由于云计算业务以及可靠性的需要，必须采用一种分布式架构，但是出于运营监控、计费等方面的考虑，系统又需要采用一种集中式的架构。目前云计算架构均将业务（数据）节点与控制节点相分离，形成一种集中式的架构，由于会存在系统性能瓶颈以及单点故障的问题，我们可以通过 CCSP 与 CCIP 的分离，将部分管理功能从 CCIP 管理节点转移到 CCSP 中。

2.8 基于云计算的科技资源信息共享模式的构建

2.8.1 概述

《2006—2020 国家信息化发展战略》将政务数据资源整合作为我国电子政务建设过程中的关键环节，以政务云计算平台建设来推动我国电子政务发展水平。当前国内政务云的建设如火如荼，以几个重点示范城市为榜样，带动其他省市政务云的建设[103]。当示范城市中政务云如雨后春笋展露出其强大的功能时，工信部和其他部委公布了《国家电子政务"十二五"规划》和《基于云计算的电子政务公共平台顶层设计指南》，为我国政务云的建设提出了技术方向和框架[104]。在中央网络安全和信息化领导小组的国家信息化战略

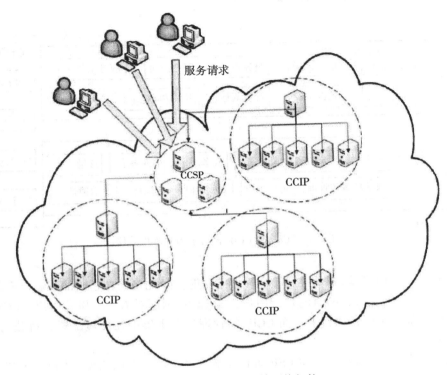

图 2-6 层次化的云计算网络架构

部署下，政务云建设工作组又编制了《电子政务云平台服务考核评估方法》和《电子政务云平台计费参考标准》[105]。

2013 年 8 月，山西省政府常务会通过了《山西科技创新城建设总体方案》，在此背景下，山西科技创新城作为山西省实施创新驱动发展战略的核心和平台，成为山西省的首位工程，肩负着以科技创新破解山西资源型经济转型升级的重任[106]。为了给创新个体提供创新条件，山西省积极组建了各类共享服务平台，以山西省科技基础设施和大型仪器设备等科技资源服务平台为主要服务内容，联合其他各部门向全省全社会开放各类科技服务资源，推动山西科技创新城的历史进程，完善太原市智慧城市的建设内涵。

2.8.2 国内研究现状

目前在我国科技资源业务范围内主要是通过共享平台实现各个科技资源信息的共享。随着技术的逐步发展，国内的科技资源共享平台逐渐完善起来，已经初步完成适应科技创新和科技发展需要的科技基础条件支撑体系。当前国内大多数省市、科技主管部门都拥有独立的、功能较全的且具有特色的科技资源管理共享系统，在一定条件环境中可以达到各自科技资源的共享。如现有的中国科技资源共享网，还有 18 个科技资源省市平台网站，如陕西科技信息网、四川省科技信息资源平台、上海研发公共服务平台网等；27 个科技资源建设项目网站，如大型科学仪器资源领域门户、海洋科学数据共享中心、交通科学数据共享网等，这些平台为大众使用科技资源提供了便利[107]。

虽然我国当前的科技信息系统已经有了质的突破，但是仍然存在一些局限性，如各个省市和科技部门之间的信息资源未能互联互通，仅是在部门内部可以共享一些资源，基本上仍处于"信息孤岛"状态。此外，各个共享系统之间设有权限，通过信息系统的简单超链接是无法共享资源的。尽管通过交涉系统之间的数据，实现了一些系统间的共享，但各个系统往往都有自己的服务器，对用户来说它们仍然处于相互独立状态。该情况的存在，可能导致用户为了查找某一科技资源需要逐个登录访问多个系统，加之访问权限的不统一，使科技资源的全面共享成为不可能。虽然各个省市、部门等已经投入了大量的人力和财力来建设和完善科技资源共享平台，但是由于技术和管理上的制约还是不能实现真正意义上的科技资源共享，即科技资源的全面、无隔阂的完全共享[107]。

国内科技资源共享平台的研究已经在国外经历了比较长的时间，主要从三个角度开展研究，一是对社会开放的资源共享平台建设方案的研究；二是对科技发展创新的推动力的研究；三是从创造的价值角度研究。平台建设方案的研究又可以分为以下几个方向。

1. 侧重于平台建设经验和理论的研究

学者岳晓杰通过探析中国科技基础条件平台建设的发展历程和现状，指出了平台建设过程中存在的各种问题，并分析了该问题产生的原因，通过进一步分析和比较国内外科技发展的成功实践经验，提出了通过成立国家综合协调管理委员会来加强我国科技基础条件平台的建设[107][108]。

陈文倩、伶庆伟等人结合高校仪器管理经验，分析了大型仪器设备管理的现状和存在的问题，探讨了设备管理上的问题与不足，提出了高校大型仪器设备资源管理和共享的措施[107][109]。

2. 侧重于区域平台技术的研究

阮晓妮在对宁波市科技资源调研的基础上，运用模糊层次分析法建立了资源配置模型。在宁波的科技工作网站上采用共享信息的关键技术建立分布式网络中心，并通过对数据的规范化、网络化和空间化改造，实现了科技资源信息共享平台[107][110]。

针对山西省自然科技资源共享平台，郭常莲等人围绕平台的功能结构、内容和应用方法三方面开展了研究，指出平台的主要应用方式是信息查询与统计，并重点论述了该系统前后台的应用和建设方案[107][111]。

对于目前网络条件下文化信息资源共享存在的组织、服务、市场和管理机制等方面的问题，学者毕强开展了网络资源管理基础理论的研究，以网络技术视角为切入点，采用Qos的资源动态分配方案，设计了基于层次式的网络文化信息资源共享平台体系结构[107][112]。

针对网络教学资源共享平台目前存在的问题，王庆和赵颜两位学者不但提出了基于知识管理的新平台设计框架和实现技术，而且指明该平台需要使用数据挖掘等知识管理关键技术来实现个性化和智能化为主要特征的共享服务[107][113]。

3. 侧重于平台在传统网络下整合建设研究

针对农作物的特种资源共享平台（CGRSP）的特点，叶锡君等学者进行了研究和设计，包括平台的总体框架、数据存储和功能服务等方面。同时，为了对遗传资源实现数字化、标准化和遗传资源的整合，他们采用了国家种植资源描述规范和数据标准[107][114]。

张宇等研究者建立了网络平台科技资源整合的方法和原则，以及基本的框架，以河北省科技基础条件平台为案例，给出了理论和实践相结合的科技资源整合方案，并指明针对不同资源分类，使用不同的整合方法[107][115]。

学者张谨等人对平台的规范化、建设方法、整合方案、数据存储等开展了研究，并在同构跨库检索技术上完成了资源的整合，同时给出了建设资源共享平台的可行方案[107][116]。

通过对近些年文献的查阅，国内学者从对科技资源共享的方案研究向科技资源共享平台与机制发展研究转变，从以上研究者的研究来看，科技资源共享平台的关注往往停留在网络平台的基础上，而且基本都是基于对某一个区域或领域的研究。

当前我国科技部已经初步建成了以研究实验基地和大型科学仪器设备、自然科技资源、科学数据、科技文献等六大领域为基本框架的国家科技基础条件平台建设体系。

随着全国的科技资源共享平台的建设，山西省也陆续完成各个科技资源共享系统。于2005 年初，山西省逐步启动了山西省科技基础条件平台建设计划，形成成了一个跨行业、多学科的信息共享和应用服务的科技创新支撑体系[117]。2012 年末，山西省科技文献共享与服务平台、山西省科学数据共享平台项目得到验收。其中山西科技文献共享平台为万方和维普数字化资源提供接入服务，主要包括文献检索服务、原文件传送服务、科技定题服务和科技查新服务。山西省科学数据共享平台集成了科研机构、高等院校和相关机构所拥有的公益性、基础性科学数据资源。该平台整合了山西省气象、地理空间、农业、林业、水利、环境、能源等科学基础数据服务。

到目前为止，山西省自然科技资源平台已经基本建成并投入运行，大型科学仪器协作共享平台、技术转让服务平台、专业创新公共服务平台也正在逐步完善中。

此外，山西省科技资源共享服务网为整个平台集成和提供了综合展示窗口，是各个共享资源和各种应用服务的集成应用平台，也是各个子平台的联合门户和统一入口。

为了推动山西省科技资源的共享和发展，山西省人民政府办公厅陆续出台了关于印发山西科技创新城人才支持、平台管理、成果转化、首台（套）装备认定等 4 个暂行办法[118]。

2.8.3　科技信息资源与云平台

1. 科技信息资源的特点

科技信息资源广泛分布于科研院所、高校和科研管理部门等机构中，其内容主要包括数据、软件和设备特征，并涉及研发、使用、维护和流通等环节。其中，科研机构主要具有研发和使用功能，管理部门具有维护职责，而中介机构促进流通和推广的作用。科技信息资源主要具有数据量庞大、系统异构和应用服务繁多的特点。

2. 云平台整合科技信息资源

本书中使用云计算平台整合科技信息资源的意义可以概括为以下几点。

①云平台为科技信息资源系统服务提供新的范式。通过该范式，可以将不同的科研机构和管理部门使用的数据和服务整合在一起，并统一服务接口，提供各种级别的科技应用。

②云平台为实现海量科技信息数据的存储提供新的途径，为海量的数据存储和检索提供高效的方法。

③云平台还为跨平台的服务提供统一的接入方式，可以实现对不同系统上现有服务的整合。

通过云计算技术实现的科技信息资源整合，将具有如下的特征。

（1）高效的存储和检索。云计算平台通过改变存储和冗余的方法，提高了存储空间的整体利用率，正如超市中物品存放有别的方式提高了物品的查找效率，存储方式的改变将有助于提高数据被检索的效率。

（2）跨平台和跨应用。云平台可以为用户提供各种科技信息资源和应用，并不局限于受环境约束的几种应用，如农业部门不仅可以调用水利和气象等信息，还可以得到电力和煤炭等能源信息。数据和应用在最大范围内共享。

（3）成本低。从谷歌云的成功案例中可以得知云计算平台的搭建并不需要建立在高端的物理设备上，而只需要将廉价设备配置虚拟软件就可以形成对外统一的计算资源池和存储资源池，这种方式极大地保护了投资，降低了成本。

（4）高弹性的扩展。云计算的本质就是提供一种类似于电厂按需发电的工作模式，其虚拟系统可以通过用户的需求自动地适应，为用户动态地分配资源，该种模式特别适合于科技资源迅猛的生产和发展的需求。

（5）统一的访问入口。通过云平台对新旧系统的整合，通过虚拟技术设置统一的应用访问入口，保证了底层差异对用户的透明性，并通过权限统一分级管理和配置，用户一致界面的使用，极大方便了用户的使用。

（6）可靠性高。云计算不仅解决了大规模科技数据的海量存储问题，而且通过副本技术来增加数据的冗余性，保证了数据遗失后的快速恢复，从而增强了系统的可靠性。

（7）统一的管理。云计算不仅为用户提供统一访问入口，而且通过统一的专业化管理，大大降低了原有分散部门维护的成本，减少了资源分散带来的重复浪费。此外，该管理方式保证了数据的一致化，防止了"脏数据"的存在。

（8）高集成度。云计算是从分布式系统技术采用虚拟技术而来，天生就具备兼容异构系统的能力，可以通过虚拟技术将各个分散的系统整合起来，使现有的应用通过接口技术或总线技术连接在一起，具有很强的集成能力。

2.8.4　科技云的服务体系

1. 服务的总体范式

基于云计算的科技资源共享平台是为了科技管理部门、中介机构、高校和科研院所等单位可以实现信息服务的共享，资源最大化的利用，所以其服务的构建应该遵循一定的规范原则，建设指导部门通过服务的总体范化将有利于服务的共享和服务的整合。

如图 2-7 所示，基于云计算的科技资源共享平台的整体框架既需要满足科技政务系统建设的要求，又要保持技术路线开发的一致和符合国家电子政务开发的要求[116][117]，从范化体系层次上包括云计算的物理基础层、系统层、服务支撑层、应用服务层和用户层[119][120][121]。

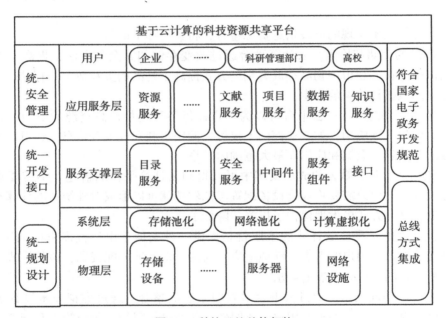

图 2-7　科技云的总体架构

其中，物理基础层为云计算服务提供必备的物理设施包括存储设备、计算服务器和网络基础设施。系统层通过支持虚拟化服务的系统软件，将物理层异构和分散的设备整合在一起，形成对用户透明的整体设施，为上层提供一致的服务接口。支撑层并不是直接为用户提供独立的服务，而是为上层独立的服务提供功能组件，满足服务设计上的灵活性和重用性。服务层是针对用户的不同需求而开发的一系列功能，是整个体系的设计重点。

如图 2-8 所示，高新技术企业、高校和科研院所是科技云平台的主要用户，科研管理部门主要负责整个云平台的管理和维护工作，并且兼具规范服务和指导系统开发的义务，而中介机构主要推广新产品和新技术，负责加快资源的市场化流通。

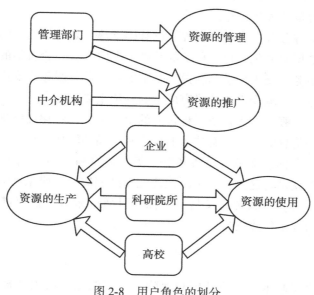

图 2-8 用户角色的划分

2. 服务模式

针对科技用户的需求，科技云体系的应用层中的服务可以划分为四大基本类，每一类中拥有多项服务，如图 2-9 所示，包括以下四类。

图 2-9 服务体系

第一类是知识服务，为科研用户完成科研提供必需的科学技术支持。知识服务还包括科研开发过程中文献服务和专家服务，为其智力过程提供技术指导。文献服务主要采用搜索引擎的方式，满足用户以关键字或主题的检索。专家服务可以通过在线咨询的方式，以用户使用"网上专家门诊"的形式进行答疑指导。

第二类是行政管理类，辅助科研管理部门完成行政类业务流程，主要包括项目奖项服务和专家的管理服务。其中项目奖项服务实现项目申报审批流程，以及对项目全过程的跟踪，是科研管理的部门一项重要活动。专家管理不仅实现了对专家成员的组织，更是对科学活动的科学化、规范化和公正化的保障。

第三类是科研资源服务，为科研过程提供基础支撑，是科学活动的条件，主要有数据服务和设备服务。数据服务包括自然科学的基础数据服务、社会科学的统计数据服务和人工智能的数据挖掘服务，是为科学判断提供基础资料。设备服务主要用于共享仪器设备和提供重点实验室信息，是减少投资和研究成本的一项重要功能。

第四类是流通推广服务，为科研过程资源的组合和市场转化提供催化媒介，形成贯穿研发、使用和流通的信息流，主要有技术的推广和产品的转化。科研过程也是一项资源组合的过程，不仅需要数据、文献、设备和资金等物质资料，而且更需要智力和人力的支持，技术的推广服务就是将这些智力资源快速配置到相应的科研系列活动中去，为科研活动的顺利开展提供支持。产品转化又是一项保障科研成果可以快速进入市场形成资金回流，为延续科研寿命提供保障支持。

3. 存储模式

存储为服务提供了基本的物质基础和保障，云存储往往采用"池化"技术将分散的异构存储服务虚拟成在一个整体的存储资源池，为用户提供统一使用方式，屏蔽了底层细节上的技术差异，实现了高可靠性和高性能的海量数据分布和备份，如图 2-10 所示。

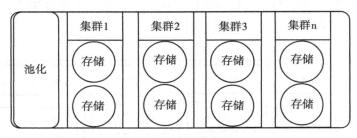

图 2-10　存储虚拟化

4. 系统整合

基于云计算的科技资源平台不仅解决日益增长的海量数据存储、高性能的计算服务、多样的业务服务问题，还要整合现有的资源，保护现有资产。服务总线方式是实现系统整合的一种流行手段，该方式不仅可以满足基于服务的设计（SQA），而且可以实现业务流程的再造和重组。为了兼容旧系统，我们设计一种规范化代理接口，可以将旧科技系统中的数据和服务接入云平台，如图 2-11 所示。

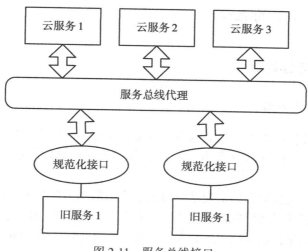

图 2-11 服务总线接口

通过在旧系统服务上添加兼容 ESB 规范化接口，可以将旧服务数据转换为服务总线上的标准通信格式，这种模式只需要将原服务重新通过 XML 格式注册到云平台上即可使用，保证了服务对外使用的一致性。

2.8.5 结论

通过对科技云的特点分析，我们具体提出了一种使用云计算如何实现海量存储、数据检索、服务范式设计、系统整合和集成服务的云平台构建模式。该模式不仅可以提高科技资源的使用效率，而且使用虚拟化技术实现资源的整合，扩展了服务能力的弹性。此外，通过规范公共接口设计实现现有服务的信息共享，实现服务的集成。

通过云计算方式来整合科技资源不仅是一个技术应用，更是一种全新的服务模式，该服务模式应该包括整个系统体系的范化设计，不仅可以兼容现有的服务，而且可以面向未来发展，所以这种模式设计具备很强的弹性。

为了适应数据庞杂、服务繁多的科技资源，通过云构建的科技资源信息共享平台不仅可以满足国家科技系统的基本框架，而且该系统具有很强的兼容性，可以面向未来的发展。此外，我们将服务划分为 4 大类，该划分可以满足科技六大领域的服务：实验基地、科学仪器、自然科技资源、科学数据、科技文献和科技资源基本服务。除此之外，该平台还应具有科技管理服务，如成果转化、专家系统、项目审批申报系统等，为了方便用户使用该系统还应具备科技目录服务、全文检索等常规服务。

伴随着我国云计算技术普及，国家和山西等地区积极开展云平台建设，科技部门资源和服务的完善，建设一个科技云共享平台将是一个新的里程碑，如何保证科技数据和服务的安全将是我们研究的下一个重点问题。

2.9　云计算平台下的慕课

2.9.1　慕课与云计算

1. 云计算技术的特点

第一，通过计算资源虚拟化集成以提高设备计算能力。将大量的可用于计算的资源汇集到一个资源池中，可以实现共享方式利用计算资源，从整体上提高整个网络资源利用率。

第二，通过分布式数据存储实现系统容灾能力。数据的存放本质上被多次备份到网络中的多个主机，既实现了系统的容灾能力，又达到了访问过程中的负载均衡。

第三，硬件虚拟化，减少软硬件相关性。虚拟化技术将云平台底层的硬件设施将同类硬件集成起来，并且将硬件与软件隔离开来，作为同种设备供用户透明使用，降低了软硬件的相关性和依赖性。

第四，高度模块化设计实现高可扩展性。云计算平台基本上是遵从标准化构架，软硬件都是按照中间件方式设计模块化组织。这种方式不仅有助于系统的开发和设计，而且方便了系统的升级和维护。

第五，使用虚拟技术实现资源弹性服务。通过虚拟技术可以随时扩充系统的内部资源，并且将资源整合，但对用户整个接口和界面没有变化，也就是说内部功能的增强、资源的扩充完全对用户是透明的。这种方式对用户的计算量和存储量的需求变化都是具有弹性的，也就是所谓的按需增长，按需分配。

第六，按需计费，随用随计。云计算的使用最显著的特点是服务可以外租，用户可以在网上随时使用，按次或按时计算使用服务的价格。从建设成本、使用成本和维护成本上综合来看，大大地降低了用户的费用。

2. 慕课

（1）慕课的概念和特点。所谓 MOOC（中文译为"慕课"），就是大规模在线开放课程的英文首字母的缩写。它的内涵对我们来说可能并不陌生，但是其外延包括一切通过网络学习的课程，乃至形成一种自由的学习模式，正在引领着一场教育革命。

慕课这个概念由加拿大的一位信息技术研究学者在 2008 年提出，并在课程"连通注意与连通知识"中得到成功实践。在该课程中，主要通过 RSS 新闻阅读器、博客文章、在线论坛和在线会议完成学习者的第二人生教育。

慕课的主要特点如其英文名字所意。

第一，规模巨大。发布出来的课程不再是一两门课程，有可能是多学科、多体系的课程。

第二，共享开放。课程不再是私有的特殊群体享受，而是遵从一种开放共享的协议。

第三，网络传播。通过互联网技术传播，学习者不再受限于地域、时空、学历、社会地位和种族等限制，彻底消除了教育资源分布的不平衡性，打破了高等教育是一种特权的享受制约。任何人任何时间都可以享受世界最好的教育。

（2）国内外慕课的发展。2008 年以来，大批的国外教育工作者开始采用这种教学方式，并在国外大学开展这种大规模网络开放课程。以 2011 年斯坦福大学 Sebastian Thrun 等学者开发的一门网络免费课程"人工智能能导论"为例，该课程成为全球各地 16 万注册学生的经典网络传播课程，其影响力是教育史上的一个奇迹，从此慕课的教育方式在世界正式拉开帷幕。在国外通过大学间的项目合作，形成了跨学科、跨专业和跨地域的课程网络教学平台，典型代表主要有 Coursera、edX 和 Udacity。

Coursera 是国外较大的慕课平台之一，其中包括世界各地的教学课程 500 多门，内容丰富，但其质量良莠不齐。edX 是哈佛大学和麻省理工学院共同牵头，全世界各地顶级的大学共同参与，形成的一种系统课程，其特点是教学形式灵活多样。Udaocity 是成立最早，以信息技术教育为主的一种在线课堂，其特点是设计细致，但课程种类不多。

中国通过与国外知名大学合作，也形成了一些知名的慕课平台。如两岸五大交通大学合力打造的 Ewant 平台。MOOC 学院是国内当前最大的教育社区，不仅收录了 1500 种其他知名慕课平台上的课程，而且拥有 50 万用户可以实现在线讨论和点评。此外，还有北京慕课科技中心开发的慕课网，该平台主要为 IT 从业人员提供学习课程，为用户入门、提升、进阶提供分门别类的阶段性课程。

2.9.2 国内外教育信息化情况

1. 国外教育信息化发展情况

美国信息化水平和教育水平一直位列世界各国发展前茅，其教育信息化的发展过程主要历经了三个阶段：①校园基础设施建设阶段；②信息系统建设阶段；③数字校园建设阶段[122]。第一个阶段以 1990 年实施开展国家信息基础设施行动计划拉开帷幕，以"信息化校园建设计划"正式启动美国高校的信息化建设。随着美国"信息化高速公路"的建设，由美国 MCI 电信公司为高校提供互联网接入、校园卡使用和校园网络通信等服务。第二个阶段以 1996 年克林顿政府提出的"教育技术规划"为标志，意在 2000 年实现全美所有大学建立校园网络，数字图书馆的接入，以及与互联网相连。第三阶段以 2002 年美国教育部的 5 年战略计划为标志，鼓励使用科技手段更新教育方法，大力开展校园网络基础设施的完善工程。

随着世界信息时代的到来，互联网的普及应用，德国也不例外，借助信息技术来提高德国的高校建设。1998 年德国大学与电信公司和 IT 公司共同合作建立"虚拟大学"，通过互联网、利用多媒体，实现家庭大学教育。同时借助信息网络技术实现继续远程教育，图书馆资源的接入，实现教育和科技资源的共享。

作为科技发达强国，日本教育信息化也历经了三个阶段。第一个阶段，始于 20 世纪 80 年代末，以教育审议会通过的教育规划为标志，指明要将信息化手段来应用到教育中，并相互促进发展。第二个阶段以 1992 年日本文部省首次提出将计算机及多媒体技术应用到教育中为标志，开始了信息化教育实践方针的指定，率先在小学等基础教育中推进信息化教学方法改革。第三阶段以 2005 年日本指定了以信息化强国为目标作为显著标志，到目前实现了约 70% 的大学信息化建设[123]。

2. 国内教育信息化现状

早在 1989 年我国就开始注重教育信息化的建设，同年颁布了《国家教育管理信息系统总体规划纲要》。1990 年至 1992 年，由中科院、北京大学和清华大学共同实施了"中关村地区教育与科研示范网络"项目，拉开了我国首个大学园区的信息化建设。1994 年国家教委主持开展了教育科研网（CERNET），实现了为全国各地区高校服务的目标。随着 20 世纪末互联网在中国的普及，我国相继完成了 CETN、CEENET 和 CETNN 等全国性的教育服务平台建设，也就是说覆盖全国性的教育信息化基础设施基本建设完成。

直到 20 世纪 90 年代末，第一个网络在线教育学院由清华大学、浙江大学、北京邮电大学和湖南大学共同打造完成，从此虚拟大学开始进入公众的日常生活，普通人也可以在家完成自己的大学梦，标志着大学开始了平民化，中国高等教育进入大众教育时代。从 2000 年开始，我国继续普及信息化高等教育工作和全面实施"校校通"工程建设。在教育政务中的"三网一库"建设过程中，逐步实现用信息化技术来改进高等教育的管理和教学方法。

随着信息化理念和技术的不断更新，我国相继启动了若干教育、科技资源和图书馆信息化换代更新工程，数字校园建设水平已经成为高校综合实力的标志之一。

针对教育信息化的目标，各个国家都有其需求的表述。"显著提高教育生产力"的目标是美国教育发展的内需体现[124]。而我国教育信息化的发展直接面向我国教育过程中的难题，也就是通过信息化手段来解决教育资源发展的不平衡的主要矛盾。

2.9.3 慕课对教育的影响

20 世纪末，计算机技术开始了突飞猛进的发展，人类进入了信息化时代。信息技术、生物技术、新材料技术现代技术被认为改变当今世界的三大核心技术，其中信息技术被认为是最重要的，它改变了人类的传统生活和生产方式。但是，它对教育的影响远比不了它对生活方式的改变，也就是它对教育的影响只是停留在教育手段和工具上，该问题被定义为"乔布斯之问"。

1. 教育结构内涵和形式的变革

在传统的高等教育教学环境中，教育的主导是教师，教育的主体是学生。学校的课堂教学是主要的教学方式和形式。按专业或岗位设计的课程体系是整个教学的内容范围，学生只能是被动授课。

而慕课的形式可以让学生通过互联网+移动终端实现随时随地的学习，首先，突破教学的课堂地域和时间的限制。其次，所学的内容范围可以由学生选择，在一定程度上提高了学生的主动性，并突破了课程内容设置的限制。所以，慕课是对传统教育形式和内涵的一次彻底改变。

2. 变革的具体内容

所谓云计算与慕课的结合，就是以云计算为技术支撑平台，建立慕课所需要的物质基础和教学资源，建造一种基于互联网，可以在任意时间和地点点播学习的新教育环境，实现以教师为"编剧""导演"和"演员"，学生为"观众"的一种主导和主体的新型教育结构关系。[125]

这一教育结构具有几个区别于传统教育方式的显著特征。首先，信息化程度非常高，信息技术彻底融入教学整个过程，不仅平台的运转需要云技术的支撑，而且在教学过程中的各个环节都需要信息技术的辅助，包括课件制作、模拟实验、动画演示甚至是全息技术展示等。其次，不受时空限制是该教育结构的最大特征，慕课突破了传统教育的围墙，打破了享受教育的"特权"，是人类历史上"贵族"享受教育的彻底颠覆。再次，在教学进度过程中，教师的角色发生转变，由原来课堂上的"主角"转变为"配角"。慕课产生以后，学生对现场教师的依赖程度大大降低，现场教师可能最终转变为辅助和辅导答疑的角色，也就是说教师"演员"将可能被分为两类，一部分当成"主演"，成为慕课的主角；另一部分将成为配角，成为真正意义上的助教。最后，慕课具有很强的整体性和分散性，即整体性强的可构成类似传统课程中的教学体系；而分散性强的，往往实践性很强，适合于单篇成课，可用于专题讲解，例如计算机路由器常见故障的排解、汽车的一般保养和出纳报税过程等。这些内容在传统的教学中不会出现，但具有很强的经验性和实践性，甚至可以即学即用或即用即学。

2.9.4 未来慕课的发展趋势及应对举措

技术发展为慕课提供了必备的物质基础，而教学模式的根本改变才是其发展的实质，为了应对这种潮流趋势，采取必要的措施才能跟上时代的发展。

1. 未来慕课的发展方向

（1）互动性进一步增强。慕课的教育方式虽然对现代教育创新有着革新作用，但其还处于茁壮成长阶段，还有很多方面需要完善，尤其在互动方面还有赖于技术创新和发展。更强的互动技术支持可以即时通信，实现教师与学生间的交流，增强学习的效果。

（2）主体和主导的角色可能发生变化。随着支持互动性技术的发展，慕课将改变教育主体和主导的地位，在新的教学环境中，教师和学生的地位和角色可能演变成对等状态，这样更符合高等教育的要求，更有利于大学教学思想的开放。

（3）社区学习。慕课虽然突破了校园的边界，使学习者可以轻松共享优质教学资源，但这并不意味着学习成了个人行为，而是在网络的空间中重新聚合，构造出了新的学习团体，在世界范围内按兴趣或按学习内容形成学习社区，更有利于思维的碰撞、文化的交融、智慧的激发。

（4）大学联合以及优势资源互补。世界上各个大学基本上是通过自己的优势学科带动其他学科发展起来的，也就是在学校内部以及学校之间的学科发展是极其不平衡的，特别是专科类学校。例如财经类院校中，信息学院肯定不如会计学院具有学科优势。甚至综合性大学里的学科发展，也是受环境、各种资源和学科带头人等软硬件因素影响。

大学联合打造慕课已经成为国内外的典范，通过合作建造慕课，可以更广泛地共享各个高校内的优质教学和科研资源，并且避免了重复建设精品教学资源库，实现更宽广范围内的优势教学资源互补。[126]

2. 应对措施

（1）推动基础设施建设。我们已经知道慕课的发展是以云计算物联网技术发展为基础的，因此，大力推动 IT 技术革新，建设基础公共云平台，不仅是为公众提供信息服务提供便利，更为教学网络和信息化提供了发展动力。

（2）鼓励大学联合实现资源互补。高校学科和专业的发展往往也是不同步的，我国的很多高校往往以某些学科为领军，成为学校发展的主要方向，如财经、金融、电力和建筑等。通过高校间合作建设实现教育资源共享，不仅可以节省建设成本，而且可以发挥高校内部的"拳头"优势，并且在建设过程中也增加了学术交流和教学互相观摩，可以产生相互学习的促进作用。

（3）平台建设需要整体规划。建设精品课程和教学资源库是我国教育实现网络下的教学资源共享的产物，其成果突破了教学的代表典范，并可以通过网络自由访问，使大学更加接"地气"，成为公众生活学习的一部分。但是我们也发现一些问题，如资源建设重复，资金的浪费。同时也存在大量垃圾资源与优势资源并存的现象，成为应付"发展"的产物。

为了杜绝此类现象的出现，应针对不同学校不同学科进行整体规划，融入优势学科资源，扬弃其他资源，更好地实现慕课的整体健康发展。

（4）鼓励社会资源和资金的融入。MOOC 的建设要实现集优势资源的互补，节省投资，但是必要的资金支持不仅有利于前期的建设和设计，更有利于后期的维护。其资金的来源，以政府的投入为主体，社会资金参与为辅的模式将更有利于系统的建设。同时，若涉及运营利润分配，则可以按其投入比例进行分配。

第3章　云计算中碎片资源管理关键技术

3.1　引言

云计算作为一个解决大规模计算和存储的重要方法，是资源复用形式的一个演进，并且是对资源组织形式进行反思后所形成的产物。用户之所以选择云计算服务，是因为它可以在任何时间、任何地点以低廉的价格提供计算和存储访问服务，正如人们日常所见的电力供应一样。除了服务质量本身之外，价格是谁将赢得这场竞争的决定性因素。很显然，在提供相同的服务质量的前提下价格最低的供应商将赢得大多数用户。云计算服务提供商可以通过尽可能地提高系统平均效率从而达到降低其价格的目的。一个合理并高效的调度机制，可以令云计算服务提供商以相对较少的资源满足更多的用户需求，所以它已成为云计算最核心的问题之一[127]。

调度过程主要可以分为两类，即服务请求调度和资源调度过程。服务请求调度发生在用户与服务提供商之间，而资源调度过程发生在服务提供商和资源提供商之间[134]（在许多情况下这两家提供商的功能可以由一个实体来完成，在该情况下资源调度过程则是发生在提供商内部）。一般情况下，用户在云计算服务提供商处获取服务的过程如下：①用户向云计算服务提供商发送请求；②执行请求；③服务调度过程；④资源调度过程；⑤完成服务并进行响应。本章主要研究的是云计算资源调度。

在云计算环境中，云计算服务运营商（cloud computing service provider，CCSP）将其提供的所有资源抽象为一个"资源池"。用户采用租用的方式根据其需求在该"资源池"中选择其所需要的资源数量。然而用户对资源需求的规格与服务运营商所提供的规格很可能不一致。因此，在实际运行过程中系统容易产生资源碎片（resource fragment）。如何处理资源碎片问题则是提高云计算系统资源利用率的关键问题之一。

此外运营需要云计算环境中有中心调度节点。但是在大规模集群设备条件下，如果将所有资源的查找与组合工作都交由中心调度节点处理，那么单一节点无疑会面对过载的问题，因此，需要将这些任务以一种分布式的方式解决。

本章首先对云计算环境中的碎片资源进行介绍，并提出了一种按业务类型分类的、基于碎片资源耦合强度和节点距离的碎片资源组合方法；受到网格计算的启发，本章提出了一种基于 Chord 查询改进算法的分布式具有 QoS 保障的资源调度机制（distributed qos-constraint resource scheduling，DQCRS）。DQCRS 有几个优点：区分服务、去中心化、可扩展性以及鲁棒性。

3.2　资源调度技术综述

云计算数据中心将不同资源按照需求动态地自动化地分配给用户。但是用户的需求规格与数据中心物理服务器提供的规格不一致，如果采用简单的资源分配调度方法，例如常见的轮转法、加权轮转法、最小负载（或链接数）有限、加权最小负载优先和哈希等方法，较难达到物理服务器的负载均衡，进而会造成服务性能不均衡以及一系列其他问题。

轮转法（round robin，RR）是操作系统中一种最简单的调度算法[128]。该算法通常会设定一个轮转周期，并将每个周期的时间片按照相同的比例分配给每个进程，循环往复，依次满足每个用户的需求。在该算法中，没有任何优先级之分，也不会令某些线程产生"饥饿"的现象。但是轮转法不能解决物理服务器和用户需求规格不一致造成的负载不均衡问题。

加权轮转调度算法（weighted round robin，WRR）是对轮转法的一种改进，克服了轮转法的一些不足。该算法使用相应的权值来表示不同任务的重要性，权值较大的任务将被赋予更多的时间片。该算法为了获取一个标准化的权重集合，需要取得近似的广义处理器共享（generalized processor sharing，GPS），还必须知道平均包大小。而在 IP 网络中，平均包大小是可变的，因此，在实际中估计平均包大小是很困难的。此外加权轮转调度方法无法保证公平性。

目标地址哈希调度算法（destination hashing，DH）通过以目的地址为关键字来查找一个静态哈希表来获得所需的真实服务器。该算法是针对目标 IP 地址的负载均衡，但它是一种静态映射算法。目标地址哈希调度算法首先根据请求的目标 IP 值，作为哈希键从静态分配的哈希表中找出对应的服务器，该算法在初始时会将所有服务器顺序、循环地排列到服务器节点表中。如果该服务器可用且负载未超过其自身能力范围，将请求发送到该服务器，否则返回空。

源地址哈希调度算法（source hashing，SH）是以源地址为关键字对哈希表进行查找，从而获得所需要的真实服务器信息。源地址哈希调度算法正好与目标地址哈希调度算法相反，它根据请求的源 IP 地址，作为哈希键从静态分配的哈希表找出对应的服务器，若该服务器是可用且未超载，将请求发送到该服务器，否则返回空。

上述两种哈希方法需要提前设计一个哈希函数，用于映射用户需求的虚拟机到相应的物理服务器上，执行速度快，但如何设计一个哈希函数既满足用户规格需求又满足物理服务器规格配置不一致是一个难题，负载不均衡的问题也很难得到解决。

最小连接算法（least connections，LC）需要负载均衡器记录各个真实服务器的连接数目。当用户提出请求时，负载均衡器把该连接请求分配到当前连接数最小的真实服务器上。当所有服务器处理能力相同时，该算法能够把请求均匀分布到各个服务器。但是当服务器处理能力相差较大时，该算法受限于 TCP 机制而效率较低。

加权最小连接算法（weighted least connections，WLC）克服了最小连接算法的不足，通过为具有不同处理能力的服务器赋予不同权值来对用户请求进行分配。该算法会将用户请求分配给当前连接数与权值之比最小的服务器。

根据现有的研究成果[129][130][131]可以看出，传统的任务调度机制并不适合云计算。目前，在不同的云架构中实现了许多任务调度机制。Hadoop 默认采用 FIFO（先进先出）[132]的机制进行任务调度。HFO 的优点是简单和低成本。所有来自不同用户的任务请求都提交到唯一的一个队列中。它们将根据优先级和提交时间的顺序被扫描。具有最高优先级的第一个任务，将被选中进行处理。FIFO 的缺点是公平性差。在有大量高优先级任务的情况下，那些低优先级的任务很少有机会得到处理。为了提高公平性，Facebook 提出了公平调度算法[133]。公平调度的目标是让所有任务都可以随着时间的增长获得它们所需要的资源。该算法使较短的任务在合理的时间内完成，与此同时不让长期的任务等待过长时间。当系统中没有其他任务时此任务可以占据整个资源。系统将为这些新的任务分配空闲的时隙，使它们都可以得到相同的 CPU 时间。公平调度算法定义了任务的赤字，具有较大赤字的任务，意味着它们得到了更多的不公平待遇，因此，它们也就有更大的概率获得资源。除此之外，公平调度算法保证了最小的共享资源。这意味着即使存在着许多具有较高优先级的任务，最低优先级的任务也可以获得其应得的资源。雅虎在 Apache 基金会的Hadoop 开源项目中提出了容量调度的方法[134]。它允许多个租户安全地共享一个大的集群，这样他们的应用程序在分配能力的限制下被及时地分配适当的资源。该机制允许共享一个大的集群，同时也让每一个组织得到最低的能力保证。集群将被分割在多个组织中，每个组织都可以访问任何没有被别人使用的额外资源。上述提到的所有算法都关注与面向计算的任务，并不适合面向服务的任务。

对于面向服务的任务，Zhongyuan Lee 等人[135]提出关于服务请求调度的一个动态优先级调度算法。该算法在调度过程中动态调整任务单位的优先级，从而提高调度性能。

Yoshitomo Murata 等人[136]提出了一个针对队列系统的基于历史信息的任务调度机制。这种机制根据任务执行的历史信息来估计任务的执行的时间，并且该调度机制自动对该任务分配适当的资源。

Luqun Li[137]介绍了一种由用户、云计算服务提供商和资源提供商组成的三级架构，并提出一个最优的区分服务的任务调度机制。该机制为任务建立了一种非抢占式优先级M/GA 队列模型以及该模型系统成本函数。此外，作者还介绍了得到近似最优值的相应策略和算法。

Qu Xilong 和 Hao Zhongxiao 等人[138]研究了云计算生产系统中分布式软件共享机制，并在云平台上部署了改该机制。

郑洪源、周良等人[139]介绍了一种综合负载的度量方法。通过使 CPU、内存和网络带宽的乘积来度量服务器和虚拟机的负载。然而，上面介绍的调度机制均是集中式的算法，这些机制在大规模云计算环境下将成为系统瓶颈。此外它们是专为某一个特定的面向计算的范式服务的，并不适用于面向服务的云计算。前者的执行特点是短时间和高利用率；而后者则是执行周期长且利用率相对较低。

3.3　问题分析

在云计算数据中心环境中，运营商部署的大多是性能较好且较常见的物理主机，而非昂贵的大型服务器。云计算服务提供商大多一次性批量购买上千台这样的设备来运行云计算服务。因此，云计算对外宣称将所有物理资源汇总成资源池，但在实际中所有的物理资源还仍然是以物理主机位单位，只是通过多种技术手段并通过网络对资源进行调用。显而易见的是，这种资源的基本单位与多变的用户需求是不符合的。在业务规模大的情况下，用户可以租用远超过一台物理服务器所能提供的资源，在这种情况下云计算服务提供商会调度多个物理主机协同为其服务，同时在业务规模小的情况下，用户也可以租用一台物理主机所能提供资源的一部分。

也就存在着这样一种情况，一台物理主机的绝大部分资源已经被其他用户所租用，仅剩的一些资源或资源组合难以单独满足绝大多数服务的需要，此时云计算系统便会产生碎片资源。

如果能够尽可能地利用这些碎片资源，对提高云计算系统资源利用率无疑是一个巨大的帮助。

3.4　云计算碎片资源描述与能力划分

3.4.1　碎片资源池

传统的云计算"资源池"概念过于宽泛，无法对碎片资源的利用提供实际意义上的指导。为了进一步利用好云计算环境中的碎片资源，编者在本节中提出了一个"碎片资源池"的概念。"碎片资源池"（fragment resource pool）是"资源池"（resource pool）概念进一步细分的结果，如图 3-1 所示。"碎片资源池"就是将整个系统在运行过程中所产生的碎片资源信息汇总到一起，根据其耦合程度的强弱进行重新组合，以达到提高碎片资源利用率的目的。

3.4.2　云计算碎片资源组合

在碎片资源池中，资源主要包括 CPU core、硬盘空间和内存空间。这些资源在云计算环境中是离散分布的，但它们又根据距离远近等因素有着不同的耦合强度。同时处于云计算环境中不同位置的资源通过网络进行协同工作的时候，节点之间的距离造成的网络延迟对系统性能影响较大。对于不同的业务来说，各种资源之间的交互程度也是不同的。例如计算密集型任务所需资源按重要程度排列依次是 CPU core、内存和硬盘；而面向存储的任务所需资源按重要程度排列依次是硬盘、内存和 CPU core。因此，本章提出了一种按照业务类型区分的基于资源耦和强度和节点距离的云计算碎片资源组合方法。

首先，对于不同类型的任务，可以分别设定资源之间的耦合强度 e。不同类型（如表

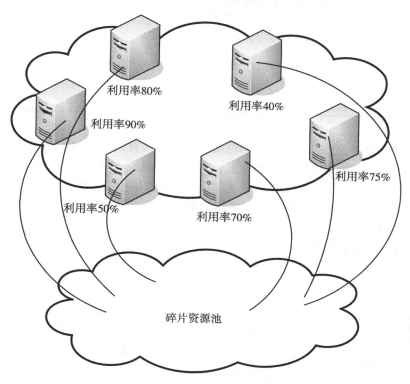

利用率80%

利用率40%

利用率90%

利用率75%

利用率50%

利用率70%

碎片资源池

图 3-1　碎片资源池

3-1 所示）的资源之间耦合强度越高，意味着它们在分布式环境中进行协同工作的难度越大。

在面向存储的任务类型中，CPU core 相对于硬盘和内存来说重要程度较低。因此，将该任务类型中 CPU core 和硬盘之间的耦合强度设定为 1，即 e_s $(c_p$, $h_q)$ $= l$；类似的，还可以规定 e_s $(c_p$, $m_r)$ $= 3$，e_s $(m_r$, $h_q)$ $= 3$，e_s $(h_q$, $h_q)$ $= 1$（如表 3-1 所示）。而在计算密集型任务中，e_c $(c_p$, $h_q)$ $= l$，e_c $(c_p$, $m_r)$ $= 5$，e_c $(m_f$, $h_q)$ $= 3$，e_c $(h_q$, $h_q)$ $= l$（如表 3-2 所示）。

表 3-1　　　　　　　　面向存储的业务中不同资源之间的耦合强度 e_s

	c_p	m_r	h_q
c_p	/	3	l
m_r	3	/	3
h_q	1	3	1

表 3-2　　　　　　　　　计算密集型任务中不同资源之间的耦合强度 e_c

	c_p	m_r	h_q
c_p	/	5	l
m_r	5	/	3
h_q	1	3	1

其次，对于处于云计算环境中不同位置的资源，对它们之间的距离也做出规定：同一个管理域中，同一个机架上同一台物理设备当中的资源距离为 0；同一个管理域中，同一个机架上不同物理设备上资源的距离为 1；同一个管理域中，不同机架上的不同物理设备上资源的距离为 3；而不同管理域中，不同物理设备上的资源距离为 10。例如，处于同一个管理域中不同机架上的不同物理物理设备上的 CPU core 资源 i 和硬盘存储资源 j 之间 $d(c_i, h_j) = 3$，示例如图 3-2 所示。

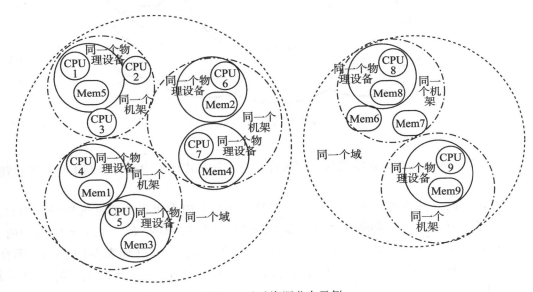

图 3-2　碎片资源分布示例

这样一来，就可以得到碎片资源池中各种资源之间的无向图，如 CPUcore-storage、CPU core-memory、storage-storage、storage-memory，CPU core-memory 碎片资源的邻接矩阵举例如表 3-3 所示。

通常情况下，当用户向云计算服务商发送服务请求后，云计算服务提供商可以在满足用户需求的前提下根据下列公式来选择权重 W 最小的不同碎片资源组合，以提供较好的系统性能。

表 3-3   **CPU core-memory 碎片资源的邻接矩阵举例**

Memory / CPU Core	Meml	Mem2	Mem3	Mem4	Mem5	Mem6	Mem7	Mem8	Mem9
CPU1	3	3	3	3	0	10	10	10	10
CPU2	3	3	3	3	1	10	10	10	10
CPU3	3	3	3	3	1	10	10	10	10
CPU4	0	3	1	3	3	10	10	10	10
CPU5	1	3	0	3	3	10	10	10	10
CPU6	3	0	3	1	3	10	10	10	10
CPU7	3	1	3	0	3	10	10	10	10
CPU8	10	10	10	10	10	1	1	0	3
CPU9	10	10	10	10	10	3	3	0	0

面向存储的业务：

$$W_s = \min\left[e_s(c_p, m_r) \cdot d(c_p, m_q) \right] + \min\left[e_s(m_r, h_q) \cdot d(m_r, h_q) \right] +$$
$$\min\left[e_s(c_p, h_q) \cdot d(c_p, h_q) \right] + \min\left[e_s(h_q, h_q) \cdot d(h_q, h_q) \right] \tag{3-1}$$

对于计算密集型业务：

$$W_c = \min\left[e_c(c_i, m_k) \cdot d(c_i, m_k) \right] + \min\left[e_c(m_k, h_j) \cdot d(m_k, h_j) \right] +$$
$$\min\left[e_c(c_i, h_j) \cdot d(c_i, h_j) \right] + \min\left[e_c(h_j, h_j) \cdot d(h_j, h_j) \right] \tag{3-2}$$

3.5 云计算环境下具有 Qos 保障的分布式资源调度机制

由于商业模式、可行性以及可维护性的要求，云计算架构通常是中心式的。完全分布式的架构难以管理、监控以及计价。从系统的角度来看，可以把云计算系统看作一个具有无限资源的巨大的远程服务器。这也就意味着系统能够根据用户需求给某一个任务分配一系列配套的资源，且所有的运行细节都被隐藏起来，用户无须知道系统是如何运行的。但是如果将所有调度任务都交由中心节点来处理的话，当业务请求达到某个数量级的时候，该中心节点可能会成为系统瓶颈，并且单一节点一旦失效则整个系统都无法继续提供服务。因此，本节提出了一种分布式的资源调度机制来解决该问题。

3.5.1 系统模型

通常来说，系统中的用户对于 QoS 都有不同的需求[140]。为了提供具有区分性的服务，云计算提供商将会与用户签订不同的服务等级协议（service level agreement，SLA）。不同的 SLA 意味着不同等级的服务质量及其对应的价格。本书假设用户可以分为两类，第一类用户对云计算服务性能要求较高，而第二类用户对云计算服务性能要求相对较低。用户向云服务提供商申请一定数量的系统资源来满足一定服务质量约束下的应用需求。本节令服务响应时间为 QoS 的一个代表性指标。高等级的 QoS 意味着较短的响应时间，而与之相反，低等级的 QoS 意味着相对较长的服务响应时间。根据用户所支付的价格，它们会被赋予不同的优先级。为了表述上的清晰，为这两类用户分配了不同的优先级分别为 P_1 和 P_2，且 P_1 高于 P_2，即 P_1 用户对服务响应时间的要求要高于 P_2 用户。高优先级用户拥有更大的机会获得优质的系统资源，本书将在后续部分详细讨论这一过程。同理，使用该方法也可以很轻易地将优先级扩展到 n 级以应对不同的业务需求。

此处我们用 U_1 代表拥有 P_1 优先级的用户，$U_1 = \{U_{11}, U_{12}, \cdots, U_{1(x-1)}, U_{1x}\}$；而 U_2 则代表拥有 P_2 优先级的用户，$U_2 = \{U_{21}, U_{22}, \cdots, U_{2(y-1)}, U_{2y}\}$。当用户向云计算服务提供商提出服务请求时，他们会发送一个需求的描述 R（CPU，Mem，Disk，type，Priority），其中 CPU、Mem 和 Disk 分别代表他们所需要的 CPU、内存和硬盘存储资源。而 type 代表业务类型，Priority 则标识出了他们的优先级。当 type = 1 时，表明用户所请求的是面向存储业务的服务，而当 type = 2 时，表明用户所请求的是计算密集型的业务。当 Priority = 1 时，代表该请求是由 U_1 组的用户所发出的。相应的，当 Priority = 2 时代表该请求是由 U_2 组的用户所发出的。

对于 U_1 组的用户来说，他们具有较高的优先级，云计算系统将在他们提交任务请求的时候就立刻为他们分配"优质"的资源，即尽可能地使用用户需求的 CPU、内存和硬盘在一台物理设备上。即便在用户需求较高而一台单独的物理设备无法满足的时候，系统也会在同一个域的同一个机架上寻找其他合适的物理设备。而对于 U_2 组的用户来说，他们需要像在网格计算环境中一样等待系统分配碎片资源进行使用。

更多的参数定义如表 3-4 所示。

表 3-4　　　　　　　　　　　**参 数 定 义**

T_{s_1}	代表在实验设计环境下 U_1 组的用户执行标准文件读取任务的执行时间
T_{s_2}	代表在实验设计环境下 U_2 组的用户执行标准文件读取任务的执行时间
T_{c_1}	代表在实验设计环境下 U_1 组的用户执行标准计算任务的执行时间
T_{c_2}	代表在实验设计环境下 U_2 组的用户执行标准计算任务的执行时间
τ	代表每条指令的系统处理时间
a	代表用户所需 CPU 资源数量
b	代表用户所需内存资源数量
c	代表用户所需硬盘资源数量
α	网络平均传输速率
B	硬盘寻址平均时间
γ	读取单位数据所需平均时间
d	每个存储资源上所保存的单位数据量
e	CPU 计算所耗时间
T_s	代表在实验设计环境下 U_2 组的用户执行标准文件读取任务的最长执行时间

T_c	代表在实验设计环境下 U_2 组的用户执行标准计算任务的最长执行时间
w	标准权重，如果系统认为组中的用户分配碎片资源组合的权重超过该值，则放弃

面向存储的业务所需要的时间为：

$$T_{s_1} = \beta + n \cdot \delta \cdot \lambda \tag{3-3}$$

$$T_{s_2} = n \cdot \delta/\alpha + n \cdot (\beta + \delta \cdot \gamma) \tag{3-4}$$

对于计算密集型的业务：

$$T_{c_1} = \beta + n \cdot \delta \cdot \gamma + \varepsilon \tag{3-5}$$

$$T_{c_2} = n \cdot \delta/\alpha + n \cdot (\beta + \delta \cdot \gamma) + \varepsilon \tag{3-6}$$

系统 QoS 约束为：

$$T_{s_2} \leqslant T_s \tag{3-7}$$

$$T_{c_2} \leqslant T_c \tag{3-8}$$

或者是：

$$w_s \leqslant w \tag{3-9}$$

$$w_c \leqslant w \tag{3-10}$$

当系统计算 U_2 组用户所需要的碎片资源组合时发现违背了系统的 QoS 约束，则认定碎片资源池中的所有碎片资源无法满足该用户的需求。在该情况下，本章设计系统将从资源池中查找满足其需求的资源为其提供服务。

为了进一步提高服务质量，即最小化 T_{s_1}、T_{s_2}、T_{c_2} 和 T_{c_2}，同时还需要使 W 最小，需要一种资源调度机制对资源进行调度。但是中心式架构有着诸多不足，所以在下一小节中本书将介绍一种分布式 QoS 保证任务调度机制来处理该问题。

3.5.2 调度机制描述

云计算系统同时也是一种商业模型，因此，需要在满足用户需求的同时尽可能地提高系统资源的利用率，这样才能为云计算服务提供商创造更多的价值。为了达到这一目标，云计算服务提供商就需要充分利用系统的碎片资源，正如之前所介绍过的。

与此同时，云计算系统是一个 QoS 受限的系统。云计算服务商必须根据与用户签订的协议来提供相应质量的服务。本节令服务响应时间作为 QoS 指标的代表。如果在实际应用中需要对 QoS 指标进行扩展，例如加入延迟时间等，按照相同原理和方法增加即可。

系统首先将在收到用户提交任务请求的时候检查用户申请的服务类型以及其所在组的信息以确定用户所属的优先级情况。当用户的 Priority=1 时，系统会立即从资源池中选择全新的"优质"资源供其使用，即选择一台未向其他用户提供任何服务的物理设备，如果该物理设备所具备的资源没能达到用户的需求，则系统会重复这一过程直到满足用户需求为止。当用户的 Priority=2 时，系统则会首先在碎片资源池中检查是否有资源组合能满足用户的需求。如果有，则调度不同位置的资源进行组合为用户提供服务；如果所有碎片组合都不能满足用户对资源大小的需求，或者碎片过多，在组合过程中使得服务性能下降到 SLA 规定之下，此时系统才会从资源池中选择全新的"优质"资源供其使用，此过程类似于 U_1 组中的用户，资源调度流程如图 3-3 所示。

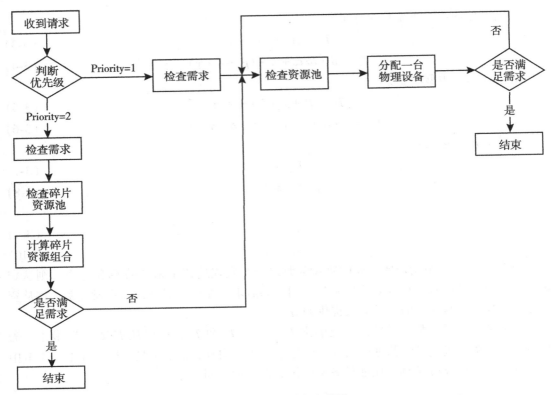

图 3-3　资源调度流程图

3.5.3　一种分布式的 QoS 保障三重资源查找算法

本节描述的是一种基于 Chord 的三重资源查找算法。通常情况下，云计算系统中都会有一个集中式（或中心式）调度器来对任务进行调度。然而在大型集群环境中，一个纯中心式的调度器有可能因为过载而成为系统的瓶颈，特别是在任务量特别大的情况下。此外，中心式的调度器与各个节点之间需要通过心跳信号来保持在线状态并更新全局信息，而大量的心跳信号也会增加网络负载。因此，中心式架构的调度器会影响系统的整体性能。这一节对 Chord 算法进行了优化并提出了一种分布式的具有 QoS 保障的任务调度算法（distributed QoS-constrained resource scheduling，DQCRS），为中心式的调度器分担一些压力。DQCRS 简化了云计算系统本身以及基于它的应用的设计，大大降低了系统调优的工作量。DQCRS 具有以下一些优点。

（1）可用性。由于云计算系统是一个商业系统，需要保证系统 7×24 小时在线。一个可用性为 99.9% 的系统一年平均故障时间为 8.76 小时（525 分钟）。如果需要系统在一年内的中断时间只有 3 分钟的话，那么系统可用性需要达到 99.999%。DQCRS 通过类似于混合 P2P 的方式，使中心调度器只承担一个转发的功能，从而为其降低负载。DQCRS 利用分布式哈希的特点并将所有的 key 均匀地分布在所有节点上。用户根据分布式哈希表进行资源搜索并与目标节点直接协商进行资源租用（在实际应用过程中可能会涉及与中心节点交互从而计费等过程）。

（2）可扩展性。由于 chord 环查询时间的增长与节点的数量成对数方式增长，DQCRS 能适用于大规模集群环境。节点能够随时加入以及离开 chord 环。

（3）鲁棒性。DQCRS 能够自动修改 chord 表中的内容，从而及时地反映节点的加入、离开以及失效的情况。特别是在云计算环境中，节点失效将会是一种常见的情况。

根据 Chord[141][142] 可以知道，一致性哈希使用基本的哈希功能例如 SHA-1 来给每一个节点和资源标识 key 指定一个 m 比特的标识符。该标识符的长度 m 必须足够大，这样才能够使得任意两个节点或者 key 使用同一个标识符的可能性无限小。节点标识符 N 通过对节点的 IP Address 进行哈希来获得，而 key 的标识符则是通过对其本身进行哈希来获得。SHA 功能的长度通常大于 160。在这种情况下，可以认为每一个标识符都是唯一的。系统中的所有节点根据其标识符按照从小到大的顺时针次序排成一个模 2^m 的逻辑圆环，这也就是所谓的 Chord 环。Key k 的（key, value）对被指派给第一个满足其标识符等于或者小于标识符空间中第 k 个标识符条件的节点。该节点被称为 key k 的后继节点，即从 k 开始按照顺时针方向离 k 最近的节点，successor（K）。

在 Chord 协议中，每个节点都必须在本地保存并维护其他 m 个节点的信息。如果 Chord 环中的节点数量为 n，那么路由表中最多包含 m 个条目，$m = \log_2^n$。其中 m 被称为路由表规模。这 m 个节点分别为 $\{node_{k+1}, node_{k+2}, node_{k+4}, node_{k+8}, \cdots, node_{k+2^{m-1}}\}$。实际上 Chord 就是采用一种类似二分查找的方法对目标进行检索。

在本算法中，云计算系统会给碎片资源池中每个有能力提供碎片资源的节点分配一个 nodeID，nodeID = H(D_n)。其中 D_n 表示对节点 IP 地址的描述，H 代表一致性哈希算法。由于节点在 Chord 环上是根据其 IP 地址的哈希值依次排列，假设节点在 Chord 环上的相对距离也代表了他们在实际系统中的距离。并且将每个碎片资源都与一个标准值（如一个 1GHz 的 CPU 内核、512M 内存或 256M 硬盘存储空间等）进行比较得到一个比值 0，并对该比值也进行哈希后对资源类型进行标注，如 G、M 和 H。同时需要将资源 key 的 value 扩展为一个三元数组，其包含：①可用碎片资源数量的比值 0；②IP 地址；③port 端口号。即 value = $\{\theta, IP\ Address\}$；value（0）= θ，value（1）= IP Address，value（2）= port。在 Chord 环上每个虚拟节点中都存有一个包含 m 个条目的指针表，即路由表（finger table）。其中第 i 个条目保存了节点 ni 的第（$n+2^i$）mod2^m 个后续节点的信息，称为 n.finger[i].node。此外，successor[i] 表示节点 n 的后续节点，而 predecessor[i] 表示节点 n 的前续节点。

本章将碎片资源分为三类，并且需要对这三类资源进行组合，因此需要设计三个嵌套在一起的 Chord 环，最外层一个 Chord 环用于查找 CPU 资源，中间的用于查找内存资源，而最内侧的用于查找硬盘资源，如图 3-4 所示。

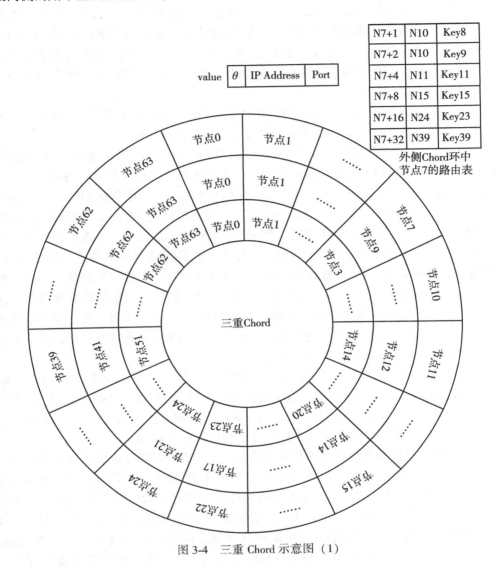

N7+1	N10	Key8
N7+2	N10	Key9
N7+4	N11	Key11
N7+8	N15	Key15
N7+16	N24	Key23
N7+32	N39	Key39

外侧Chord环中
节点7的路由表

图 3-4 三重 Chord 示意图（1）

　　由于不同的业务类型中各种资源的耦合强度不一，可以根据用户业务类型不同，采用不同的顺序对三重 Chord 进行查找。

　　首先系统根据用户所提交的请求 R（CPU，Mem，Disk；type，Priority）来判断该用户所希望运行的是哪一种类型。对于面向存储的业务来说，即 type=1 时，系统会按照硬盘、内存和 CPU 的顺序对资源进行选择并组合。用图 3-4 来表示就是系统先使用最内侧的 Chord 环来寻找满足用户需求的硬盘存储资源并对其位置进行定位，随后以该资源位置为支点使用中间的 Chord 环来查找合适的内存资源并进行定位，最后根据内存的位置来寻找合适的 CPU 资源。而对于计算密集型的任务来说，即 type＝2 时，系统会按照 CPU、内存和硬盘的顺序对资源进行选择并组合。用图 3-4 来表示就是先使用最外侧的 Chord 环来查找满足用户需求的 CPU 资源并进行定位，随后以该资源位置为支点使用中间的 Chord 环来查找合适的内存资源并进行定位，最后根据内存的位置来寻找合适的硬盘存储资源。该算法复杂度为 O（$N\log_2^n$）。图 3-5 是三种资源均定位完成的示意图。

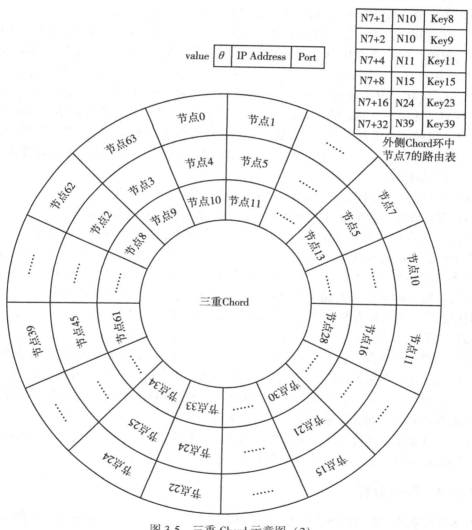

图 3-5　三重 Chord 示意图（2）

由于 Chord 环本身设计的因素，只能按照顺时针的方向进行查找，因此规定在对第二重和第三重 Chord 环进行资源查找的时候需要将该环朝顺时针转动 x 个节点，以保证最大范围的搜索与前一个支点相邻的节点。

本查找算法位于如图 3-3 所示的流程图中的"查找碎片资源池"和"计算碎片资源组合"这两部分，并在第二轮和第三轮资源定位过程中对 chord 查找流程进行了优化。详细描述如下。

（1）系统检测用户请求中的任务类型和各种资源需求的描述。

（2）系统会为其计算所需资源的哈希值 value'，value'＝H(Θ_r)，其中 H 代表哈希函数，而 θ_r 表示对其需求资源量比值的一个描述，对 CPU 资源需求比值的描述为 θ_{rc}，对内存资源需求比值的描述为 θ_{rm}，而对硬盘存储资源需求比值的描述为 θ_{rh}。

（3）根据用户需要运行的任务类型，根据既定顺序，在第一个 Chord 环上查询符合用户需求的资源。用户将会用自己的 θ_r 与节点上存储的 key［0］进行比较。如果 $\theta_r \leqslant$ key［0］，那么用户将会根据 key［1］所指示的 IP 地址和 key［2］所示的端口号，定位节点 A。若 $\theta_r >$ key［0］，用户将搜索该节点上存储的指针表，通过调用 n. finger［m］. node 来寻找指针表上面第一个满足的 $\theta_r \leqslant$ key［0］节点 $node_i$。然后用户将选择节点 $node_i$ 的前续节点 $node_i'$ 以相同方式查找它的指针表。这个过程可以迭代多次进行，直到找到满足条件 $\theta_r \leqslant$ key［0］的节点 A。如果整个环上所有节点都无法满足该条件，则查询资源池分配"优质"资源给该用户。

（4）以节点 A 为起点，将第二个 Chord 顺时针转动 x 个节点。

（5）用户直接查找节点 A 之前第 x 个节点的路由表，并寻找满足用户需求即 $\theta_r \leqslant$ key［0］的离 A 节点最近的节点 $node_j$。如果节点 A 恰好处于路由表内，且满足 $\theta_r \leqslant$ key［0］，即距离 $d=0$，则选定节点 A，改名为节点 B。如果 $node_j$ 位于节点 A 之前，则通过迭代这一过程寻找到距离节点 A 最近的节点 B。如果 $node_j$ 位于节点 A 之后，则将该查询请求转发到节点 A 后查询节点 A 的路由表以确定节点 B 的位置。如果整个环上所有节点都无法满足用户条件，则查询资源池分配"优质"资源给该用户。

（6）以节点 B 为起点，将第三个 Chord 顺时针转动 x 个节点。

（7）与第二次查询过程类似，寻找满足用户需求前提下离节点 B 最近的节点 C。如果整个环上所有节点都无法满足该条件，则查询资源池分配"优质"资源给该用户。

（8）计算三个节点所提供的碎片资源组合是否满足 QoS 需求。如果满足则分配给用户，如果不满足则查询资源池分配"优质"资源给该用户。

之所以有时需要迭代多次，主要是因为越接近目标节点，用户就会对 key 域中的标识符环上的信息了解更多。本算法的复杂度为 O，具体流程如图 3-6 所示。

3.5.4　实验分析

在云计算系统中没有任何类似 DQCRS 的算法，其专注于实现空闲碎片资源的共享、组合与利用，因此本仿真结果主要展示了应用 DQCRS 的系统资源利用率与服务响应时间。

本实验采用 CloudSim 仿真软件对本实验环境进行模拟。模拟场景如下：整个系统共有 1200 个资源节点分为三个域；第一个域有 300 个节点，平均分布在 30 个机架上；第二个域有 400 个节点，平均分布在 40 个机架上；而第三个域有 500 个节点，平均分布在 50 个机架上；每个节点配置为 4 个 1GHz 的 CPU 内核、4GB 内存以及 1Tb 硬盘空间；第一个

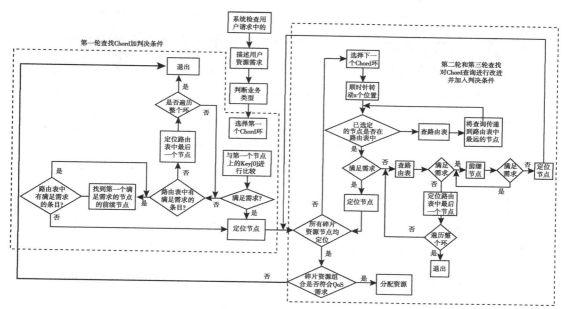

图 3-6 基于 Chord 的优化三重查询算法

域的物理设备为空载，仅运行操作系统等必要软件，因此假设其负载为 20%；第二、三个域处于负载状态，每个节点的资源利用率随机产生，CPU 空闲 1~2 个内核、内存空闲 512MB~2GB、硬盘空间空闲 1GB~10GB，系统综合负载范围为 60%~90%；同时有 400 个模拟用户先后随机向系统提交资源租用申请，其中 100 个为 U_1 组拥有高优先级的用户，另外 300 个为 U_2 组优先级较低的用户。由于目前数据中心局域网所使用的交换机和路由器基本能够实现传输速率不受影响，因此假设传输速率为 1Gb/s。在本仿真过程中，将 QoS 约束中的 w 设置为 50，即当计算的权重值超过 50 时，系统将放弃为用户分配碎片资源，转而为其分配新资源。

本实验场景假设面向存储业务为读取总量为 10GB 大小的文件，如果文件块分布在不同物理设备上则采用顺序读取；而计算密集型任务会对随机产生的数组大小为 100000 的浮点数据进行快速排序。

图 3-7 (a_1) 显示了在面向存储业务中高优先级用户所消耗的时间，图 3-7 (a_2) 显示了在该业务中低优先级用户所消耗的时间。高优先级用户使用云计算服务提供商分配的"新"资源，这些资源大多属于一台或几台物理设备，多个资源之间的协作开销较小，因此在实验中所假设的业务场景下所用时间较少。而低优先级用户使用的则是系统"碎片资源"。这些"碎片资源"较为分散，可能分布在若干不同位置的物理设备上，即便有着耦合强度和距离的限制，但是这些不同资源在协作过程中网络协议开销较大，特别是在面向存储业务中，存储资源较为分散，相应的磁盘寻址与读取时间较长。

图 3-8 (b_1) 显示了在计算密集型业务中高优先级用户所消耗的时间，图 3-8 (b_2) 显

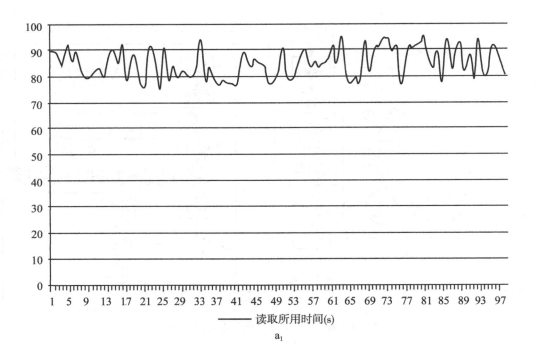

a₁

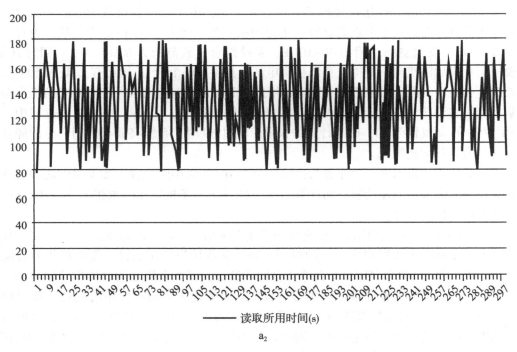

a₂

图 3-7 面向存储业务条件下两组用户所用时间

示了在该业务中低优先级用户所消耗的时间，图 3-9 显示了系统资源利用率，同样第一个域在为用户提供服务之前不计入利用率衡量范围。同理，高优先级用户使用优质资源，资源协作开销较少，因而所耗时间较少。而低优先级用户所使用的资源较为分散。存储资源分散造成读取需要处理的数据耗时长，在处理过程中如果 CPU 和内存资源也是分散的话，内存页面的更新耗时也会较长。

显然，DQCRS 充分利用了云计算系统中的碎片资源，较之未考虑碎片资源利用的系统而言，利用率自然会有一定的提升，大约是 13%。

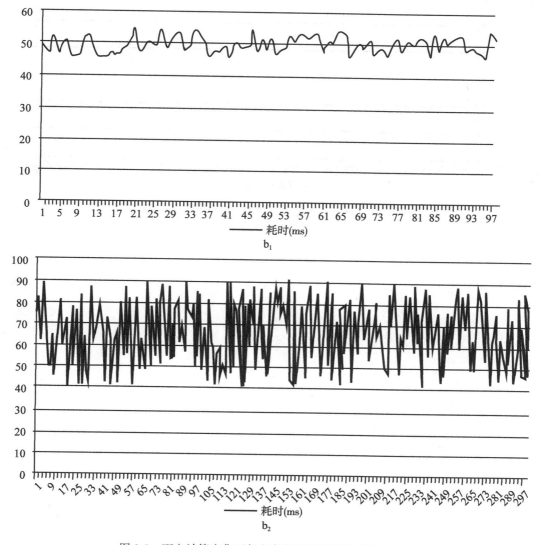

图 3-8 面向计算密集型任务条件下两组用户所用时间

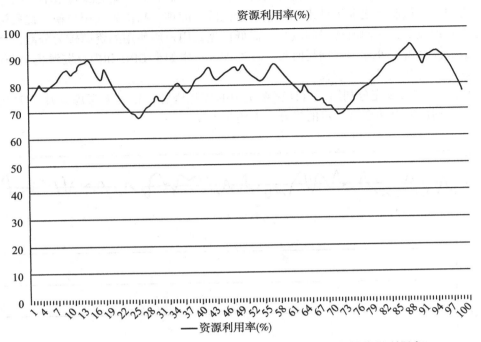

图 3-9　面向计算密集型任务条件下两组用户所用时间及系统资源利用率

第4章 云存储及相关调度机制

4.1 引言

在这个信息丰富的时代，互联网上有着数以万计的各种服务提供给用户，并且每天还在以较快的速度大幅增长。用户的兴趣每时每刻都在变化，而且很难被预测，用户对各种服务所产生数据的需求也是在时刻变化的。换句话说，数据与数据是不同的，它们在用户眼中的价值含量不同。因此，系统在设计过程中就不应对所有数据一视同仁，而需要根据实际需求区别对待，例如，更为有价值的数据理应得到更多的重视，并为其分配更多的存储资源，即建立更多的副本以应对高并发访问，降低访问延迟，同时还可以提高数据的安全性与稳定性。当前 Hadoop 作为一种开源的云计算架构得到了许多研究人员与企业的重视，基于 HDFS 的存储方案也被实际应用到许多云计算系统当中。HDFS 优点多，例如，数据的副本机制可以降低数据节点故障导致的服务失效，以及元数据与文件本身、控制流与数据流相分离等。但是 HDFS 也有着其自身的不足，如副本方式难以满足动态的数据变化及用户需求等。本章针对这一问题，在资源管理架构之上对 HDFS 进行优化，提出了一种动态副本调整及分配策略，实现了针对数据存储资源的动态调度及区分服务。

4.2 分布式文件系统

分布式文件系统（distributed file system）是指文件系统所管理的物理存储资源不一定直接连接在本地节点上，而是通过计算机网络与节点相连。分布式文件系统的设计基于客户机/服务器模式。一个典型的网络可能包括多个供多用户访问的服务器。另外，对等特性允许一些系统扮演客户机和服务器的双重角色。

由于云计算是一个大型分布式计算环境，为了支撑相关业务，同时也出于鲁棒性的考虑，通常使用分布式文件系统作为存储的支撑技术。目前常见的分布式文件系统有很多，如网络文件系统（network file system，NFS）、Lustre、MooseFS 和 HDFS 等，它们各自的设计目标和特征各有不同，如表 4-1 所示。

表 4-1　　　　　　　　　　　　　　　　常见分布式文件系统比较

系统名称	特　点
NFS	NFS 是一种通用的网络存储系统，其允许一个系统在网络上与他人共享目录和文件。通过 NFS，用户和程序可以像访问本地文件一样访问网络另一侧系统上的数据[164]
Lustre	Lustre 是一种集群文件系统，可以支持 20000 个节点，有着 PB 级别的存储量，100GB/S 的传输速率，较高的安全性能且管理较为便捷。Lustre 符合 POSIX 标准且有着良好的扩展性能，可以很容易地增加和减少节点数量
MooseFS	MooseFS 是一种容错性能良好的分布式文件系统，它将数据分布在网络中的不同服务器上。它还支持文件的元信息以及快照，通过 FUSE 可以使之看起来就是一个 Unix 的文件系统。MooseFS 存在单点故障的问题[166]
HDFS	HDFS 不是一种通用的文件系统，其主要适用于尺寸较大以及"读"操作 远多于"写"操作的文件。拥有副本机制、支持文件的元数据、采用"流"的方式进行读写

4.2.1　Google File System

Google 在 2003 年的 SOSP 上发表了一篇关于 Google 文件系统（google file system，GFS）的论文，详细阐述了支撑其业务所使用的文件系统的设计理念、架构及实现方式，在业内引起了极大的关注。

GFS 是一个为数据中心的大规模分布式应用而设计的可伸缩的分布文件系统。它虽然运行在廉价的普通硬件设备上，但是可以提供强大的容错能力，为海量客户机提供高性能的服务。GFS 提出了如下几条设计原则，并被后来的分布式操作系统所借鉴。

（1）GFS 所提出的一个最重要的原则即组件失效不再被认为是意外，而被看作正常的现象。这个文件系统通常包括几百甚至几千台普通廉价设备所构成的存储机器，又同时被相应数量的客户机访问。设备的数量和质量几乎无法保证在任何给定时间中，整个系统某些组件是否能够正常工作，而当故障发生的时候这些组件也无法从它们目前的失效状态中恢复。

（2）GFS 是为支撑 Google 本身的业务所设计的。由这些业务（例如搜索引擎）的特性所决定，对 GFS 中文件的修改不是覆盖原有数据，而是在文件尾追加新数据，其对文件的随机写入操作几乎是不存在的。通常文件在写入后，就只会被读，而且通常是按顺序进行读取。

（3）GFS 中存储文件非常巨大。数 GB 大小的文件十分寻常。每个文件通常包含许多应用程序对象，如 Web 文档等。传统情况下快速增长的数据集在容量达到数 TB，对象数达到数亿的时候，即使文件系统支持，处理数据集的方式也是笨拙地管理数亿 KB 级别的小文件。所以，设计预期和参数，例如 I/O 操作和块尺寸都要重新考虑。在 GFS 中块大小默认为 64MB。采用如此大的块尺寸有着诸多好处，如减小主服务器与客户端之间的通信需求，保持较长 TCP 连接时间以及降低主服务器所储存的元数据尺寸等。

一个 GFS 集群采用单一主服务器的主从架构（master-slave），通常包含一个主服务器节点和多个数据节点，并可以同时被多个客户端访问。主节点管理文件系统所有的元数据。元数据包括名称空间、访问控制信息，文件到块的映射信息、块所在的当前位置以及哪个进程正在读写特定的数据块等。它还管理系统范围的活动，例如块租用管理，孤儿块的垃圾回收，以及块在块服务器间的移动。主节点用心跳信号（Heart-Beat）周期性地跟每个数据节点进行通信，给它们以指示并收集其状态。数据节点主要负责存储数据块。在每个数据节点上，数据文件会以每个默认 64MB 块的方式存储，而且每个块都有唯一一个 64 位的标签，并且每个块都会在整个分布式系统上以副本的方式被保存在多个数据节点上，副本数量默认为 3。

4.2.2 Hadoop Distributed File System

由于 GFS 是 Google 正在使用的商业系统，并未被开源，因此，所有相关信息只能通过其发表的论文来获得，缺乏实际的实现细节。开源社区根据 GFS 的设计原则，发布了一个类似于 GFS 的开源版本，即 HDFS。

HDFS（hadoop distributed file system）是 Hadoop 中的一个核心基本组成部分。Hadoop 是由 Apache 基金会提供支持的一个分布式系统基础架构。其最早是作为 Lucene 的子项目 Nutch 的一部分正式引入，后独立为一个单独的项目。Hadoop 包括 common、HDFS、MapReduce、Avro、Chukwa 和 Hbase 等若干子项目。HDFS 为上层组件例如 MapReduce 和 Hbase 等提供了基础的文件存储功能。HDFS 是一个为了存储大文件（每个文件块通常在 64Mb 以上）而设计的文件系统，并具有流式的数据访问模式，它通常可以运行在较为普通的硬件之上。

HDFS 集群类似于 GFS 采用的也是常见的主从架构，主要由一个名字节点（namenode）和若干个数据节点（datanode）组成，如图 4-1 所示。该架构保证了数据流不会经过名字节点，这样就减轻了名字节点的负载，使之在这方面不会成为系统性能的瓶颈。该架构通常还有一个后备节点（secondary node）作为名字节点的备份，这样名字节点一旦出现单点故障，该后备节点马上就能够承担起名字节点的责任。

名字节点是 HDFS 架构中最主要的一个节点。它管理着所有文件的元数据而不是文件本身。HDFS 的命名空间是一个文件和目录的层次结构。文件和目录在名字节点中通过 inodes 来表示。Inodes 记承着各种属性包括许可、修改和访问时间、命名空间和磁盘空间的分配等。名字节点还需要维护一个所有 HDFS 文件的映射图以及一个文件块及文件块位置信息的表，即 BlockMap。名字节点会以一种二进制文件的方式存储 inodes 和 BlockMap，称为 fcimage。该二进制文件与系统的读写操作紧密相关。在 fsimage 保存之前的每一个操作都会被记录到一个日志文件 editlog 中。当 editlog 文件达到一定大小或者超过预设的窗口时间，名字节点将刷新元数据并将其保存到 fsimage 中。fsimage 文件的具体格式如表4-2 所示。名字节点会将整个 fsimage 都保存在其内存当中。此外，名字节点还需要提供管理和控制功能。

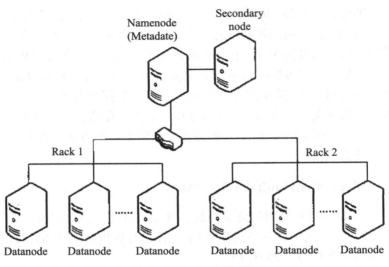

图 4-1　HDFS 架构图

表 4-2　　　　　　　　　　　　　　　　**fsimage 信息**

iigVersion (int)		naiespaceID (int)		nuiFiles (long)		genStaip (long)				
path (String)	replica (Short)	ltiie (long)	atiie (long)	blocksiz (long)	nuiBlock (int)	nsQuota (long)	dsQuota (long)	usernaie (String)	group (String)	pen (Short)

　　当一个数据节点启动并加入 HDFS 中后，它首先将扫描本地磁盘并向名字节点汇报其文件块信息。名字节点会将该信息保存在内存中，随后建立文件块到各个节点的图的列表。该图的信息保存在一个称为 BlockMap 的结构中（见图 4-2）。BlockMap 中保存有数据节点、文件块和副本的信息。

　　BlockMap 的具体信息格式如图 4-2 所示。每一个块（block）默认有三个副本，而每一个副本信息都包含一个三元组，DN 表示拥有该文件块副本的数据节点，prev 表示在这个数据节点中保存的对该 block 的前一个 blockinfo 的引用，next 表示在这个数据节点中保存的对该 block 的下一个 blockinfo 的引用。

　　数据节点存储并管理真正的数据本身。每一个文件都被分割成一个或若干个数据块（block），这些数据块被存储在一系列的数据节点之中。Block 类包含三个变量：blockld、nuiBytes 和 generationStamp。因此，可以简单地认为数据节点存储了 block ID、block 的内容数据以及映射关系。一个 HDFS 集群通常有几百或上千个数据节点。这些数据节点通过心跳信号定期与名字节点进行通信。

　　副本是指系统为了保证可靠性而在其他数据节点上存储的相同的数据块。每一个文件

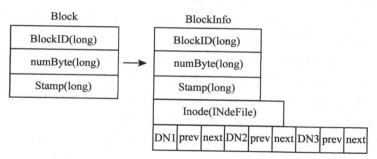

图 4-2　BlockMap 信息

块具有一个或若干个副本（默认为三个），而对具体某一个文件块副本而言，一个数据节点上最多只能有一个。在副本数为 3 的情况下，有两个副本存储在同一个机架上的不同数据节点之中，而另一个副本存储在另外一个机架上的数据节点中，因为不同机架上的数据节点同时失效的概率更低。

在文件块读取过程中，客户端首先通过远程过程调用协议（remote procedure call，RPC）向名字节点发送一个消息以获取某数据文件的块列表以及所有文件块所在数据节点的地址。然后客户端与这些数据节点相连接，并发送对文件块的请求消息来建立连接。当连接建立之后，客户端顺序读取这些文件块对于 HDFS 来说，涉及文件热点问题的主要是"读"操作，其主要流程如图 4-3 所示。

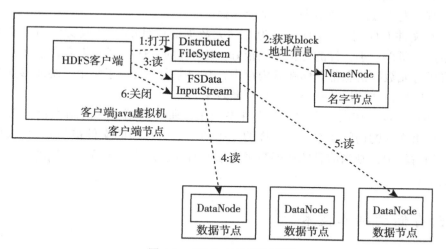

图 4-3　HDFS 文件读取流程

（1）客户端向名字节点发送文件读取的请求。客户端会调用本地 Hadoop 的 get 方法得到 HDFS 文件系统的一个实例（distributed file system），然后调用它的 open 方法（图4-3 中的箭头 1）。该实例将会通过远程过程调用协议来调用名字节点来查询该文件并获得文件的数据块的起始位置信息（图 4-3 中的箭头 2）。此外，这些数据节点根据它们与客户端的距离进行排序，在同一个机架上同一个节点距离为 0，同一机架上不同节点距离为 2，而同一数据中心不同机架的节点距离为 4。

（2）名字节点向客户端返回存储文件相关数据块的数据节点的信息。对于每一个数据块，名字节点都会返回该数据块所在的数据节点（包括所有副本）的地址信息，Distributed File Systme 返回 FSData Input Stream 给客户端用来读取数据，FSData Input Stream 封装了 DFSInput Stream 用于管理名字节点和数据节点的 IO。

（3）客户端与数据节点相连接并读取数据。客户端将会调用 FSData Input Stream 当中的 read 方法（图 4-3 中的箭头 3）。DFSInput Stream 保存了数据块所在的数据节点的地址信息。如果客户端本身就是一个数据节点，则从本地读取数据。如果数据保存在远端节点，DFSInput Stream 连接第一个存储第一个数据块的数据节点，读取数据并传回给客户端。当第一个数据块读完之后，DFSInput Stream 将关闭与该数据节点的连接，然后开始以同样过程读取第二个数据块（图 4-3 中的箭头 4 和箭头 5）。当所有数据块都顺序读取完毕之后，客户端将会调用 FSData Input Stream 中的 close 方法（图 4-3 中的箭头 6）。

如果在读取某个数据块的过程中发生错误，客户端将会连接到第二个存有该数据块副本的数据节点上重新开始读取。这种客户端与数据节点直接相连的设计方法使得 HDFS 可以同时响应许多客户端的同时并发。因为数据流量均匀地分布在所有的数据节点上，而名字节点只负责数据块的位置信息。

HDFS 本身也存在着许多不足，如单点失效问题、小文件 I/O 问题、热点问题等。

（1）单点失效问题。由于 HDFS 是采用主从架构，只有一个中心节点作为名字节点。如果名字节点发生故障，则整个系统都会失效。

（2）小文件 I/O 问题。HDFS 是为存储大数据而设计的（这些文件通常是 GB 或者 TB 级别的），所以对小文件的支持不是很好：HDFS 的 I/O 机制并不适合小文件，并且名字节点将所有元数据信息都存储在其内存中，其内存大小决定了整个系统能够支持的文件总数目，相应地，文件尺寸越小，系统存储效率越低。

（3）热点问题。在同一个 HDFS 文件系统中，所有数据文件的副本数目都是统一规定好的。如果文件的访问频率是不一样的，比如一些受欢迎的文件被访问的次数比较多，而另一些相对较少，则当前者的访问数量激增的时候，系统将出现热点问题，此时用户体验将急剧下降。

4.3　云存储的副本技术

在大型分布式系统中，副本是一种提高数据访问效率与容错性能的通用技术。副本是指在不同地点保存的数据拷贝，它能够在原始数据丢失的时候帮助用户简便地恢复数据。数据副本可以减少用户对文件的访问等待时间并提高容错和负载均衡。一种对副本管理系统的典型需求包括一个副本循环时间的上界、可扩展性、可靠性、自管理、自组织以及在多个副本之间保持一致性的能力。副本机制通常可以分为如图 4-4 所示的类型。

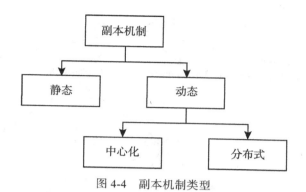

图 4-4 副本机制类型

一个副本策略可能是静态的也可能是动态的。静态副本机制会保存到被删除或者超过有效期。与之相比，动态副本机制则会根据访问情况的变化自动创建或删除副本，因此能够保证副本仍然能够有效，即便用户行为发生了变化。动态副本策略能够通过增加较受欢迎的数据以减少热点，并促进负载均衡，因此，适用于需求不断变化的环境。一个动态副本机制既可能采用中心化的方式也可能采用分布式的方式。

目前在网格和 Peer-to-Peer 网络领域对文件副本技术有许多的研究成果。

Ann Chervenak，Ian Foster[143]等人在被称为 data grid 的数据管理架构中提出了一种设计原则。作者主要描述了两种为 data grid 设计的服务，即存储服务和元数据管理。此外，作者还介绍了这些服务如何被用于开发进行副本管理和副本选择的高层服务。作者所定义的副本管理主要是创建（或删除）文件实例的拷贝。在 data grid 中作者假设数据是只读的，因为这满足了大多数科学数据集合处理的需求。该副本管理器维护了一个树状的知识库或目录。目录中的条目与逻辑上的文件或文件集合相对应。该副本目录中包含了从逻辑文件到物理实例的映射信息，如图 4-5 所示。一个 data grid 可以维护多个副本目录。一个未被加入副本目录的文件被称为本地缓存。该机制设计的不足主要有：前提假设是文件只读；没有考虑更新与一致性的问题；虽然能够通过多个异构的副本目录树来实现副本数量的差别设置，但该方法灵活性不够并且处于不同目录树下的文件副本关联度不够，对副本操作比较复杂。

William H. Bell 和 David G. Cameron 等人[144]首先列举了几种常见的副本机制。如静态副本，即不对任何文件产生新的副本，初始文件副本的分布在系统初始状态下便设定好了，并且在整个系统运行过程当中都不会更改，一旦网络负载发生变化，系统性能就可能会下降；无条件产生副本并删除存在时间最长的文件，即总是将文件的新副本复制需要执行该文件的节点上，如果该节点没有空间容纳该副本，则去删除存储设备中存在时间最长的文件，该方法首先可能会增加网络负载，由于需要将副本传送到新节点上等待时间可能会比较长，并且删除旧文件也并不是一个好的选择；无条件的副本并删除访问频率最低的文件，该算法与上一个算法的前半部分相同。除了删除在过去时间间隔 St 内访问频率最低的文件之外，然后提出了一种基于网络资源优化经济模型的副本策略。作者提出的经济

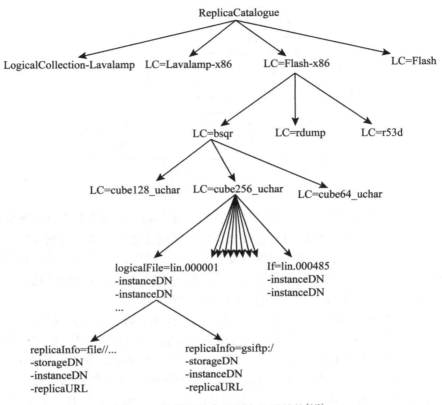

图 4-5　数据网格中的副本目录结构[143]

学模型包括 actors 和网格中的资源。通过模型中 actors 之间的互动得到最优化结果。这些 actors 的目标都是在最大化收益的同时最小化数据资源的管理成本。数据文件代表了市场上的商品。计算元素购买这些商品用以执行任务。存储元素购买这些商品作为投资以期在未来获得更大收益。存储元素可以将商品贩卖给计算元素或其他存储元素。计算元素试着最小化购买成本，而存储元素则尝试着最大化利润。经济模型用以决定是否应该产生新副本以及为其他副本腾出存储空间时如何选择要删除的文件。

　　Abawajy[145] 提出了一种新的副本算法，以解决数据网格中在给定负载模式的条件下文件副本的放置问题。作者首先给出了一种按比例共享副本位置策略。该策略的主要思想是系统中每个文件副本都需要处理大致相同数量的请求。实验结果显示该算法能够提高系统数据访问的性能，但是提高的程度取决于副本放置位置定位、请求到达的峰值、丢包率以及文件大小等几个因素。此外该算法是一种中心式的算法，系统需要维护所有副本拓扑信息，当中心节点发生故障失效的情况下系统将宕机。

　　Vladimir Vlassov 等人[146] 认为一个副本管理系统的典型需求包括副本循环时间的一个上界以及可扩展性、可靠性、自治性、自组织性以及副本一致性。他们提出了使用 DKS （distributed k-ary system，分布式 k 元系统，是一种结构化的 Peer-to-Peer 中间件）的面向 Globus Toolkit 版本 4（GT4）的一种可扩展且自治的面向服务副本管理框架的设计与原型系统应用。该框架使用了蚁群和多代理系统用于协作的副本选择。他们还提出了一种补充的后台服务以收集访问数据并基于访问模型和副本生命周期统计数据来优化副本的放置。GT4 采用副本位置服务作为数据管理的基本服务。该服务提供了副本数据的位置信息。GT4 中的副本管理是基于 Giggle 框架的。Giggle 框架提供了一个副本的层次化分布式索引。在该索引中副本由逻辑文件名和物理文件名来进行标示。本地副本目录上存储了两个文件的映射关系。该副本管理系统可以根据用户的 QoS 需求来对副本进行放置和管理。在副本选择方面他们采用了蚁群算法，具体描述如图 4-6 所示：

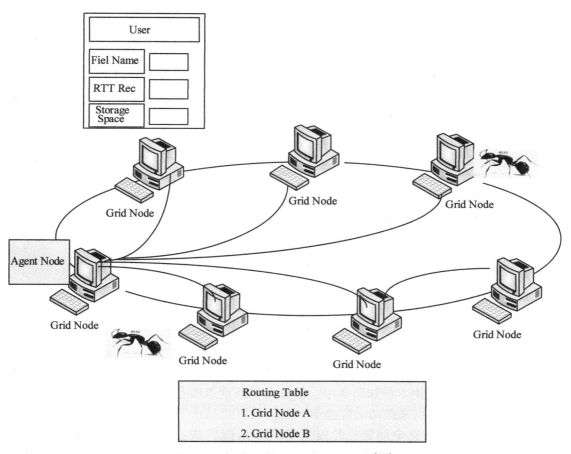

图 4-6　基于蚁群算法的副本选择机制[146]

Qaisar Rasool 等人[147]对不同网格环境中的动态副本放置策略进行了研究。首先区分了网格的各种系统模型并对它们进行了分类。自然地，一个副本技术遵循网格拓扑结构的原则。对于一个多层网格来说，一个层次化的副本方法是比较适合的。

X. Qin 和 H. Jiang 等人[148]首先研究了几种数据网格的服务，如元数据服务、数据访问服务以及性能测量服务等。随后他们调研了数据网格中提高系统性能的几种技术。这些技术可以被划分为三类：数据副本、调度以及数据迁移。在对数据副本技术的研究中他们将对数据网格领域现存的副本方法划分四个类型：数据副本架构、数据副本放置、副本选择和副本一致性。

Chuncong Xu 和 Xiaomeng Huang 等人[149]认为传统的副本管理方法是同步副本管理，即对副本进行同步更新。该方法使系统难以提供高吞吐量和低访问延迟。但如果系统从层次化的内存中进行同步副本管理，又会占用大量的内存空间。为了提高系统的"写"操作性能，作者提出了一种基于内存和硬盘的两层副本管理方法 TLRMM（见图 4-7）。该方法对于每一个数据块都维护了 3 个副本，并且其中之一保存在内存当中，其他两个则保存在硬盘当中。通过使用异步更新，并利用版本号来维护副本的一致性。在该机制中，系统选择一个服务器作为主要节点，副本便保存在该节点的内存当中。如图 4-7 中的 A 所示。当用户需要读取一个副本的时候，它优先向该节点发送读取请求。由于采用了异步副本更新机制，该方法能够显著提高系统的 I/O 性能并降低访问延迟。实验数据显示该方法在"写"的吞吐量上较传统方法要增加 1.62 到 2.05 倍，而同时"读"的性能也没有下降。该方法的不足主要是存在主节点失效、副本配置机制僵硬不灵活等问题。

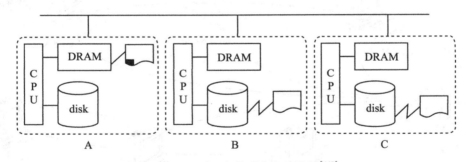

图 4-7　TLRMM 中的副本存储机制[149]

Tang 和 Xu 等人[150]考虑了两种服务模型，即副本感知服务和盲副本服务，如图 4-8，图 4-9 所示。在副本感知服务中，服务器了解副本所在位置并且能够一次来为用户请求选择最佳的路由来提高响应速率。他们的研究显示了 QoS 感知副本放置对一般的图来说是一个 NP 完全问题，并提供了两个近似算法：1-Greedy-Insert 和 l-Greedy-Delete，以及一种层次化网格的动态编程方案。在盲副本服务中，服务器并不知晓副本所在位置，甚至可能不知道副本是否存在。因此，每个副本只能够在某些给定的路由策略下对通过它的请求流进行响应。作者提出了一种考虑了两个节点之间距离 QoS 感知的副本放置技术。他们的研究目标是寻找一种同时满足所有请求且不违反任何最小化更新代价和存储开销的约束。虽然其时间复杂度是节点数量的多项式方程，但这两个的执行时间即便在 l=1 的时候仍然很高。

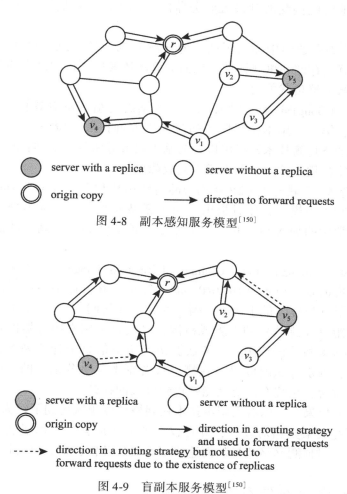

图 4-8 副本感知服务模型[150]

图 4-9 盲副本服务模型[150]

Jeon 等人[151]首先对具有 QoS 感知的副本问题进行建模。建立该模型的目的是在层叠网上存储资源利用率最低的同时以最少的副本数量来满足所有节点上用户访问的时间要求。作者随后提出了一种简单的中心化和去中心化的近似算法，并证明其是一个 NP 完全问题。他们的结果显示分布式机制与中心化的机制表现几乎一样好，并在满足 QoS 约束的前提下在合适的位置产生了很少数目的副本。

Wang 等人[152]提出了另一种方案——Greedy-Cover。其与文献[150]采用同一种模型。该算法是一种中心式的近似算法。同时作者也还考虑了 QoS 问题。实验结果显示该算法能够高效地寻找近似最优解，并且比 1-Greedy-Insert 和 1-Greedy-Dclete 有更好的扩展性。

Lin 等人[153]考虑了不同的目标。首先，副本应该根据每个服务器的负载能力进行放置，才能够使得整个系统达到负载均衡。其次，他们考虑了本地服务的问题。每个用户可能指定了他所能接受的到最近服务器的最小距离。他们还提出了一种动态算法来解决该问题。

Chen 等人[154]在普通图中提出了两个 QoS 感知副本放置近似算法：Greedy Remove 和 Greedy Add。算上存储和更新开销，他们的算法还考虑了访问副本的开销。此外，他们假设了有界的服务器负载能力。

ChangZe Wu 和 DongTai 等人[155]提出了一种动态均衡副本放置算法（DERLS）。该算法包含三部分：第一，副本位置服务通过人工蚁群扩散的费洛蒙密度来定位物理副本；第二，一个动态均衡技术被提出以预防基本蚁群算法的正反馈；第三，基于优化种群算法的更新策略被用于检测新副本或恢复故障副本。

Qingfan Gu 等人[156]联合了 P2P 架构中的树状拓扑和多环（multi-ring）拓扑对副本网络进行建模。基于该模型，作者提出了一个新型动态自适应副本分配算法。该算法能够适应节点经常性的加入和离开。为了保证可扩展性和本地副本的高效，他们还采用了 Chord 算法。

Mohammad Shorfuzzaman、Peter Graham 和 Rasit Eskicioglu[157]首先描述了基于 QoS 感知分布式流行度的副本放置（DPBRP-QoS）算法。其目标是在给定的流模式下确定一个放置副本的最优位置以最小化所有副本的成本（访问与更新）。其中用户根据到最近副本服务器的距离（跳数）的上界或范围，以及每个副本服务器的负载能力和链路能力来确定其 QoS 参数。该算法采用了数据访问历史信息来计算副本位置。在任何一个副本机制当中，确定什么时间以及在哪里放置副本是十分重要的。通过将副本策略性的放置在关键位置，系统在性能上能够得到极大的提升。

根据以上研究成果，可以看出副本技术在网格计算领域得到了较为充分的研究，但在云计算领域研究成果则相对较少，并且仅有的一些调整副本的机制要么过于僵化不灵活，要么需要实时侦测网络流量从而造成不必要的开销，缺乏可行性。

4.4　Hadoop 中云存储存在的问题

在基于 Hadoop 的云计算实际运行过程中，产生性能瓶颈的地方有许多，如小文件 I/O 和 java 虚拟机效率低等。同时热点文件也是造成系统性能瓶颈的原因之一。用户对于每一个文件的访问需求是不同的。一部分文件可能成为用户经常访问的对象，而其他文件则成为"沉默的大多数"。此外，那些广受欢迎的文件也并不是一成不变的。自然与社会的突发事件与用户审美疲劳都会对文件的受欢迎程度造成影响。自然事件主要是指由地震、海啸等由于自然界变化对人类社会产生影响的事件。社会事件主要是指在人类生产生活过程中产生的以人为主体的活动。"审美疲劳"最早是美学领域的术语，具体表现为对审美对象的兴奋减弱，不再产生较强的美感，甚至对对象表示厌弃，现指在生活中对人或事物失去兴趣，甚至产生厌倦或麻木不仁的感觉。该现象用心理学的原理进行解释就是说当以同样的方式、强度以及频率对人进行反复刺激的时候，人对外界刺激的反应会逐渐变弱[158]。

　　这些事件的发生对互联网的主要影响之一就是产生一些新的文件，而这些文件特征就是用户访问的次数非常高。此外，这些事件还可能会令某些原本属于"沉默的大多数"的文件重新焕发活力，用户访问次数在短时间内急剧上升。如果大量用户同一时间访问同一数据节点上同一个文件的数据块，将可能会产生由热点文件导致的节点性能下降、用户访问延迟增加等问题。在 HDFS 的原型设计中，其通过文件数据块（block）以副本的方式解决其并行读取的问题。副本的数目在整个集群运行之前被存储在第二章介绍过的 fsimage 当中，并且在整个系统运行中是统一且固定的（系统管理员可以通过配置文件进行重新配置，但更改的也是全局配置）。所有的数据节点都会采用这个配置，即数据节点上的所有文件块都会有相同的副本数目。

　　这样一来，整个系统就会面对以下两个主要问题。

　　（1）由于主机性能以及网络吞吐量的限制，当访问数目远远超过设计初衷时，副本数量难以满足实际需求，此时文件访问性能以及用户体验将急剧下降到难以接受的水平。

　　（2）如果系统在初始阶段将副本数目设置得非常大，使得每一个文件的数据块都有许多个副本，这个方法虽然能够解决文件热度问题，但显然对日益紧张的存储空间是一个巨大的浪费，例如，当副本数目从 3 增长到 6 的时候，系统中只剩下大约原来一半的存储空间。显然系统运营商不可能将副本数目设置为一个很高的数值，因为这样会大大降低系统存储空间的利用率，换而言之也就是增加了成本。

　　因此，在此场景下，文件副本的差异化配置就显得十分必要了。但不幸的是，数据节点以及云计算运营商难以知晓哪一个或哪一些文件会在较长时间内被高频率访问从而成为热点文件。如果采用固定的配置方法，则系统配置难以跟上用户需求的快速变化。基于 Hadoop 分布式开源架构的云计算本身就拥有简单的副本机制，包括副本的创建、故障节点检测与处理等功能。但是该架构缺乏对副本的动态调整功能，无法灵活应对用户需求的快速变化。综上所述，文件数据块副本数目的动态调整成为最好的选择。

4.5　云存储中的资源调度机制

　　在通信与计算机网络学科中，服务可以被划分为集成服务（integrated services architecture，IntServ）和区分服务（differentiated services，DiffServ）。其中区分服务是指为解决服务质量问题在网络上将用户发送的数据流按照它对服务质量的要求划分等级的一种协议[159]。通过借鉴这一概念，将其含义扩大到根据不同的服务等级协议（service level agreement，SLA）向用户提供有服务质量（quality of service，QoS）区分度的服务。在本章中，需要根据数据文件不同的价值，即被需求的程度，通过在不同位置创建不同数量的副本作出一定的区分服务。基于上面的分析与前提，本节提出了一种基于 HDFS 的云计算存储资源副本动态调度机制 CSDS，其包括副本数量动态调整机制和动态副本选择机制两部分，实现了云计算对于数据的区分服务。

4.5.1　场景分析

由于 HDFS 的设计初衷是方便大数据的"读"操作，本机制将场景设置为对文件进行"读"操作较多的过程。以下假设了两种可以应用云计算副本动态调整机制的应用场景作为示例并进行了相应的分析。在这两个场景中，首先数据量都十分大，适用于云存储环境；此外由于用户需求的快速变化，数据"被需要"的程度也随之剧烈变化，符合 CSDS 的应用条件。

1. Apple iTunes Store 音乐下载量分析

iTunes Store 是由美国苹果电脑公司运营的一个在线音乐/影视商店。用户可以通过该商店在网络上实时购买自己喜欢的音乐或电影文件。目前用户通过 iTunes Store 下载了超过 100 亿首歌曲。该商店具有以下两个显著特征。

（1）海量数据。根据"长尾"理论，在网络时代，由于成本和效率的因素，如商品储存流通展示的场地足够宽广，商品生产成本急剧下降以至于个人都可以进行生产，并且商品的销售成本急剧降低时，几乎任何以前看似需求极低的产品，只要有卖，就会有人买。这些需求和销量不高的产品所占据的共同市场份额，可以和主流产品的市场份额相比，甚至更大。iTunes Store 正是证明该理论的一个极好例子。在 iTunes Store 上销售一首歌曲或电影的边际成本近乎零，因此苹果公司自然倾向于上线尽可能多的歌曲和电影以赚取更多的利润。目前苹果公司通过该商店提供超过 350 万首歌曲，并且数量还在日益上升。与此同时在整个歌曲销售过程中的系统日志文件与可供分析的数据也会越来越多。

（2）用户需求变化迅速。用户对音乐和影视作品的喜好是难以预测的。因此，随着不同社会事件（如格莱美颁奖）的发生，用户对某支歌曲或某部电影的需求也会发生剧烈变化。根据 Compete（一家北美的互联网统计公司，提供网站的流量统计等服务）披露的消息，当苹果公司采用加拿大歌手 Feist 的《1234》作为其 iPod Nano 广告歌曲后，单单在 2007 年 9 月一个月就在搜索引擎上被搜索 42 万次。根据尼尔森公司的统计，该首歌曲在 iTunes Store 上当年就有超过 120 万次的下载量，其所属专辑也销售超过 729000 张。Feist 从一名默默无闻的小众歌手一跃成为超级明星。

在 iTunes Store 中，无论是音乐和电影数据还是日志数据一旦生成便很少会进行修改，在数据分析过程中多采用"读"操作，符合 HDFS 的设计初衷。

2. Amazon 网站访问日志分析

Amazon 是美国著名的电子商务网站。根据美国互联网流量监测机构 comScore 的数据显示，Amazon 在 2011 年 9 月美国页面浏览量同比增长 26%，第三季度同比增长 19%；美国独立用户访问量也增长了 25%，达到 7900 万。不难看出，在如此高的访问量下，每件商品的销售日志数量也十分巨大。同时由于商品销售有季节性，在圣诞节前会产生销售高峰。当一件新产品上架的时候可能会增加用户的访问量（如 Amazon 的 kindle 系列产品）。这也满足海量数据以及用户需求变化迅速这两个特征。因此，如果 Amazon 需要对海量日志文件进行处理从而分析用户行为的时候，可以使用 HDFS 来存储日志文件。

4.5.2 系统架构

在本章中已经介绍过，Hadoop 是当前一种较为流行的云计算开源架构，而 HDFS 是其中一个重要的组成部分。因此本章主要基于 HDFS 来实现 CSDS。

由于 HDFS 是采用单中心节点的主从架构，名字节点只有简单的管理功能。因此，可以在 HDFS 的基础上进行改进，在名字节点之上增加了一个系统控制器，如图 4-10 所示。

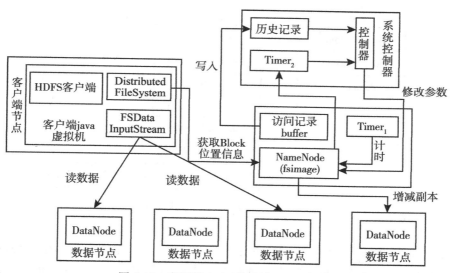

图 4-10　应用了 CSDS 的改进 HDFS 架构

新增加的系统控制器包括如下四点主要功能。

（1）记录历史访问信息。当名字节点接收到客户端发来的文件读取请求的时候，会将此请求保存在访问记录 buffer 中。每隔时间 t，保存在 buffer 中的信息都会被传送到系统控制器中的历史记录 history Jog 当中。

（2）计时器 timers 可能存在这样一种情况，即来自客户端对某文件读取请求在短时间内激增而随即又急剧下降。该计时器的主要功能是防止在这一情况下副本数量也在短时间内发生相应变化而给系统增加负担，$timer_2$ 的周期为 β。

（3）确定需要增加或删除副本的节点的位置，系统控制器主要通过保存的历史信息来决定合适节点的位置。

（4）修改名字节点中的 BlockMap 以调整文件副本数量。

4.5.3　云计算存储资源副本动态调整机制

为了避免副本文件树机制的不足以及消除 HDFS 的系统性能瓶颈，需要对 HDFS 的副本机制进行改进，实现副本动态调整机制。

首先，需要在名字节点当中增加变量以区分标准副本数和当前副本数，并将 fsimage 中指示副本数量的变量改变为代表最小副本数量。当系统检查每个文件的副本数量时都会与该值作对比。

本机制在系统中新增加两个变量名为：numReplica 和 connectCounter，如图 4-11 所示，这两个变量位于 BlockMap 中的 BlockID 之后，且 DN、prev 和 next 这个三元组可以扩展。

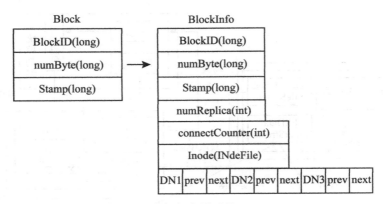

图 4-11　增加新变量后的 BlockMap

在系统初始的时候，参数 numReplica 的值与 fsimage 中设置的最小副本数相等。而系统能够随着 mmiRepHca 的变化动态地调整副本数目与其一致。connectCounter 是一个整型的参数，其代表在一段时间内同时读取该文件的用户数量。当有一个新的用户对该文件发送读取请求时，所属该文件的 BlockMap 中的 connectCounter 将会加一；与此同时，客户端在读取文件完成后不会向名字节点发送任何信息，因此为了避免 cornietCounter 只增不减的现象发生，本机制设定了一个计时器 $timer_1$。为了降低网络通信开销，该计时器位于名字节点当中。计时器 $timer_1$ 每完成一轮循环，即 $timer_1 = \alpha$ 后对 connectCounter 进行检查，如果该参数不小于 ρ_d 则减一。该操作的意义是一个读取请求已经得到完成。

为了避免由于文件瞬间读取的峰值，参数 connectCounter 超过门限值并且在又急速下降而造成系统副本数 0 短时间内加减所带来的震荡，需要引入了另外一个计时器 $timer_2$，其周期为 0。该计时器保存在系统控制器当中并由其进行控制。当 connectCounter 超过系统预设的门限值 ρ_u 的时候，名字节点会向系统控制器发送一条 addInfo 的消息。当系统控制器收到该消息后便会激活计时器 $timer_2$，并向名字节点发送一条 ack 消息，同时给予一

个新的 ρ_u 值。同理当参数 connectCounter 低于 ρ_d 的时候，名字节点会向系统控制器发送一条 decrInfo 消息。当系统控制器收到该消息后同样会激活计时器消息，同时给予一个新的 ρ_d 值。

$$\rho_u = 0.8 \times L_{max} \times \text{numReplica} \tag{4-1}$$
$$\rho_u = st \tag{4-2}$$

其中，L_{max} 为每个副本所能承载的最大链接数，而 st 为 fsimage 中设置的标准副本数目。

只有当参数 connectCounter 的值在一个计时周期内大于 ρ_u 的时候（同一个计时周期 addInfo 内消息和 decrInfo 消息不同时出现），系统控制器才会令名字节点将 BlockMap 中的 numReplica 参数加一，并指定一个适合的空闲（不包含该文件副本）节点，然后启动名字节点原有的副本机制（为方便起见，在实现过程中令名字节点认为有一个存有副本的节点发生故障，从而新增一个节点）。

而当参数 connectCounter 的值在一个计时周期内小于 ρ_d 的时候，系统控制器会将名字节点中的 numReplica 与 fsimage 中设定的标准副本参数 st 做比较。若 numReplica 等于标准副本数，则不会对数量进行修改并退出该操作；如果 numReplica 大于标准副本数，则名字节点会将 numReplica 参数减一。当情况为后者时，名字节点会寻找一个合适的存有该文件副本的节点，之后名字节点将向这些数据节点发出指令，使其将该文件的 Block 副本转移到/trash 目录下，然后更新 BlockMap 信息。此时该文件在系统中的副本就减少了一个。数据节点中/trash 目录下的内容会被定期清除，而系统存储资源也得到了释放。

此外，当名字节点接收到客户端发来的文件读取请求时，它会将该请求保存在大小为 γ 的 buffer 中。该 buffer 一旦被存满，则会将所有信息都发送到系统控制器的历史信息 history_ log 中。发送成功后该 buffer 将被清零并重新记录新的请求信息。

最后，为了避免历史信息对当前判断的干扰，需要将系统控制器中的历史记录 history jog 保存在一个先进先出的队列当中，该队列长度为 1，且 1>2×γ。每当名字节点中的 buffer 将最新的读取信息传送过来的时候，该队列会将尾部的 γ 条记录信息删除，其他旧信息向尾部移动，并将新信息插在队列头部。

读取以及副本动态调整过程的流程如图 4-12 至图 4-14 所示。

4.5.4 动态副本选择机制

本小节中，动态副本选择主要包括两方面内容：选择可以增加文件副本的合适节点；选择可以删除文件副本的合适节点。为了达到最大程度提高系统性能的目的，还需要对副本放置的位置进行研究。在这里，本机制主要关注跨多个域的层次化云计算架构，并在此基础上提出一种基于阶段历史信息的副本选择方法。

为了不失一般性，首先考虑任意一个无向或双向图 $G(V, E)$，其中 V 是节点的集合，$V_1 \cap V_2 \cap \cdots \cap V_g \cap V_h \cap \cdots \cap V_k = \phi$，其中 V_1、$V_2 \ldots V_k$ 均为 V 的子集，它们代表的是不同域中的数据节点。E 是网络中两个节点之间链接的集合，且 $E \subset V \times V$。任意两个节点

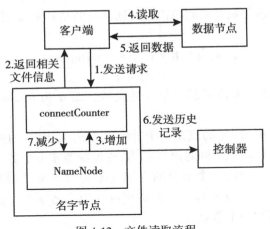

图 4-12 文件读取流程

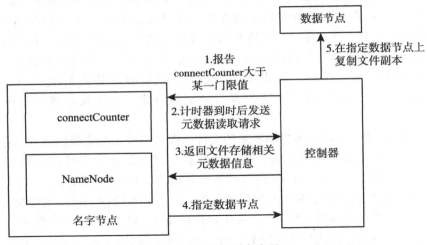

图 4-13 增加副本流程

n_i 和 n_j 之间的链接 e 都被赋予一个权值 $d(i, j)$，代表它们之间的延迟。在同一个域内一条路径上的延迟等于组成该路径的所有边的延迟之和。在本机制中，给每个节点赋予一个值 X，X_i 代表文件 X 的副本是否保存在节点 n_i 上。如果 $X_i = 1$，则表明节点 n_i 上有该文件的副本，反之则没有。$V_h{}'$ 代表在域 V_h 中所有 $X_i = 1$ 即拥有该文件副本的节点的集合。

定义系统中有一个控制节点 CTer、a 个名字节点 NN_p，$p = 1, 2, a$ 和 b 个数据节点 DN_q，$g = 1, 2, \cdots, b$。则所有节点根据有无某个文件的副本形成了一个副本层叠网，如图 4-15 所示。

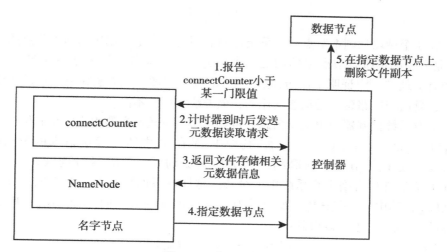

图 4-14　减少副本流程

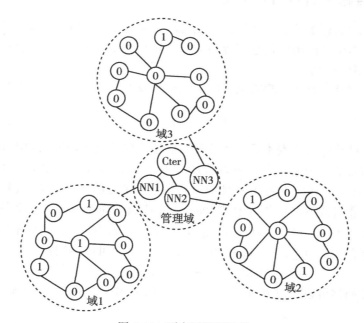

图 4-15　副本层叠网示意

1. 选择需要增加文件副本的节点

首先为了判断在哪个域中增加该文件的副本，系统控制器首先根据记录的历史信息划分为 $R = r_1 \cup r_2 \cdots \cup r_h \cup \cdots \cup r_k$，其中 r_h 代表在 V_h 域中的客户端发送请求的数量。

随后系统控制器选择需要增加副本节点的域 V'：

$$V' = \min\left(\frac{r_h}{V_h}\right) \tag{4-3}$$

确定在哪个域增加副本节点后，系统控制器还需要决定在该域内副本节点的位置。文献[151]是采用测量所有节点之间的延迟大小并做矩阵运算，该方法属于最小支配集问题。已经有文献[160][161]证明了该问题是一个 NP 完全问题。该方法在节点数量规模较大时效率较低，且由于链路延迟是动态变化的，该方法实用性不高。

由于具有系统控制器历史记录信息，可以将所有发送请求的用户所在的位置记为 V_r，$V_r = V_{r1} \cup V_{r2} \cup \cdots \cup V_{rh} \cup \cdots \cup V_{rk}$，其中 V_{rh} 是在 V_h 中所有发送请求的节点的集合。$G_{rh}(V_{rh}, E)$ 是 V_{rh} 及节点之间联结的边 e 所构成的图。同时通过读取名字节点中的 BlockMap 可以获知所有副本在系统中的分布。这样就可以得到 V_R，$V_R = V_{R1} \cup V_{R2} \cup \cdots \cup V_{Rh} \cup \cdots \cup V_{Rk}$，其中 V_{Rh} 是在 V_h 中所有具有该文件副本的节点的集合。$G_{Rh}(V_{Rh}, E)$ 是 V_{Rh} 所覆盖的范围。综上可以得到：

$$G' = G_{rh} - (G_{rh} \cap G_{Rh}) \tag{4-4}$$

2. 选择需要删除文件副本的节点

与选择需要增加副本的节点类似，首先也需要确定在哪个域中删除一个文件副本。系统控制器首先根据记录的历史信息划分为 $R = r_1 \cup r_2 \cup \cdots \cup r_g \cup \cdots \cup r_g$，其中 r_g 代表在 V_g 域中的客户端发送请求的数量。

随后系统控制器选择需要删除副本的节点所在域 V'

$$V' = \max\left(\frac{r_g}{V_g}\right) \tag{4-5}$$

确定在哪个域删除文件副本后，系统控制器还需要决定在该域内副本节点的位置。由于具有系统控制器历史记录信息，可以将所有发送请求的用户位置记为 V_r，$V_r = V_l \cup V_{r2} \cup \cdots \cup V_{rg} \cup \cdots \cup V_{rk}$，其中 V_{rg} 是在 V_g 中所有发送请求的节点的集合。$G'_{rg}(V_{rg}, E)$ 是 V_{rg} 所构成的图。同时通过读取名字节点中的 BlockMap 从而获知所有副本在系统中的分布。这样就可以得到 V_R，$V_R = V_{R1} \cup V_{R2} \cup \cdots \cup V_{Rh} \cup \cdots \cup V_{Rk}$，其中 V_{Rg} 是在 V_g 中所有具有该文件副本的节点的集合。$G'_{rg}(V_{Rg}, E)$ V_{Rg} 所覆盖的范围。综上可以得到：

$$G' = G_{rg} - (G'_{rg} \cap G'_{Rg}) \tag{4-6}$$

此时系统控制器可以通过修改名字节点上的 BlockMap 并在 G′ 中任选一个节点删除该文件的副本。

4.6　实验分析

本节在 HDFS 的基础之上增加了 CSDS 机制，并将其与未采用动态副本机制的 HDFS 原生系统，以及根据链路延迟来对副本进行动态调整的机制进行了比较。

实验环境如下：上述 3 种系统均运行在具有 1 个系统控制器、3 个数据节点和 24 个数据节点的集群系统上。这 24 个数据节点被划分为 3 个域，分别具有 7、8、9 个节点。

所有节点配置如下：Inter 双核 2.0GHz 处理器，1GB 内存，千兆网卡，2TB 硬盘（SeagateBarracuda，ST2000DM001-9YN164，64MB 缓存，7200rpm）。硬盘经测试外部传输速率在持续读取时平均为 157MB/s，最大读写速度为 184MB/s。节点之间通过 1000MB 交换机相连接，外部测试其端口速率在 125MB 左右。这说明对文件传输速率限制最大的是交换机的端口速率而非硬盘的读取速率。节点所运行的操作系统均为 Ubuntul0.04，Hadoop 版本为 0.20.2，Java 版本为 1.6.0。

实验中采用了 3 种大小的文件，其大小分别为 128MB、512MB 和 1GB。由于系统对每个 Block 的大小默认为 64MB，因此这些文件将被划分为 2、8、16 个 Block。初始状态下文件块被 HDFS 分布在不同的数据节点上。在系统初始时有 5 个用户同时读取文件；从时间 t_1 开始令 20 个用户同时读取这些文件；从时间 t_2 开始令 40 个用户同时读取这些文件；从时间 t_3 开始令 60 个用户同时读取这些文件；从时间 t_4 开始同时读取这些文件的用户数目在 10~60 中随机产生。副本数目默认值为 3。

通过该实验，可以得到三组数据。一组来自对照组，即未经任何改动的 HDFS 原生系统（见表 4-3）；第二组来自根据链路负载调整副本的机制（见表 4-4）；而第三组则来自 CSDS（见表 4-5）。三种策略的副本变化情况如图 4-16 所示。

表 4-3　　　　　　　　　原生 HDFS 的实验数据

文件大小	128MB				512MB				1GB			
时间段	t_1-t_2	t_2-t_3	t_3-t_4	t_4-	t_1-t_2	t_2-t_3	t_3-t_4	t_4-	t_1-t_2	t_2-t_3	t_3-t_4	t_4-
总用时（s）	11.7	25.1	46.7	38.9	24.9	56.2	98.6	85.2	59.0	123.4	211.9	204.7

表 4-4　　　　　　　　　根据链路延迟来调整副本的机制

文件大小	128MB				512MB				1GB			
时间段	t_1-t_2	t_2-t_3	t_3-t_4	t_4-	t_1-t_2	t_2-t_3	t_3-t_4	t_4-	t_1-t_2	t_2-t_3	t_3-t_4	t_4-
总用时（s）	6.4	9.8	17.0	22.9	13.5	29.3	40.9	52.4	25.7	69.3	114.5	153.2

表 4-5　　　　　　　　　具有 CSDS 机制的 HDFS

文件大小	128MB				512MB				1GB			
时间段	t_1-t_2	t_2-t_3	t_3-t_4	t_4-	t_1-t_2	t_2-t_3	t_3-t_4	t_4-	t_1-t_2	t_2-t_3	t_3-t_4	t_4-
总用时（s）	7.3	13.1	20.8	19.0	15.3	30.8	45.7	43.9	27.1	77.8	120.9	131.1

从图 4-16 中不难看出，HDFS 原生系统副本数目一直保持为 3；根据链路负载调整副本数的策略随着提出请求的用户变化上升而急速变化；而 CSDS 相比之下较为平缓，这主要是计时器 timer2 造成的。特别是在时间 t_4 之后用户访问数目是随机产生的，此时访问负载变化比较剧烈，CSDS 能够根据一段时间内访问请求变化的情况来综合进行

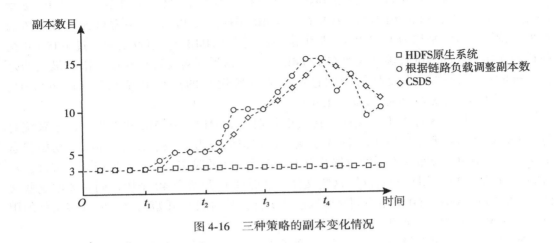

图 4-16　三种策略的副本变化情况

考虑。

从图 4-17 至图 4-19 可以看出，根据链路状况动态调整副本数目策略和 CSDS 均比 HDFS 原生系统的性能有着明显的提高，文件访问时间平均下降 56%。但在用户数量急剧增长的情况下前两者差距不大，而在用户访问随机变化的情况下 CSDS 要比根据链路状况对副本进行调整的策略明显要好，它能够较好地应对副本数目变化给系统性能带来的影响。产生该数据对比结果的原因是在实验过程中，对输入的用户请求数量进行控制，海量用户短时间内对同一个文件提出访问请求，从而激活该机制并增加了若干文件副本。在极端情况下，15 个副本肯定比系统默认的 3 个副本处理文件读取任务要快得多。该机制的基本思想属于以空间换时间，即增加文件副本数量牺牲存储资源来降低用户访问延迟时间。考虑到首先该机制对文件进行区别对待，只有访问需求量大的文件才会激活副本增加机制；此外当用户访问量下降的时候文件副本数量也会相应减少；云计算环境中存储资源价格较低，因此该机制为提高性能而牺牲的部分存储空间是可以接受的。

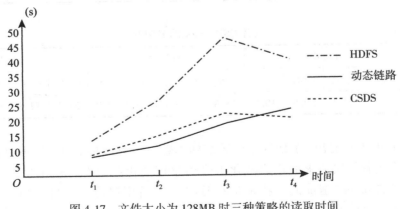

图 4-17　文件大小为 128MB 时三种策略的读取时间

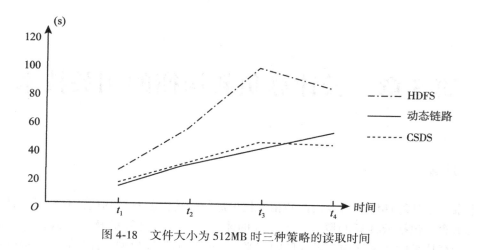

图 4-18　文件大小为 512MB 时三种策略的读取时间

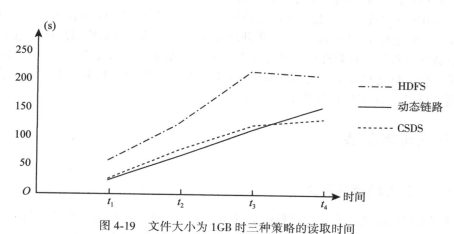

图 4-19　文件大小为 1GB 时三种策略的读取时间

　　本机制也存在着一些不足。首先，本机制会在读取请求下降的时候减少副本数量从而释放存储资源，但是在请求较多时无限量地增加文件副本同样会对系统存储资源造成巨大浪费，因此，还需要在动态调整过程中对某个文件副本总数上限进行控制。其次，在文件读取请求数目激增或急剧减少的时候，该机制仍旧每隔一段时间增加或减少一个副本，难以及时反映请求的变化。这些不足将在未来工作中继续完善与改进。

第5章　云计算负载均衡的相关技术

5.1　引言

本章对云计算环境下负载均衡的相关技术进行概述性的总结阐述，介绍了云计算、云存储的概念，包括云计算的概念、云计算的体系结构、云计算的特点、云计算的服务类型、云计算技术的体系结构、云存储的定义、云存储的架构模型、云存储的优势等；描述了 GFS、HDFS 的原理，具体包括 GFS 的架构、GFS 工作流程、GFS 容错机制、HDFS 架构、HDFS 相关技术等；详细总结了与负载均衡相关的技术，包括负载均衡的意义、常用的几种负载均衡算法、负载均衡算法的分类、负载的度量方法以及负载均衡算法的评价标准；介绍了虚拟机迁移技术，包括虚拟机迁移的机制、虚拟机迁移的三种方法；最后简要介绍了副本技术及 HDFS、GFS 中的副本技术。

5.2　负载均衡算法

5.2.1　负载均衡的意义

互联网发展的最初阶段，用户数量少且操作相对简单，此时用户的需求利用单个服务器即可完成。随着互联网技术的不断发展，不仅网络用户数量迅速增长，用户的操作也更复杂，此时对服务器的响应时间、稳定性都提出了更高的要求，单个的服务器已不能满足用户的要求，因此，必须从单一的服务器转变为使用服务器集群解决这些问题。用户的需求由服务器集群中的各个服务器协作完成。

在服务器协作工作的过程中，不可避免地出现服务器间负载不均衡的状况，例如，一些服务器节点上的任务很多或者存储数据多，负载比较重，而另一些服务器处于空闲状态或者存储数据少，负载比较轻，这将会导致整个集群系统的性能下降。因此如何在多台服务器间合理地进行数据存储、分配任务、调度资源，这是一个迫切需要解决问题，这就是所谓的负载均衡问题。负载均衡问题就是为了获得最优的资源利用率，在多个进程、计算机、磁盘或者其他资源间进行任务的合理调度，降低计算时间。负载均衡问题一直是云计算研究领域里的热点研究问题之一，尤其对于异构系统，系统中节点配置、资源类型的多样性，使得负载均衡更加困难。

5.2.2　负载均衡算法的分类

按照不同的分类方法，负载均衡算法可以分为不同的种类。

1. 动态负载均衡算法和静态负载均衡算法

静态负载均衡算法是按照预先制订好的负载均衡方案，计算节点的负载，进行任务的分配，不考虑各节点的资源负载状况。静态负载均衡算法实现简单、开销小，但由于进行负载分配时不考虑各节点的负载情况，因此分配的方案不一定会满足负载均衡的要求，更严重的情况可能导致负载不均衡。常见的静态负载均衡算法有轮询法、随机放置法、加权轮询法等。

动态负载均衡算法更多地考虑了各节点的真实负载情况，因此任务的分配更合理，但由于要实时计算节点的负载，增加了额外的开销，算法复杂度比较高。常见的动态负载均衡算法有最小链接法、加权最小链接法等。

文献［169］论述了根据负载与权值的比值进行虚拟机分配，选择比值最小的物理机分配虚拟机。文献［170］中负载度量方法是一种基于资源利用率乘积的方法，根据物理机和虚拟机的负载度量值，迁移超负载物理机上的虚拟机。文献［171］中首先选择第一个正常的物理机的值作为基准值，然后加权比较其他物理机的信息与基准信息，其中比值最小的物理机为负载最轻的物理机，以这个物理机接收新的虚拟机请求。它是一种基于负载基准的对比方法。

2. 集中式负载均衡算法和分布式负载均衡算法

集中式负载均衡算法中，存在一个中央控制节点，负责整个系统的任务调度。中央控制节点负责统计各个节点的负载情况，它会周期性地进行统计，根据它获取的所有节点的负载值对各个节点进行统一管理，决定如何进行资源调度。这种集中式的方式维护容易、实现简单，但对于中央节点的要求非常高。

分布式负载均衡算法中，由各个节点共同完成负载均衡，不存在中央控制节点，各个节点的地位是平等的，都可以发出资源调度命令，都会向其他节点发送负载信息，也都会收到其他节点发来的负载信息。分布式方案不会依赖中央节点，系统扩展性好，但由于各个节点要频繁通信，浪费了网络的带宽，同时实现非常复杂。

3. 预测法和实测法

预测法是根据之前各节点的负载情况，预测下一时刻的负载情况，然后对任务或资源进行分配。Bonomi 等学者提出的算法是一种预测算法。它的预测依据是进程的瞬时信息，以这个值对未来的负载情况进行预测，根据预测的值进行分配调度[172]。文献［173］中，作者运用模拟退火算法对下一阶段的负载值进行预测。

实测法是实时地获取当前各节点的负载情况，运用合适的算法进行负载的转移。文献［174］提出了一种基于加权时序动态算法的动态负载均衡算法，该算法着重考虑分组到达率和服务率的关系，算法随着这两个指标的改变而改变，算法中的权重能够进行自动调整。

除此之外还有一些常用的分类，比如局部的负载均衡算法和全局的负载均衡算法、协作的负载均衡算法和非协作的负载均衡算法、适应性算法和非适应性算法等。

5.2.3　常用的负载均衡算法

轮询算法（RR）是一种常用的负载均衡算法，该算法中，将任务依次分配给各节点，循环执行。对于配置相同的节点，这个算法的效率比较高，但如果各节点配置不同，不考虑节点配置顺次给节点分配任务，会造成各节点负载不均衡。基于 EiicalypUis[175] 搭建的云计算平台采用了轮询算法实现负载均衡。

加权轮询算法（WRR）考虑了各节点的差异性，每个节点分配权值的依据是各节点的处理能力，处理能力强的节点的权值大，任务分配时，给权值大的节点首先分配任务。此算法考虑了服务器的处理能力，避免了性能低的节点被分配过多的任务。但是对于权值的分配必须合理，否则仍会导致性能低的节点被分配大的权值而接受过多的任务。

最小连接算法（LC）把新任务分配给当前连接数最小的节点，但实际上节点的连接数并不能真实地反映此节点的负载情况。

同等分发当前负载算法[176]（ESCEL）定义一个节点作为负载均衡器，由它来分配任务。如果当前有一个节点能够接受任务，负载均衡器把任务分配给该节点；如果有节点负载过重，负载均衡器将负载从负载重的节点转移到空闲节点。

5.2.4　负载均衡算法的评价

如果负载均衡算法设计得不好，就会造成集群系统负载不均衡，必然影响系统的性能。应用于不同的环境，同一负载均衡算法最终实现的效果也是不同的。因此在对负载均衡算法的好坏进行评价时，不能只考虑算法本身，同时要考虑算法的应用环境等问题。

如果从用户角度来评价负载均衡算法，系统的可靠性和响应时间可以作为评价标准；如果从系统的角度看，系统资源利用率最大化是衡量负载均衡算法的标准。目前没有一种负载均衡算法能够适应所有的应用。所以在进行负载均衡算法设计时，需要根据当前环境因素、应用的特点，设计出有针对性的算法。

5.2.5　负载的度量

每个负载均衡算法均涉及需要确定负载值的问题，选择一些合适指标才能计算出较准确的综合负载值。负载值的准确与否将直接影响负载均衡算法，因此，负载信息的度量因素十分重要。在确定负载度量因素时，通常要考虑以下情况。

（1）负载信息易于收集，开销要小；

（2）这些负载度量指标能够正确反映节点的负载情况；

（3）各项负载度量指标直接相互独立。

一般地，负载度量方法[177]包括根据请求数进行负载度量及根据资源利用率进行负载度量。根据请求数进行负载度量方法在确定系统的负载值时利用节点收到的请求数，该方法简单、实现容易，但由于节点的异构性，即使请求数相同，节点的负载也应该是不同的。根据资源利用率进行负载度量的原理是，节点的负载根据各节点上的资源使用率进行确定，每个节点的 CPU 处理能力、内存容量、I/O 性能都属于节点的资源范畴。针对云计算系统的特点，采用根据资源利用率的方式计算负载值更能适应这种异构的云计算环境。此时，常用的能用于负载度量的指标有内存、CPU 性能、带宽和输入/输出等方面。

1. CPU 性能

CPU 是非常重要的衡量负载的指标，衡量 CPU 的参数包括：正在运行的进程个数、等待的进程个数、某段时间内的平均 CPU 利用率及 CPU 队列长度等[178]。

2. 内存

内存是衡量计算机性能的重要指标，通常选用内存利用率来评价内存。一般情况下，内存不能单独作为负载衡量的指标来评价负载值，需要结合其他指标综合计算负载值。

3. 带宽

使用带宽衡量负载情况时，一般选用带宽利用率。一般情况下，不单独选用带宽一个指标衡量负载值，而是结合其他指标一起衡量。

4. 输入/输出

衡量输入/输出指标一般为吞吐量、等待输入/输出请求数和就绪队列输入/输出请求数。究竟选择哪个指标评价负载值要结合具体的应用任务，需要处理计算密集型任务时，选择 CPU 和内存等作为评价指标更合适；当需要处理读写密集型任务时，选择输入/输出指标更合适。

5.3 云存储中的 GFS 及 HDFS

5.3.1 GFS 概述

Google 的文件系统为 GFS[179]，其全称为 Google file system，它主要用来解决文件的存储与管理等问题。比较 GFS 与传统的分布式文件系统，它们在性能、可靠性、可用性、可伸缩性等方面的设计目标是一致的。

1. 系统架构

GFS 集群由服务器及客户端组成，如图 5-1 所示，服务器包括一台主服务器（master）和多台块服务器（chunk server），所有的这些服务器通常都是普通的 Linux 机器。为了进行数据备份，会为主服务器进行备份，但实际工作的主服务器只有一台。块服务器有多台，分布在网络的各个区域。

主服务器的工作是管理文件系统的文件目录结构，或者也可以说是管理元数据。具体包括：确定块副本的存储位置，进行块、副本的创建删除，进行块的迁移，对服务器进行负载均衡等。块服务器主要用来存储数据块。客户端与主服务器的交互只是获取元数据，其他所有数据操作都由客户端直接与块服务器进行通信，减少了对主服务器的读写，避免主服务器成为瓶颈。

GFS 的文件以块为单位存储数据，块的大小默认为 64MB，其大小也可以由用户调整，所有文件都会被分割成块存储在各个服务器节点上。每个块默认有 3 个副本，副本的数目也可以由用户设定。

每个新创建的块都会被主服务器分配一个 64 位的块标识，这个块标识是全球唯一的并且不会改变，这些块存储在各个服务器上，访问的时候根据块标识和字节范围查找块。在图 5-1 的 GFS 架构图中，包括 4 个块服务器，存放了 5 个数据块 C0~C4，每个块有 3 个副本。

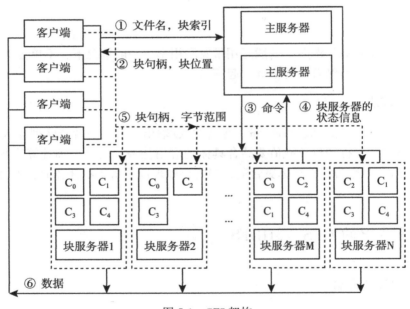

图 5-1　GFS 架构

客户端以类库的形式为用户提供了文件读写、目录操作等接口，当用户需要进行操作时，客户端配置相应接口。GFS 客户端代码实现了 Google 文件系统 API、应用程序与主服务器和块服务器通信、对数据的读写等功能，这些代码都嵌入了客户端的程序中。

2. 工作流程

图 5-1 中的细实线表示客户端与主服务器及主服务器与块服务器的控制消息，粗实线

表示块服务器与客户端的数据通信，虚线表示客户端与块服务器的控制消息。客户端首先根据文件结构及块大小计算出块索引；然后把文件名与块索引发送给主服务器（图 5-1 中的标识①），主服务器将块句柄、块副本的位置信息发送给客户端（图 5-1 中的标识②），客户端把块句柄及字节范围发送到最近的一个副本中（图 5-1 中标识⑤）；块服务器返回块数据给客户端（图 5-1 中标识⑥）。一旦客户端从主服务器中获得了块的位置信息后，客户端不再与主服务器进行交互（除非元数据信息过期或文件被重新打开），后续操作客户端直接与块服务器通信。

GFS 中本地硬盘只存放文件的目录结构和分块信息，而块的位置信息则是实时计算的。主服务器不永久保存块服务器与块的映射信息，而是对块服务器轮询来获得这些信息。当主服务器启动或者有新的块服务器时，主服务器向各个块服务器轮询从而得到块信息（图 5-1 中标识③④）。主服务器也周期地与每个块服务器通信，发送指令到各个块服务器并接收块服务器的信息（图 5-1 中标识③④）。

GFS 还提供快照和记录追加操作功能。快照可以瞬间对一个文件或者目录树做一个拷贝，并且不会对正在进行的其他操作造成任何干扰。记录追加在保证追加操作的原子性的条件下允许多个客户端同时往一个文件追加数据。这样多个客户端可以在不加附加锁的情况下同时追加数据。

3. 容错

当某个块服务器不能正常工作时，如果主服务器没有发现，仍然把这个块服务器分配给客户端，势必会造成用户无法得到所要的信息。所以主服务器要时刻了解块服务器的状态，通过周期性的心跳信息监控块服务器的状态来保证它持有的信息是最新的。

GFS 使用数据库中日志的信息处理主服务器崩溃的情况。名字空间、文件与块的映射信息会记录在系统日志文件中，日志文件存储在本地硬盘上并复制到其他远程主服务器上，这样当主服务器崩溃时数据也不会丢失。操作日志包含关键的元数据变更历史记录。当主服务器崩溃时，通过重演操作日志把文件系统恢复到最新的状态。当操作日志增长到一定值时主服务器对系统状态做一个镜像，并将所有的状态数据写入镜像文件，此时旧的镜像文件及日志可以被删除。在系统恢复的时候，主服务器读取这个镜像文件，根据镜像文件及最新的日志文件恢复整个文件系统。

如果某个客户端正在进行写文件时却不能正常工作了，那么其他客户端也将无法访问这个文件。GFS 使用租约的机制解决这个问题。当客户端要占用某个文件时，与主服务器签订一个租约，初始设定为 60 秒，当块被修改后，主块可以申请更长的租约，这些租约申请信息及批准信息都是在主服务器与块服务器的心跳消息中传递。如果某个客户端崩溃了，当租期到期后，主服务器可以把此文件分配给其他客户端。

5.3.2　HDFS 概述

Hadoop 是 Lucene 项目的一部分，起源于 Apache Nutch，Apache Nutch 是一个开源的网络搜索引擎，Hadoop 是 Apache Lucenc 的创始人 Doug Cutting 创建的。2008 年 1 月，

Hadoop 已成为 Apache 的顶级项目，到目前为止，很多公司在使用 Hadoop，Hadoop 最出名的是其分布式文件系统 HDFS 以及 MapReduce，同时还有很多子项目提供补充性服务[181-182]。

1. HDFS 架构

云计算系统中的数据通常都是海量级的，对于这样的数据仅靠一台物理机是无法处理的，必须对数据进行分割并存储到多台物理机上，此时需要对多台物理机的存储进行管理，完成该功能的文件系统称为分布式文件系统。Hadoop 中的分布式文件系统全称为Hadoop distributed filesystem，简称 HDFS。HDFS 采用的架构为 master/slave 模式，master即 HDFS 集群中的 Namenode 节点，这个节点只有一个，其中还有多个 Datanode 节点。HDFS 中数据以块（block）的方式存储，这些块存储在 Datanode 集合里，每个文件会被分成多个块。HDFS 的架构模型如图 5-2 所示。当客户端要访问文件时，首先客户端从Namenode 获得此文件所在的数据块的位置列表（Datanode 列表），然后客户端直接在Datanode 上读取文件，Namenode 不参与文件的传输。

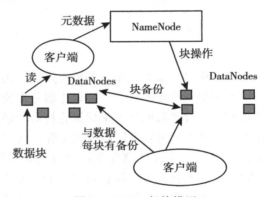

图 5-2　HDFS 架构模型

2. 流式数据访问

HDFS 方式是一次写入、多次读取。Hadoop 不需要运行在昂贵且可靠的硬件上，它主要使用的是集群上的廉价的 PC 机，因此很容易出现节点故障的情况。当节点出现故障时，必须保证应用能够不间断运行并且故障不能被用户察觉到。HDFS 不支持多个写操作，每个文件只有一个 writer；不允许在文件的任意位置进行修改，总是将数据添加在文件的末尾。

3. 数据块

HDFS 以块为单位存储数据，每个块的大小默认为 64MB，块大小也可以由用户进行设定，文件的块可以存储在不同的节点上。每个块会有副本存放在其他地方，这样一旦节点失效也不至于发生数据丢失的情况。

4. 副本

HDFS 的文件以块为单位存储，除了最后一块，其余所有的块都是同样大小，默认为 64MB，存放在各个 Datanode 中，用户可以对块大小进行设定，所有文件都会被分割成多个块。为了保证数据冗余，文件的所有块将被复制多次，存放在其他节点上，默认复制的次数为 3，这个值也可以在文件创建的时候通过设置 replication 因子进行更改。

Namenode 在存储副本时需要选择 Datanode，此时考虑的因素为可靠性、写入带宽和读取带宽等，在这些因素间进行权衡并选择存储位置。例如，一方面，把所有副本都存储在一个节点损失的写入带宽最小，但如果存储这些副本的节点失效，则所有副本数据全部丢失。另一方面，把副本放在不同的数据中心，当节点失效时仍然能够访问到副本，但数据中心间传输数据会损耗相当的带宽。

默认的 Hadoop 副本的存放策略是：在离写数据最近的 Datanode 上存放第一个副本；选择与第一个副本不同的机架放置第二个副本，放置第二个副本的节点在这个机架上采用随机选择的形式；第三个副本的存放机架与第二个副本相同，但放在与第二个副本不同的节点上。这样的存放有效避免了机架失效时的数据丢失的情况，并且可以从多个机架读取数据，有利于组件失效情况下的负载平衡。读数据时 HDFS 会尽量读取最近的副本，图 5-3 为副本存放位置图。

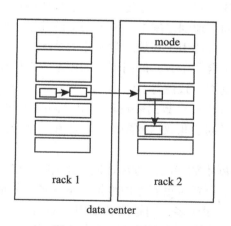

图 5-3　HDFS 副本复制

5. Namenode 和 Datanode

HDFS 集群包含 Namenode 和 Datanode 两类节点，Namenode 是管理节点，Datanode 是工作节点。Namenode 管理文件的结构，它记录着每个数据块的位置信息；Datanode 负责存储并检索数据库，每隔一定的时间主动向 Namenode 节点报告它们存储的块的情况。

5.4　云存储中的副本技术

5.4.1　副本技术概述

随着云存储技术的进一步发展，副本技术已发展为云计算、云存储的一个重要研究领域。所谓副本就是数据的复制或拷贝，当原始数据丢失或损坏时，通过副本能够找回原始数据。副本技术常用于数据密集型计算、分布式系统等领域，它是将一个数据文件复制为多个副本，然后将这些副本分别存放在分布式系统的多个节点，实现数据冗余，提高系统的性能[183]。

利用副本技术不仅能够提高系统文件的可靠性、提高响应速率，同时也能解决系统的负载均衡问题。数据被存储在多个节点上，某个节点失效时，可以通过访问其他节点上的副本来保证数据的可用性，因此，即使节点失效也不会影响用户的访问。用户访问数据时，选择离自己比较近的副本，能够减少通信成本，提高访问效率。存储系统中热点文件的出现，造成了存储该文件的服务器节点的负载过重，此时可以通过副本的复制来分担热点服务器的负载。

副本管理策略包括静态副本管理策略及动态副本管理策略。静态副本管理策略根据初始的算法及文件特性、用户需求等因素确定副本位置及数量并放置副本，系统运行过程中副本的数量及位置不再改变。对于环境稳定的情形适合使用这种策略。动态副本管理策略根据系统运行的实时情况动态地创建副本、确定副本的数量、确定副本的放置位置、删除副本、迁移副本等。这种方式适用于环境经常变化的情形。

对于副本技术的研究包含多个方面的内容，如副本放置的位置、副本的数量、副本是否被创建、副本的删除、副本一致性等。

（1）副本创建时机。如果一个数据被较多的用户同时访问，这个数据将会成为瓶颈，影响系统的性能。此时可以创建此数据的副本，存放在其他节点上，分担一定的负载，从而实现负载均衡。

（2）副本放置位置。副本放置的位置离访问它的用户越近，越能够减少网络通信量，提高系统的性能。同时副本放置时也要考虑维护副本一致性的成本以及节点的负载情况。

（3）副本数量。副本数量越多，则越能满足用户的需求，但过多的副本需要占用更多的存储空间，增大维护成本，同样不利于系统性能的提高。因此，必须确定合理的副本数量。

（4）副本删除。当副本长时间没有被访问或者访问的频率比较低时，应该删除这些副本，节省存储空间。常用的算法有最近最少使用 LRU（least recently used）策略、先进先出 FIFO（first in first out）策略、最不经常使用 LFU（least frequently used）策略。LRU 将副本按照访问时间排序，选择最久未被访问的副本删除。FIRO 是选择最先创建的副本删除。LFU 按照访问频率排序，选择访问频率最低的副本删除。

（5）副本一致性维护。当副本被更新时，要保证所有副本一致，副本一致性维护的成本也是必须考虑的因素。

目前无论是企业还是学者都对副本技术均进行了研究。HDFS[184] GFS[185] 采用的副本策略中副本的数量默认为 3 个，其中一个副本存放在一个机架上，其余两个副本存放在另一个机架的两个不同节点，以此来保证数据的安全恢复，但它采用副本策略选取副本的存取位置不一定是最佳的。Amazon S3[186] 一致性哈希[187]，将 3 个副本随机地分布在节点上。

针对副本创建问题，Kavitha 等人提出了六种副本创建策略：无副本和缓存策略、最佳客户端策略、瀑布策略、简单缓存策略、快速传播策略、瀑布+缓存策略等[188]。针对副本放置问题，文献［189］提出了一种聚类的副本放置策略，该策略对数据副本位置进行了区域优化，优化时主要参考数据间的依赖关系，但该策略没有考虑网络带宽及数据的大小等情况。文献［190］同样也是对副本放置位置策略进行了优化，优化时主要考虑三个方面：数据间的依赖关系、数据的存储区域、系统的负载均衡情况。文献［191］提出了用副本放置策略来解决负载均衡问题，把数据副本存储于负载较轻的节点上。文献［192］提出了一种基于反馈机制的副本数量预测方法，该方法根据历史访问数量情况来预测副本数量。

5.4.2　GFS 及 HDFS 中的副本技术

1. GFS 中的副本技术

GFS 默认每个数据块有 3 个副本，用户也可指定不同的副本个数。GFS 以最大化网络带宽利用率及最大化数据可靠性、可用性为副本放置策略的目标。在创建副本时将从以下几个方面选择：优先考虑磁盘利用率低于平均硬盘使用率的服务器；优先考虑最近创建副本较少的服务器；选择位于不同机架上的服务器。

系统运行过程中，当出现副本被损坏、服务器失效、服务器的磁盘出现错误、副本复制数量提高等情况时，需要重新复制副本。此时优先级最高的服务器被 Master 节点选择，然后由新副本所在的服务器负责复制副本，它会从可用的副本复制出一个副本。

Master 节点为了实现负载均衡，周期性地进行副本调整。首先 Master 节点检查当前的副本分布情况，将副本迁移到磁盘利用率低于平均值的 Chunk 服务器。GFS 采用租约机制维护副本的一致性。

2. Hadoop 中的副本技术

HDFS 中每个数据块默认有 3 个副本，其中一个副本存储在本地机架上，另外两个副本存储在与第一个副本不同的机架上，在这个机架上选择两个不同的节点存放。HDFS 的副本选择策略是让用户选择最近的副本进行读取，若客户端所在机架上存储有副本，则读取该机架上的副本；若集群跨越多个数据中心，那么客户端优先选择本数据中心的副本读取。

HDFS 通过动态地调整副本位置及数量能够实现负载均衡。如某个 Datanode 节点上的剩余存储空间很少，可以将该 Datanode 上存储的副本迁移到剩余空间大的 Datanode 上；再如若某文件的访问量变大，可以在其他节点复制该文件的副本以分担此节点的负担。

HDFS 中不允许一个机架上存储相同的数据块数量多于两个，同时必须有副本存放于远端的机架上，从而保证数据失效时能够通过副本进行恢复。

5.5　虚拟机动态迁移

5.5.1　虚拟机动态迁移机制

虚拟机动态迁移是把虚拟机的内存、操作系统及其上的各种应用等从源主机迁移到目的主机上，这个迁移是在虚拟机运行期间进行，不会中断虚拟机的运行。对于用户来说，整个迁移的过程几乎是感觉不到的，源主机和目的主机可以是异构[193]的，为了保证迁移前后的虚拟机状态一致且不影响虚拟机的运行，要对网络状态信息、存储状态信息及运行状态信息进行传递[194,195]。因为内存中信息数据量大，内存的迁移是最难的，相比而言，CPU 和 I/O 的迁移简单一些，磁盘的迁移最简单。因此对于虚拟机迁移来说，内存、存储、网络的迁移是最关键的。

1. 网络迁移

迁移完成后，虚拟机被迁移到目的主机，并在源主机上删除该虚拟机。迁移之后，目的主机的网络状态与源主机一样，迁移后再与虚拟机通信需要通过目的主机，通信过程不再需要源主机。根据网络环境的不同，虚拟机迁移相关的网络连接和 IP 地址将采取不同的处理方法。

2. 存储的迁移

存储迁移要迁移的数据量比较大，花费的时间比较多，损耗的网络带宽也比较大，因此，不进行真正的存储迁移，通常采用 NFS、DFS 及 NAS 共享存储的方式共享数据和文件系统[196-200]。

3. 内存的迁移

虚拟机迁移中最困难的是内存的迁移，内存的迁移过程主要分为三个阶段：Push 阶段、Stop-and-Copy 阶段及 Pull 阶段[202,203]。Push 阶段完成内存的预拷贝，虚拟机不被迁移，仍在源主机上运行，以迭代的方式将一些内存页拷贝到目标主机。针对被修改的内存页面，在下一次迭代中拷贝这些页面[204]。Stop-and-Copy 阶段，虚拟机在源主机停止工作，源主机把相应的虚拟机数据拷贝到目的主机上，在目的主机上重启迁移过去的虚拟机，并释放原虚拟机占用的资源[205]。如果虚拟机在目的主机上启动运行过程中发现还有需要的内存页面未被复制过来，会从源主机把该页面复制过来，这个过程称作"Pull"。实际应用中，内存迁移过程不一定同时有以上三个阶段，大多选取其中一个或两个阶段。

5.5.2　虚拟机动态迁移方法

实际应用中，内存迁移过程不一定要同时有以上三个阶段，大多选取其中一个或两个阶段。只用 Stop-arid-Copy 的内存迁移方法暂停待迁移的虚拟机，然后在目的主机上复制内存页面，复制完成后启动目的虚拟机，同时删除源机上的虚拟机。这种方法停机时间长，迁移的虚拟机越大，停机时间越长，过长的停机时间对用户来说是不能忍受的。

Push 和 Stop-and-Copy 结合的内存迁移方法叫作 Pre-copy（预复制）算法。在 Push 阶段将内存页面以迭代方式拷贝到目的主机，第一轮拷贝所有页面，如果有页面被修改了，则在第二轮进行拷贝，第 n 轮拷贝第（$n-1$）轮修改的页面。如果脏页的数达到某个数值或者迭代达到特定次数，预拷贝结束，然后进入 Stop-and-Copy 阶段，首先在把源主机上的虚拟机暂停运行，拷贝剩余的页面到目的主机，然后在目的主机恢复虚拟机的运行，删除源主机上虚拟机数据。这种方法优化了停机时间和迁移时间，但对于更新频繁的页面更合适在停机阶段传送。

Pull 和 Stop-and-Copy 结合的方法叫作 Post-copy（后续复制）算法。在 Stop-and-Copy 阶段仅仅把必要的页面拷贝到目的主机，在目的主机启动虚拟机，剩下的页面在需要的时候拷贝过去。这种方法的停机时间短、总迁移时间长。

第6章 基于 Hadoop 的云存储的 负载均衡优化策略

6.1 引言

从 Hadoop 出现至今,它就受到企业界及研究机构的广泛研究,正是它的高可拓展性、高可靠性、高容错性和高效性,使得 Hadoop 技术目前已得到了普遍的应用。HDFS 是 Hadoop 的文件存储系统,其数据以块为单位进行存储,每个块都有相应的副本以保证数据的冗余,块及其副本存储在集群中的各个节点上。随着时间的推移及各个副本不断地存放、删除,必然导致各个节点的数据存储不均衡。不均衡将会导致部分 Datanode 相对繁忙,而另一些 Datanode 空闲,进而有可能使得某些集群瘫痪。Hadoop 提供了均衡器(balancer)程序来解决负载均衡的问题。

本章在系统研究 Hadoop、HDFS 及其均衡器(balancer)程序的基础上,提出了超负载机架的优先处理及引用排序策略解决负载均衡的优化策略。超负载机架优先处理的策略能够优先处理高负载机架,不仅能实现系统整体的均衡,更突出的是使高负载机架在较短时间达到均衡,从而避免高负载机架状况进一步恶化;排序策略对链表进行合理的排序,实现了选取均衡机架时更加合理,优先处理负载大的机架。

6.2 Hadoop 数据存储负载均衡的原理

Hadoop 提供了 Balancer 程序,调用此程序即能完成 Hadoop 的负载均衡。负载均衡时定义四个链表分别存放超负载节点、负载超过平均值但不是超负载的节点、负载低于平均值但负载不是非常低的节点、负载非常低的节点,均衡时把超负载链表中节点的负载均衡到负载非常低的链表及负载低于平均值的链表的节点中,如果后者还有空间,则把负载超过平均值但不是超负载链表中的节点的负载继续向这两个链表中均衡,重复这些过程,直到所有节点达到相对平衡。

6.2.1 Balancer 程序

Balancer 程序是 Hadoop 中负责负载均衡的程序,运行它的命令为:
sh $ HADOOP_ HOME /bin/start-balancer. sh-t 10%
其中,10%为一个阈值参数,其值由用户设定,如果 Hadoop 集群中各节点空间利用率的偏差值小于该值，即认为已达到均衡。通过 Balancer 程序的运行，最终能够使得 HDFS 集群实现负载均衡。

6.2.2 Hadoop 数据存储负载均衡算法描述

（1）计算存储空间平均使用率 AS：AS = US/TS，其中 US 是集群中全部机架的所有 Datanode 节点的已使用空间，TS 是集群中全部机架的 Datanode 节点的总空间。

（2）根据第 1 步计算的 AS 及每个节点的空间使用率建立四个链表。对于节点 x，假设其空间使用率为 p，p 的值为此节点已使用空间与总空间的比值。

- below Avg Utilized Datanodes（以下简称 below）链表

如果节点 x 满足 AS-threshold≤p<AS，则把节点 x 加入 below Avg Utilized Datanodes 链表。

- under Utilized Datanocles（以下简称 under）链表

如果节点 x 满足 p<AS-threshold，则把节点 x 加入 under Utilized Datanodes 链表。

- above Avg Utilized Datanodes（以下简称 above）链表

如果节点 x 满足 AS<p≤AS+threshold，则把节点 x 加入 above Avg Utilized Datanodes 链表。

- over Utilized Datanodes（以下简称 over）链表

如果节点 x 满足 p>AS+threshold，则把节点 x 加入 over Utilized Datanodes 链表。

在这四个公式中的 threshold 为一阈值，它的值由用户设定，用于调整各个链表中节点的空间使用率与平均空间使用率的偏差。

（3）先在机架内进行负载均衡，如果机架内部无法完成负载均衡，再在机架间进行负载均衡。

（4）确定 Source 和 Target 链表，均衡时把 Source 中节点的负载迁移到 Target 中的节点。按照以下的顺序对这两个链表进行选择。

①把 over 链表作为 Source 链表，把 under 链表作为 Target 链表。按照第 5 步及第 6 步的方法迁移数据。迁移数据后，若 under 链表为空，跳转第（2）步；若 over 链表为空，跳转第（3）步。

②把 over 链表作为 Source 链表，把 below 链表作为 Target 链表。按照第 5 步及第 6 步的方法迁移数据。迁移数据后，若 over 链表为空，跳转第（4）步；若 below 链表为空，跳转第 7 步。

③把 above 链表作为 Source 链表，把 under 链表作为 Target 链表。按照第 5 步及第 6 步的方法迁移数据。迁移数据后，若 above 链表为空，跳转第 7 步；若 under 链表为空，跳转第（4）步。

④把 above 链表作为 Source 链表，把 below 链表作为 Target 链表。按照第 5 步及第 6 步的方法迁移数据。

（5）对于第 4 步中确定的 Source 链表及 Target 链表，进行负载均衡时，具体的操作步骤如下。

①从 Source 链表时选择一个节点，设为 S，从 Target 链表中选择一个节点，设为 T，S 与 T 组成节点对，直到其中某个链表为空，再按照第 4 步的规则更换 Source、Target 链表。

②节点 S 作为源节点，T 作为目标节点，均衡时把 S 的负载迁移到节点 T 中。

③对于每个源节点，实时记录它已完成均衡的字节数（scheduled size）及需要均衡的字节数（max size to move）；对于每个目标节点，实时记录它已接收均衡的字节数（scheduled size）及最大能接收的字节数（max size to move）。

④比较源节点 S 中已迁移的字节数与未达到均衡需要迁移的字节的关系，如果前者大，说明已经迁移足够的数据，该源节点目前已均衡，从队列中删除 S；如果后者大，则需要继续迁移源节点 S 中的数据。

⑤比较目标节点 T 已接收的迁移数据的字节数与其能接收的最大字节数进行比较，如果前者大，说明节点 T 不能再接收迁移数据，否则将造成自己不均衡，从队列总删除 T；如果后者大，则节点 T 能够继续接收均衡数据。

（6）一个源节点的负载可以迁移到多个目标节点，直到这个源节点达到均衡；一个目标节点可以接受多个源节点的数据，直到目标节点接受的数据达到最大值。

（7）算法执行一遍后，判断目前系统是否均衡，如果没有均衡，返回到初始重新执行本算法。

6.2.3　负载迁移时块移动的规则

节点 S、T 进行负载均衡时，假设要把 S 中的数据块 b 移动到 T，满足以下条件的数据块为可移动的块。

（1）数据块 b 不是正在移动或已移动的数据块；

（2）数据块 b 在节点 T 中没有副本，保证在一个节点中不能有两个副本；

（3）不减少数据块副本所在的机架数，具体策略如下。

①如果节点 S 与 T 在同一机架，则可以移动数据块 b，理由是数据块 b 的位置没有跨机架；

②遍历 b 的副本，如果副本的位置与 T 在同一机架，则继续判断③，否则可以移动数据块 b；

③遍历数据块 b 的副本，如果有副本与 S 在同一机架，且此副本不在 S 上，则可以移动数据块 b。

6.3　超负载机架优先处理的策略

6.3.1　Hadoop 数据存储负载均衡算法的问题描述

上一节描述的 Hadoop 的负载均衡算法没有优先处理负载超重的机架，它的原则永远是先进行机架内的均衡，再进行机架间的均衡。假设存在一个机架 M，它其中的节点大多是 over 节点，只有很少的 below 或 under 节点，显然这个机架的负载比较重，称为负载超重机架。单纯在此机架中把 over 节点上的负载迁移到 below 和 under 节点，无法达到负载均衡，也就是说在本机架内无法完成负载均衡，必须把这个机架上的负载迁移到其他机架。但 Hadoop 的负载均衡算法总是先在机架内进行，这样势必延迟了超负载机架的均衡时机。对于超负载的机架应该优先进行处理，优先进行均衡，只处理超负载机架上的 over 节点即可，只有这些节点的负载重，先处理完这些节点就能缓解超负载机架的负载重问题。

6.3.2 相关定义

定义 6-1 节点 i 的空间利用率 P_i：$p_i=u_i/t_i$ 其中，u_i 是节点 i 的已使用空间，t_i 是节点 i 的总空间大小。

定义 6-2 所有节点的平均空间利用率 m：$m=A_{u_i}/A_{t_i}$。其中，A_{u_i} 是所有节点的已使用总空间，A_{t_i} 是所有节点的总空间。

定义 6-3 阈值 K：用户根据情况设定此阈值的值，负载值大于该阈值的机架为超负载机架，需要优先进行均衡。

定义 6-4 above 节点：如果节点 i 满足公式 $m<p_i<m+t_s$，则这个节点为 above 节点。其中，t_s 是由用户设定的阈值。

定义 6-5 over 节点：如果节点 i 满足公式 $p_i>m+t_s$，则这个节点为 over 节点。其中，t_s 是由用户设定的阈值。

定义 6-6 below 节点：如果节点 i 满足公式 $m-t_s<p<m$，则这个节点为 below 节点。其中，t_s 是由用户设定的阈值。

定义 6-7 under 节点：如果节点 i 满足公式 $m-t_s>p_i$，则这个节点为 under 节点。其中，t_s 是由用户设定的阈值。

定义 6-8 第 j 个机架的超负载数据量 E_i：E_i 为机架 i 中所有超负载节点（over 节点）的待平衡的数据总量，即这些超负载节点需要优先均衡的数据量。

定义 6-9 第 j 个机架的自均衡能力 SS_j：$SS_j=L_j/G_j$。这个值用来衡量某个机架在其内部是否能完成均衡。其中，L_j 是为了使机架 j 达到均衡需要迁移出去的总数据量，G_j 是能够迁移到机架 j 的总数据量。若 $SS_j=1$，则需要迁移出的数据总量比能够迁移进来的数据总量少，即在机架内能够完成负载均衡；若 $SS_j>1$，则需要迁移出的数据总量比能够迁移进来的数据总量多，即机架内不能够完成负载均衡；若 $SS_j>K$，则需要迁移出的数据总量比能够迁移进来的数据总量多很多，即此机架负载超大，机架 i 急需均衡。

定义 6-10 第 j 个机架的超负载自均衡能力 OS_j：$OS_i=E_J/G_J$。

定义 6-11 For Balance List 队列：把 $SS_i<1$ 的机架存放在这个队列中，这个队列中的机架能够接受迁移的负载，按 SS_i 升序对该队列排列。

定义 6-12 Next For Balance List 队列：把 $SS_i>1$ 且 $OS_i<1$ 的机架存放在此队列中，此

队列按 OS_i 的升序进行排列，这个队列中节点的负载比 For Balance List 队列重，但能在机架内部均衡 over 节点的负载。

定义 6-13　Prior Balance List 队列：把 $SS_i > K$ 的机架存放在这个队列中，这个队列中的节点均为超负载机架，需要优先均衡，这个队列按 SS_i 的降序排列。

6.3.3　超负载机架优先处理策略的主要思想

设定一阈值 K，该值可以根据需要设定，用于确定某机架是否为超负载机架。定义机架的自平衡能力为 $SS_i = L_i / G_i$，为了使机架 i 能够达到均衡，此机架必须迁移的数据量之和为 L_i，G_i 是机架 i 为保持负载均衡还能接收的数据量之和。若 $SS_i <= 1$，说明在负载均衡过程中，此机架需要迁移出的数据总量比它能够接收的数据总量小，即此机架在机架内能够完成负载均衡；若 $SS_i > 1$，说明负载均衡过程中，此机架需要移动的数据总量比它能够接收的数据总量大，即该机架内不能够完成均衡，必须把部分数据移动到其他机架；若 $SS_i > K$，说明负载均衡过程中此机架内能够接收的数据总量远远小于需要移动的数据总量，即此机架的负载超大，急需均衡。

定义机架 i 的超负载自平衡能力 $OS_i = E_i / G_i$，这个值为机架内 over 节点的待均衡字节数之和与能够接收的数据总量的比值，如果此值小于 1，说明此机架中超负载的节点需要移动的数据总量比此机架能够接收的数据总量少，能够使得本机架中的 over 节点达到均衡，可以作为均衡时接收负载数据的节点。

创建三个队列 Prior Balance List、For Balance List 及 Next For Balance List，这三个队列分别存放需要优先均衡的超负载机架（$SS_i > K$ 的机架）、自身能够完成负载均衡并且还能接收负载数据的机架（$SS_i < 1$）、机架中超负载节点能在本机架内完成均衡的机架（$OS_i < 1$）。Prior Balance List 队列按照降序排列，即负载最大的机架最先处理，其余两个队列按照升序排列，即先选择接收负载能力更强的机架接收迁移数据。

进行负载均衡时，首先在 Prior Balance List 队列中按序选取一个机架，设为 i，在 For Balance List 队列中选取一个机架，设为 j，把 i 均衡后还需移动的数据移动到 j。在移动过程中实时计算 E_i 及 SS_i，如果 E_i 等于 0，则机架 i 的超负载节点已经完成均衡，停止 i 与 j 之间的负载均衡；如果 SS_j 大于或等于 1，则机架 j 不能再接收均衡数据，否则就会使机架 j 成为负载重机架，j 的数据还需移动到其他机架，势必造成不必要的数据移动，因此，当 SS_j 大于或等于 1 时即停止向 j 移动数据，选择其他机架继续接收移动数据。

如果 Prior Balance List 为空，则超负载机架已经全部均衡完。其余机架的均衡按照原 Hadoop 负载均衡算法继续处理即可。如果 For Balance List 队列为空，则继续从 Next For Balance List 队列中选取机架接收均衡数据。

Hadoop 负载均衡算法的原理即是把负载重的节点的数据移动到负载轻的节点上，这个过程需要进行多轮，直到各个节点的存储负载的偏差小于阈值，阈值是用户设定的，该算法选择均衡机架时随机选取。本书的改进算法遵从 Hadoop 算法的原理，最主要的改进就是优先处理超负载的机架，先缓解超负载机架，改变了 Hadoop 算法平等对待超负载机架的策略，把随机选取的模式改为优先选择超负载机架。对于已经确认机架内无法实现均衡的超负载机架，按照 Hadoop 算法，仍然先进行机架内均衡，再进行机架间均衡，显然延长了这些机架的均衡时间；本书策略优先处理这些机架，直接进行机架间的均衡，把它的负载首先移动到负载最低的一些机架（$SS_i<1$），其次移动到超负载节点比较少的机架（$OS_i<1$），更快地实现超负载机架的均衡。超负载机架处理结束后，其余机架间的均衡仍然采用 Hadoop 算法。如果超负载机架过多，则适当调整阈值，即减少超负载机架的数量。Hadoop 的负载均衡算法与本书的策略均不关注数据究竟迁移到哪个机架上，只要实现了均衡即可。Hadoop 算法与本书的策略，最终都能将各个机架负载的偏差控制在阈值内，即实现负载均衡，所不同的只是整个负载均衡过程所用的时间以及超负载机架达到均衡需要的时间。

6.3.4 超负载机架优先策略的算法描述

算法输入：各个节点的空间利用率。

算法输出：无。

算法伪语言描述如下。

（1）计算每个机架 i 的 L_i，G_i，SS_i，E_i 及 OS_i。

（2）把满足 $SS_i>K$ 的机架加入队列 Prior Balance List，此队列存放需要优先均衡的机架，按降序排列此队列。

（3）把满足 $SS_i<1$ 的机架加入队列 For Balance List，此队列存放不但自身能完成机架内的负载均衡，还能接收迁移数据的机架，按升序排列此队列。

（4）分别在 Prior Balance List 队列及 For Balance List 队列中各取一个机架，假设为 j 和 k。对于机架 j，先在其内部完成机架内均衡，然后在机架 j 和 k 间进行负载均衡，直到 E_j 等于 0 或者 SS_j 大于或等于 1。

（5）计算新的 E_j、SS_k、OS_k 值，根据它们的值选择以下步骤执行。

①若 $E_j=0$，在 Prior Balance List 中删除机架 j。

②若 $SS_k \geqslant 1$，在 For Balance List 中删除机架 k，若 $OS_k<1$，把 k 加入 Next For BalanceList 队列，升序排列此队列。

③若队列 Prior Balance List 为空，执行第 9 步；

④若队列 For Balance List 为空，执行第 6 步；否则执行第 4 步。

（6）分别在域 Prior Balance List 队列和 Next For Balance List 队列中取一个机架，假设为 j 和 k。对于机架 j，先在机架内进行均衡，然后在机架 j 和 k 之间进行均衡，直到 E_j 等于 0 或者 OS_k 大于或等于 1。

（7）计算新的 OS_k 和 OS_k，根据 E_j 和 OS_k 值的不同选择以下步骤执行。

①若 $E_j=0$，从队列 Prior Balance List 删除机架 j。

②若 $OS_k \geqslant 1$，从队列 For Balance List 删除机架 k。

③若队列 Prior Balance List 为空，执行第 9 步。

④若队列 For Balance List 为空，执行操作（8）；否则执行操作（6）。

（8）负载超重的机架过多，适当调整阈值 K。

（9）其余过程按照 6.2.2 节的 Hadoop 算法进行负载均衡。

6.4　队列排列的优化策略

6.4.1　Hadoop 数据存储负载均衡算法的问题描述

Hadoop 负载均衡算法中待均衡的节点构成一队列，假设负载超重的节点排在队列的尾部，选择节点时的策略是在队列中顺序选取节点，将造成负载重的节点最后才能被选中，就会造成这些负载重的节点的负载均衡时间更长。如果还没轮到对这些节点进行均衡，能够均衡的空间使用完，将更影响这些负载超重的节点。

6.4.2　队列排列优化策略的主要思想

对四个队列进行排序，排序的时候不是按照空间使用率排序，而是按照未使用空间排序，即按照未使用空间大小选择节点。假设两个节点 M、N，M 的总空间为 1000MB，N 的总空间为 100MB，此时 N 的总空间量远小于 M。M 的空间使用率为 50%，N 的空间使用率为 30%，M 的空间使用率大于 N，如果按照空间使用率排序，将选取 N 作为接收均衡数据的节点。此时 M 的可用空间为 500MB，N 的可用空间为 70MB，M 的可用空间比 N 大，当存放 50MB 的数据量时，M 的空间使用率增加不多，但 N 的空间使用率将达到 80%。显然选择空间使用率低的 N 节点接收负载将造成节点 N 的负载超重。

对队列 over 及 above 按由小到大的顺序排列，即把未使用空间剩余少的机架排在队列的前面，这些机架能够先被选择进行均衡。

对队列 below、under 按由大到小的顺序排列，即把未使用空间剩余多的机架排在队列的前面，这些机架先被选择接收均衡数据。

6.4.3　队列排序优化策略的算法描述

算法输入：各节点的空间利用率。

算法输出：无。

算法伪语言描述如下。

（1）计算节点 i 的空间利用率 P_i：$p_i = u_i / t_i$。其中，u_i 是节点 i 的已使用空间，t_i 是节点 i 的总空间大小。

（2）计算所有节点的平均空间利用率 m：$m = A_{u_i} / A_{t_i}$。其中，A_{u_i} 是所有节点的已使用总空间，A_U 是所有节点的总空间。

（3）建立四个链表。对于节点 X，假设其空间使用率为 p。

- below Avg Utilized Datanodes（以下简称 below）链表

如果节点 x 满足 m-threshold $\leqslant p<m$，则把节点 x 加入 below 链表。
- under Utilized Datanocles（以下简称 under）链表

如果节点 x 满足 $p<m$-threshold，则把节点 x 加入 under 链表。
- above Avg Utilized Datanodes（以下简称 above）链表

如果节点 x 满足 $m<p\leqslant m$+threshold，则把节点 x 加入 above 链表。
- over Utilized Datanodes（以下简称 over）链表

如果节点 x 满足 $p>m$+threshold，则把节点 x 加入 over 链表。

在这四个公式中的 threshold 为一阈值，它的值由用户设定，用于调整各个链表中节点的空间使用率与平均空间使用率的偏差。

节点的未使用空间作为排序的依据，队列 over、above 中的节点按由小到大顺序排序；队列 below、under 中的节点按由大到小顺序排序。

（4）均衡策略是先在机架内进行平衡，再在机架间平衡。

（5）机架间和机架内的负载均衡的顺序如下。

①分别在 over 和 under 队列中按顺序选取一个节点，设定为 Source、Target。把 Source 节点的负载均衡迁移到 Target 节点。

②在 over 和 below 队列中按顺序分别选取一个节点，设定为 Source、Target。把 Source 节点的负载均衡迁移到 Target 节点。

③在 above 和 under 队列中按顺序分别选取一个节点，设定为 Source、Target。把 Source 节点的负载均衡迁移到 Target 节点。

（6）其余步骤同 Hadoop 负载均衡算法。

6.5　实验分析

6.5.1　超负载机架优先处理策略的实验分析

测试环境如图 6-1 所示，包括机架 A、机架 B、机架 C 三个机架；机架 A 中配置三个节点 A_1、A_2、A_3，机架 B 配置 B_1、B_2、B_3 三个节点，机架 C 配置 C_1、C_2 两个节点。设置 HDFS 文件块的大小为 10MB。实验中各节点的配置如下：Ubuntu 10.04 操作系统、2G 的内存、CRJ 为 1.3GHZ。

实验中对本书算法及 Hadoop 算法进行比较，下文只列举其中的 2 组实验数据。表 6-1 统计了这 8 个节点的初始数据存储量，其中包括总空间大小、已使用空间的大小及空间使用率。

实验结果如图 6-2、图 6-3 所示，横坐标表示节点编号，纵坐标表示空间使用率。实线表示均衡前的各节点的空间使用率，点虚线表示 Hadoop 算法均衡后的各节点的空间使用率，短虚线表示本书算法均衡后的各节点的空间使用率。图 6-2 的 threshold 值为 10%，图 6-3 的 threshold 值为 15%，K 值均为 5。

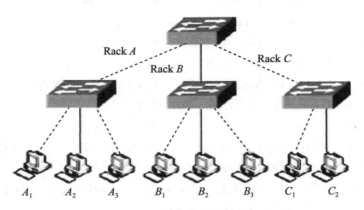

图 6-1　优先处理超负载机架的实验拓扑图

表 6-1 节点的初始数据存储率

节点编号	空间大小（GB）	均衡前	
		已使用的空间（GB）	空间使用率（%）
A_1	1.0	1.0	100
A_2	2.0	1.4	70
A_3	2.0	1.6	80
B_1	3.0	2.0	66.7
B_2	3.0	1.0	33.3
B_3	4.0	3.0	75
C_1	3.0	1.5	50
C_2	4.0	2.0	50

　　初始时机架 A 中 A_1、A_2、A_3 三个节点均处于超负载状态，这个机架的负载最大；机架 B 中的 B_3 节点为超负载节点，机架 C 所有节点的负载都很低。图 6-2 中，均衡后本书算法比 Hadoop 算法使得数据分布更均衡。Hadoop 算法的均衡用时 7.56 分钟，本书算法用时 6.96 分钟，A_1 是超负载机架，Hadoop 算法在最终均衡结束时才使机架 A_1 均衡，而本书算法用时 2.05 分钟即完成机架 A 的均衡。

　　图 6-3 中，Hadoop 算法在 5.86 分钟完成负载均衡，本书算法在 6.01 分钟完成均衡，虽然本书算法用时比 Hadoop 算法稍多一些，但本书算法使得超负载机架 A_1 更快地完成了均衡。

　　根据大量的实验得出以下结论：从均衡时间方面比较，由于采用不同的计算和移动策

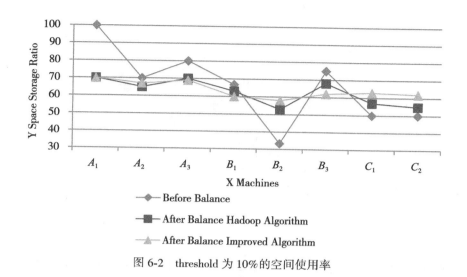

图 6-2　threshold 为 10% 的空间使用率

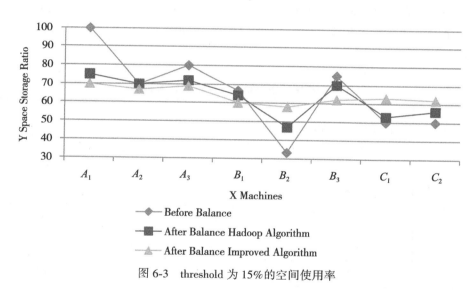

图 6-3　threshold 为 15% 的空间使用率

略，一些情况下本书算法用的时间短，另一些情况下 Hadoop 算法用的时间短，但本书算法能优先处理超负载机架，使得超负载机架更快地进行均衡，而且本书算法使得各节点的均衡性优于 Hadoop 算法。

6.5.2　队列排序优化策略的实验分析

测试环境如图 6-4 所示，由 3 个机架组成：机架 1、机架 2、机架 3；机架 1 里有 1 个节点 A，机架 2 中有 3 个节点 B_1、B_2、B_3，机架 3 中有 2 个节点 C_1、C_2。节点的配置与上一节的实验相同。

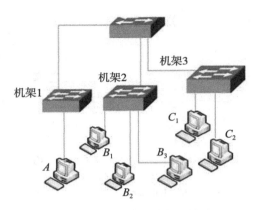

图 6-4　实验环境拓扑图

把节点 A 作为客户端，在其上存储 1.2GB 数据。数据放置的最终结果为：节点 A 上存储一个副本，它的空间使用率为 66.67%，其余 5 个节点存放在另外两个副本，它们的空间使用率分别是 35%、30%、23%、10%、6.7%，如表 6-2 所示。很明显这些节点的存储不均衡。

表 6-2　　　　　　　　　节点的初始数据存储率（存储 1.2GB 数据）

节点编号	总空间大小（GB）	均衡前	
		已使用空间（GB）	空间利用率（%）
A	1.8	1.2	66.67
B_1	2.0	0.7	35
B_2	2.0	0.6	30
B_3	3.0	0.7	23
C_1	2.0	0.2	10
C_2	3.0	0.2	6.7

均衡后，两个算法的实验数据如图 6-5 所示，其中横坐标表示节点编号，纵坐标表示空间使用率。从空间使用率方面比较两个算法，它们的结果基本是一致的；从算法用时方面比较两个算法，Hadoop 算法为 4.02 分钟，本章算法为 3.07 分钟；从负载均衡算法执行的轮次比较，Hadoop 算法共进行了 7 轮均衡，本章算法共进行了 4 轮均衡。很明显本文算法用时更短，算法执行的均衡轮次更从节点 A 上存储 1.7GB 数据，各节点总空间、已用空间、空间使用率如表 6-3 所示。节点 A 上存储第一个副本，节点 A 的空间使用率为

94.44%，其余两个副本分别存储在其他节点上，它们的存储率分别为 45%、45%、33.33%、15%、10%，这些节点的存储不均衡。

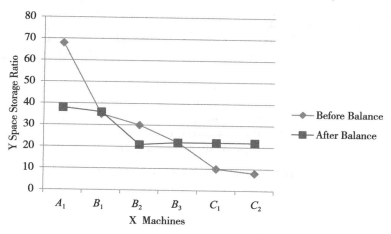

图 6-5　存储 1.2GB 数据的空间使用率

表 6-3		节点的初始数据存储率（存储 1.7G 数据）	
节点编号	总空间大小（GB）	均衡前	
		已使用空间（GB）	空间利用率（%）
A	1.8	1.7	94.44
B_1	2.0	0.9	45
B_2	2.0	0.9	45
B_3	3.0	1	33.33
C_1	2.0	0.3	15
C_2	3.0	0.3	10

　　从空间使用率比较，本章算法均衡后各节点的空间利用率分别为 50%、40%、37.5%、36.67%、32%、33.7%，Hadoop 算法均衡后各节点的空间使用率为 50%、37.5%、37.5%、36.67%、32%、32%；从算法所用时间比较，本章算法为 4.49 分钟，Hadoop 算法为 8.71 分钟；从均衡算法执行的轮次比较，本章算法共进行 6 轮均衡，Hadoop 算法共经过 15 轮均衡算法；结果如图 6-6 所示。存储 1.7GB 数据与存储 1.2GB 数据的结论一致。

　　通过实验可以得出结论，在绝大多数情况下，优化策略确实能够在较短的时间内完成负载均衡。

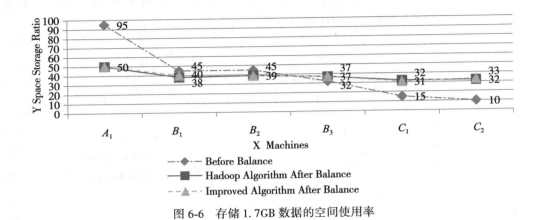

图 6-6　存储 1.7GB 数据的空间使用率

第7章　多因素优化的云存储负载均衡模型

7.1　引言

随着互联网的高速发展与业务量的不断加大，网络的数据访问量快速增长，尤其是大型的门户网站、大型企业网站和数据中心，每天有数千万甚至上亿的访问量。服务器Web、DNS、FTP、SMTP等为访问者提供了越来越多的信息，服务器需要处理的数据越来越多[206]。同时，大部分的网站尤其是电子商务等网站需要服务器提供365×24小时的服务，如果服务出现中断，哪怕只有很短时间，将会造成巨大的经济及名誉损失。因此，应用服务需要具备高可靠性、高扩展性和高可用性。网络用户的不断增多，用户涉及的信息种类也越来越多，文字、图片、音频、视频等信息在网络中广泛应用。服务器需要处理的数据都是海量数据，对于海量数据的存储，只使用单机模式显然无法完成，服务器的处理速度、服务器的内存访问速度都无法适用用户的增长、网络带宽的增长、服务的多样性复杂性。这种情况下，如果单纯提升服务器的硬件水平、提高服务器的性能显然无法解决这个问题。对此问题的解决方案就是用多台服务器构建一个服务器组，即"云"，这种方式成本低，每个服务器的性能都不需要很高，可扩展性好，当需求增加时只需增加服务器个数即可，不会影响已有的性能，同时某台服务器出现故障，不影响整个系统的性能，业务也不会中断。

对于大量用户的业务产生的海量数据必须要进行存储，普通的存储模式是将信息集中存放在特定的服务器中，这种存储方式不适合存放海量数据，服务器的性能将会成为整个系统的瓶颈。对于海量数据，可以将其存储在多个分散的服务器中，存储在"云"中，即采用分布式存储，为了提高可靠性，数据均需存储副本以备服务器出故障时能够恢复。

随着"云"的出现，在"云"中存储数据的问题也出现了，云存储解决了云计算中数据存储的问题。云存储是将云数据中心节点上异构的存储设备集合在一起为网络上的用户提供数据存储的服务。传统的文件存储系统与云存储系统之间有很多不同的地方。在系统采用的结构方面，传统文件系统采用的是数据总线结构，而云存储系统采用的是网络结构，因此传统文件系统比云存储系统中存储速度快、性能更好，网络带宽等网络因素都会影响云存储系统中数据的存储性能。在存储单位方面，传统文件系统的存储单位是文件，而云存储系统的存储单位是文件块。在可靠性方面，传统文件系统采用RAID来实现，而云存储系统采用副本机制来实现，云存储系统中在不同的节点上存放两个或多个副本来实现冗余。

　　云数据存储存在不均衡的现象，其主要原因有：物理节点分布的不均衡、存储资源分布的不均衡、资源访问的热点不均衡、节点配置存在差别等。只有解决了数据存储的负载均衡问题，才能使系统更好地为用户服务。

　　分析前面几章的研究成果，Hadoop 在云数据中心进行负载均衡时，主要是依据机架或节点的存储空间大小这个因素。但实际上除了存储空间影响数据存储的负载均衡，还有许多因素也会对数据存储负载均衡产生影响。假如有两个节点的存储空间及存储的数据量相同，但其中某个节点上的文件访问热度或并发度比较高，很明显这个节点的负载比较大；带宽也会影响节点的负载，带宽大的节点的吞吐量会比较大，它能响应更多用户的请求。所以对于存储负载均衡算法而言，除了存储空间这一个衡量因素，还存在着很多的其他影响因素。本章建立了一个多因素优化的负载均衡模型，该模型综合了文件大小、文件访问时间、文件访问热度、节点性能、带宽等因素确定节点的负载值，根据节点负载的大小确定数据迁移的方式。

7.2　多因素优化的云存储负载均衡模型的思想

7.2.1　评价指标的选取

　　本章在建立负载均衡模型时选用以下因素作为评价指标。

　　（1）文件的访问次数（t）：文件的负载值与被访问的次数成正比关系，被访问次数越多，负载值越大。

　　（2）文件的并发访问数（m）：并发访问次数多的文件的负载值更大。

　　（3）文件的未访问时间（r）：随着文件不被访问时间的增加，它的负载值不断减少。

　　（4）文件大小（l）：文件的负载值与其文件大小成正比关系，文件越大，负载值越大。

　　（5）第 i 次访问文件的时间（d_i）：文件的负载值与文件的被访问的时间长短成正比关系，被访问的时间越长，负载值越大。

　　（6）网络带宽大小（W）：访问的数据量相同时，节点的负载值与网络带宽成反比关系，网络带宽越大，节点的负载值越小。

　　（7）节点的可用存储空间大小（L）：访问的数据量相同时，节点负载值与节点的可用存储空间成反比关系，节点可用空间越大，其负载值越小。

　　（8）节点的 CPU 能力（C）、节点的内存大小（M）：访问同等数据量时，节点的负载与节点的 CPU 能力及节点的内存成反比，节点的性能越好，其负载值越小。

7.2.2　负载值的计算

　　首先计算每个文件的负载值，根据文件大小与平均文件大小计算文件的负载基础值，文件越大则它的负载基础值越大；文件长时间没有被访问，则此文件对该节点的负载影响小，减少此文件的负载值；文件被并发访问的数量越多，则对节点的负载影响越大，提高文件的负载值。

在文件每次被访问时更新文件的负载值，计算文件负载值时考虑的因素有文件大小、文件未被访问时间、文件并发访问数量等。如果一个文件一直未被访问，在每个 T 时刻主动更新文件的负载值，防止长时间不被访问的文件的负载值一直保持不变。

根据服务器节点上各文件的负载值计算节点的负载值。综合考虑内存、CPU、带宽、节点的存储空间等因素，为每个分量定义一系数，需要侧重哪个因素，则把它对应的系数设置较大的值即可。最终得到一个综合多种因素的多因素优化的节点负载值，根据此负载值决定如何进行负载均衡。

7.2.3 相关定义

定义 7-1 服务器 j 上文件 i 的第 t 次被访问时的负载 $e_j(f_i, t)$。

$$e_j(f_i, t) = e_j(f_i, t-l) \times o^r + l_i x(d_{i1} + d_{i2} + \cdots + d_{im})/(l' \times d') \tag{7-1}$$

（1） o 值由用户设定，其值在 0 到 1 之间， r 越大， o^r 越小。

（2） r 为一时间差值，它是第 t 次更新文件负载的时间与第 $(t-1)$ 次更新文件负载的时间的差值。

（3） t 表示第 t 次访问该文件。

（4） j 表示第 j 个服务器。

（5） f_i 表示第 i 个文件。

（6） $e_j(f_i, t)$ 表示在服务器 j 上第 t 次访问文件的负载值。

（7） $e_j(f_i, 0) = 0$，即文件还没被访问时，其负载为 0。

（8）只有当 f_i 文件每次被访问时，才会按照此公式对其负载值进行更新，如果文件没有被访问，不会执行此公式。

（9） $e_j(f_i, t-1) \times o^r$：文件负载值不能无限制增加，相反随着不被访问时间的增长，其负载值应逐渐变小，直到负载值趋近于 0。因此用 $e_j(f_i, t-1) \times o^r$ 公式更新文件负载值，文件两次被访问的时间间隔越长， $e_j(f_i, t-1) \times o^r$ 值越小，即文件负载值变得更小。

（10） $l_i \times (d_{i1} + d_{i2} + \cdots + d_{im})/(l' \times d')$：文件负载值在每次被访问后增大，其增大的值用此公式计算。文件大小越大，并发访问此文件的用户数越大，则文件的负载越大。其中，访问该文件的并发数为 m， d_{ik} 表示对文件 f_i 的第 k 个访问的访问时间， d' 为此节点上全部文件的所有并发访问时间的平均值， l_i 表示 f_i 文件的大小， l' 表示此节点上所有文件的平均大小。利用文件访问时间、文件大小与平均访问时间、文件大小平均值的相对值进行计算。

定义 7-2 长时间不被访问文件在 T 时刻的负载 $e_j(f_i, T)$。

$$e_j(f_i, t) = e_j(f_i, T) = e_j(f_i, T - \Delta t) \times o^{\Delta t} \tag{7-2}$$

（1） Δt：表示更新文件负载的时间间隔。

（2）如文件长时间不被访问，应该每隔一定时间减少它的负载值。此公式的用途是减少长时间不被访问的文件的负载值。每隔 Δt 时间更新一次。更新后的文件负载值作为

文件第 t 次访问（最后一次访问）的负载值。

（3）此公式只用于修正在 Δt 时间内没有被访问的文件，若在此时间内已按照公式（7-1）更新过文件的负载值，则不需要再按照公式（7-2）更新。

定义 7-3 j 服务器节点的总负载 E_j。

$$E_j = \sum_{i=1}^{n} e_j\,(f_i,\ t) \tag{7-3}$$

其中，n 为 j 服务器的文件总数，节点的总负载为此节点上所有文件负载的总和。

定义 7-4 j 服务器节点的相对负载 P_j。

$$P_j = E_j \times \left(\frac{K_w \times W'}{W_j} + \frac{K_1 \times L'}{L_j} + \frac{K_c \times C'}{C_j} + \frac{K_m \times M'}{M_j} \right) \tag{7-4}$$

（1）服务器的相对负载大小与 CPU 能力、内存大小、带宽大小、可用存储空间大小成反比关系。

（2）W' 为所有服务器的平均带宽，为所有服务器的平均内存，L' 为所有服务器的平均可用存储空间，C' 为所有服务器的平均 CPU 处理能力。

（3）C_j 表示第 j 个服务器的 CPU 处理能力，M_j 表示第 j 个服务器的内存大小，根据 CPU 及内存的能力划分等级，公式中使用等级进行计算。C'、M' 根据 C_j 与 M_j 计算，C_j 与 M_j 由管理员根据当前设备的情况给各个设备评分。

（4）W_j 表示第 j 个服务器的带宽，L_j 表示第 j 个服务器的可用存储空间大小。

（5）K_w、K_1、K_c、K_m 分别表示带宽、存储空间、CPU 能力、内存四个决策因子的比例系数，需要考虑哪个因素，只需调整各个系数即可。例如，如果衡量服务器的相对负载时只考虑带宽因素，可以设置 $K_w = 1$，$K_1 = K_c = K_m = 0$；如果重点考虑设备性能，可以设置 $K_w = 0$，$K_1 = K_c = 0.5$，$K_m = 0$。

定义 7-5 阈值 Q，节点的相对负载值与所有节点的平均负载值的差值小于阈值 Q，认为负载均衡。

7.3 基于多因素优化的云存储负载均衡模型的算法描述

模型建立的算法流程如图 7-11 所示，其具体算法描述如下。

输入：文件并发访问数及访问时间，各服务器带宽、存储空间、CPU 能力、内存平均值，$K_w + K_i + K_c + K_m$ 的值，设定的 r 及 Δt 值。

输出：无

算法伪语言描述如下。

（1）计算各服务器的相对负载 P_i 及所有服务器的总平均负载 P'。

（2）创建两个队列 Q、S，队列 Q 按降序排列，其中存放的节点的相对负载大于平均负载与阈值之和，队列 S 按升序排列，其中存放的节点的相对负载小于平均负载与阈值之差。

（3）在队列 Q 中顺次取第一个服务器节点，假设为 k。把 k 中的文件按照负载值大小

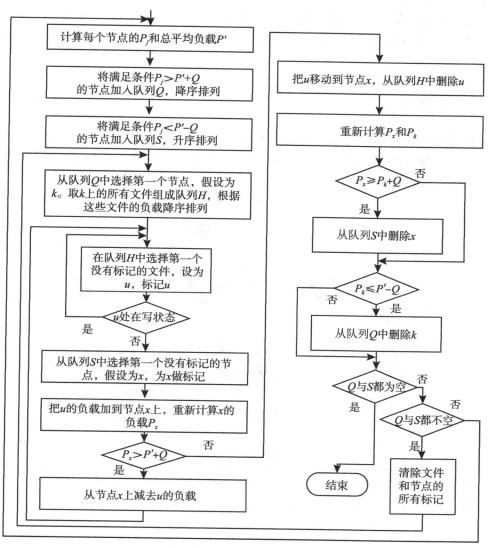

图 7-1 多因素优化的负载均衡模型的流程图

降序排列,构成队列 H。

(4) 从队列 H 中顺次取第一个文件,假设为 u,如果文件 u 处于写状态,则从队列 H 中重新顺次选择。

(5) 从队列 S 中顺次取第一个服务器节点,假设为 x。

(6) 如果文件 U 的负载累加到节点 x 上,使得 $P_x \geqslant P'+Q$,转步骤 (4) 重新选取文件。

(7) 文件 u 迁移到服务器节点 x 上,从 H 中删除文件 u,重新计算服务器 k 及 x 的负载。

①如果 k 的负载小于平均负载与阈值 Q 之和，从队列 Q 中删除 k，重新排序 Q；

②如果 x 的负载大于平均负载与阈值 Q 之差，从队列 S 中删除 x，重新排序 S；

③若队列 Q、S 都不为空，转步骤（3）；若队列 Q、S 全为空，算法结束；否则转步骤（1）继续执行。

7.4　实验分析

实验环境如图 7-2 所示，其中包括机架 A、机架 B、机架 C 3 个机架；机架 A 中有 1 个节点 A_1，机架 B 中包含 B_1、B_2、B_3 3 个节点，机架 C 中包含 C_1、C_2 2 个节点。这 6 个节点的具体配置如表 7-1 所示。

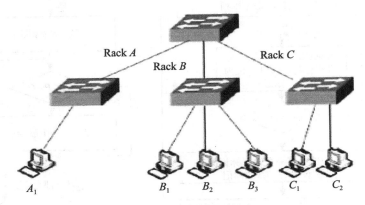

图 7-2　实验环境拓扑图

表 7-1　　　　　　　　　　　　　　　　**节点的初始配置**

节点	CPU（GB）	内存（GB）	操作系统	硬盘空间大小（GB）	带宽（MB）
A_1	1.3	2	Ubuntu 10.04	4	10
B_1	1.3	2	Ubuntu 10.04	4	100
B_2	2.0	4	Ubuntu 10.04	4	100
B_3	3.2	4	Ubuntu 10.04	4	100
C_1	1.3	2	Ubuntu 10.04	4	10
C_2	2.0	4	Ubuntu 10.04	4	10

根据表 7-1 中各节点的硬件配置，各节点的内存评分为 3、3、4、4、3、4，CPU 的评分为 3、3、4、5、3、4，K_w、K_l、K_c、K_m 的值分别是 0.4、0、0.3、0.3。

选择节点 A_1 作为客户端，从 A_1 上存储数据，分别存储 1MB、2MB、3MB、5MB、10MB、15MB、20MB、30MB、40MB、50MB、200MB、500MB、1GB 大小的文件，具体文件个数如表 7-2 所示，存储之后各个节点的空间使用情况如表 7-3 所示。

表 7-2　　　　　　　　　　　　文件大小、个数表

文件大小	文件个数
1MB	100
2MB	100
3MB	100
5MB	100
10MB	100
15MB	10
20MB	10
30MB	10
40MB	10
50MB	10
200MB	4
500MB	2
1GB	2

表 7-3　　　　　　　　　　　　原始空间使用率

节点	存储空间（GB）	均衡前	
		已使用空间（GB）	空间利用率（%）
A_1	8.0	7.48	93.5
B_1	8.0	4.06	50.75
B_2	8.0	4.08	51
B_3	8.0	4.02	50.25
C_1	8.0	1.26	15.75
C_2	8.0	1.24	15.5

在客户端节点 A_1 上存储一个副本，剩余两个副本存储在其余节点上，从表 7-3 中可以看出，各个节点的存储负载显然是不均衡的。在节点 C_1 上进行测试，分别读取各种大小的文件，文件个数大于 5 的文件均各读取 5 个，其响应时间如图 7-3 至图 7-6 所示。在

117

这四个图中，加菱形的折线为负载平衡前的响应时间折线图，加方框的折线为使用 Hadoop 算法进行负载均衡后的响应时间折线图，加三角的折线为本章算法进行负载均衡后的响应时间折线图；纵坐标代表的是读取文件的响应时间，单位为秒；横坐标表示的是访问的哪个文件，文件的编号规则为 F1M1 至 F1M5 代表 1MB 的文件、F2M1 至 F2M5 代表 2MB 的文件、F3M1 至 F3M5 代表 3MB 的文件，依此类推。

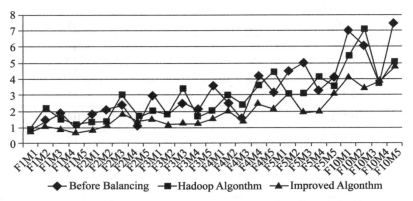

图 7-3　读取 1MB、2MB、3MB、5MB、10MB 文件的响应时间

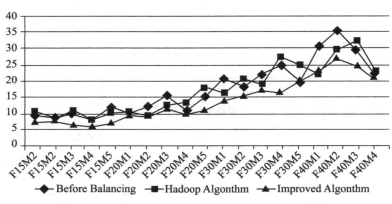

图 7-4　读取 15MB、20MB、30MB、40MB 文件的响应时间

观察这几个实验结果图，读取各个文件的响应时间长短不一，而且这个时间并不是完全与文件大小相关，也就是说不是所有的大文件的响应时间长，小文件的响应时间短。例如 F1M3 与 F2M1 这两个文件比较，显然前者文件小，但它用的响应时间更长；再如比较 F5M4 和 F10M1，显然后者文件大，但它用的响应时间反而更短；除此之外，还有更多的文件也存在着这种情况。因此，可以得出结论，读取文件的响应时间不是单纯的只与文件大小相关。这些文件存放在 6 个节点上，从 C_1 节点读取，每个节点的性能、带宽以及文件的活跃程度都会影响访问时间。

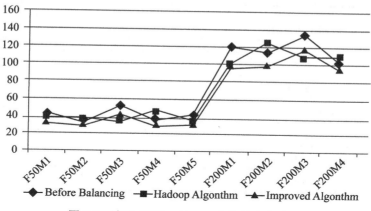

图 7-5 读取 50MB、200MB 文件的响应时间

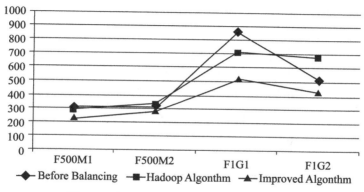

图 7-6 读取 500MB、1GB 文件的响应时间

利用 Hadoop 的负载均衡算法及本章的算法进行负载均衡实验,实验结束后各个节点的存储空间利用率如表 7-4、表 7-5 所示。Hadoop 算法均衡后节点的空间利用率分别为 51.5%、51.5%、51.25%、51.5%、35.5%、35.5%;本章算法均衡后空间利用率分别为 36.25%、42.5%、55%、59.75%、33.75%、49.5%。从空间利用率这方面分析,显然无论 Hadoop 的均衡算法还是本章的算法均使得这几个节点的存储负载达到了均衡。从响应时间这方面分析,仍然从 C_1 节点上访问各种大小的文件,每种文件各读取 5 个,时间结果如图 7-3 至图 7-6 中的加方框的折线和加三角的折线。从图中看出,对于 Hadoop 算法,负载均衡前后读取各文件的响应时间差别不大,仍然存在很多小文件用时长、大文件用时短的情况;但经过本章的算法负载均衡后,能够使得小文件的响应时间短,大文件的响应时间长,同样大小的文件响应时间也比较接近。这就说明了本章算法在做负载均衡时不只是对存储空间进行均衡,还对文件大小、节点性能、带宽等方面进行了均衡,才能使得文件的响应时间趋于一致。

表 7-4   **Hadoop 算法均衡后的空间使用率**

节点	存储空间（GB）	Hadoop 算法均衡后	
		已使用空间（GB）	空间利用率（%）
A_1	8.0	4.12	51.5
B_1	8.0	4.12	51.5
B_2	8.0	4.1	51.25
B_3	8.0	4.12	51.5
C_1	8.0	2.84	35.5
C_2	8.0	2.84	35.5

表 7-5   **本章算法均衡后空间使用率**

节点	存储空间（GB）	本章算法均衡后	
		已使用空间（GB）	空间利用率（%）
A_1	8.0	2.9	36.25
B_1	8.0	3.4	42.5
B_2	8.0	4.4	55
B_3	8.0	4.78	59.75
C_1	8.0	2.7	33.75
C_2	8.0	3.96	49.5

　　从空间使用率方面比较 Hadoop 算法与本章算法，虽然两个算法都能使得存储空间趋于均衡，但 Hadoop 算法使得存储的负载较均衡。从响应时间方面比较，Hadoop 算法和本章算法，显然本章的算法对文件大小、文件活跃度、节点性能等方面进行了综合，使得负载值不再单纯依赖存储空间这一个因素，响应时间更快更均衡。本章提出的算法模型最终不仅仅实现了节点间存储空间的负载均衡，文件响应时间也更均衡，实现了用多因素综合评价负载值。

第8章 基于动态副本技术的负载均衡策略

8.1 引言

副本技术就是复制数据块成多份，然后在不同的服务器节点上存储这些复制数据块，冗余的副本能够提高系统的可靠性，实现系统的负载均衡，提高系统的访问速率。

云存储系统中的数据存储在服务器上，这些服务器一般都是廉价的 PC 机，可靠性比较差，服务器在运行过程中不可避免地会出现失效的情形，比如停电、服务器损坏、病毒入侵等，此时将造成数据丢失或损坏，如果仅仅依靠提高服务器的性能显然无法根本解决这些问题。要根本解决服务器失效引起数据丢失损坏的问题必须通过数据冗余的方案，即为数据存储副本，如果节点失效引起数据丢失，数据的副本就能恢复原始数据，保证系统的可靠性。

副本技术是提高系统负载均衡的重要手段之一[207]。如果一个数据块没有副本，所有对该数据块的访问将在存储该数据块的节点上进行，随着访问量的增加，该节点的负载会越来越大。如果数据块存在多个副本，同样的访问量将能分散到不同的节点上，从而分散了节点的负载，实现了系统的负载均衡。由于数据块存在多个副本，需要访问时可以选择就近的副本进行访问，提高了系统的访问速率，减少了通信开销。

副本管理策略包括动态副本管理策略及静态副本管理策略。动态副本策略根据系统运行的存储空间、节点的性能、用户的需求、带宽等实际情况动态地创建副本或者删除副本[208-211]。对于副本的操作包括副本调整、副本创建、副本删除、副本一致性等问题。相反的，静态副本管理策略中的副本数量及副本位置只是在初始时创建，之后一直保持不变。显然静态管理策略实现简单，适用于资源环境稳定的情况，对于负载变化的环境适用性不好。

使用动态副本管理策略能够解决系统的负载均衡问题，在动态管理过程中一般涉及以下问题。

（1）副本数量。对于整个系统，副本数量越多，数据的可用性、可靠性都会提高，但副本数量增多会占用更多的存储空间，增加存储成本，因此，合理地确定副本数量是副本动态管理策略要解决的问题之一。当文件访问过多，应该增加副本数量；反之，当文件访问过少，应该减少副本数量。目前大多数云计算系统默认采用的副本数量为 3。

（2）副本创建。副本创建主要解决副本创建的时机及副本放置的位置问题。对于文件来说，什么时候需要增加副本是需要确定的一个问题，如果过早地创建副本，导致存储空间浪费，创建的副本没有用处；如果延迟了创建副本的时机，将会造成该文件成为热点文件，加重服务器的负载负担。副本放置的位置也是需要确定的一个问题。如果把副本放置在离访问它的热点区域较远的位置，势必增加网络的负担及通信开销；副本之间如果距离相距越远，进行一致性维护的代价就越大。文献［212］对于副本位置的确定除了考虑访问此文件的节点所在的区域，还考虑放置的服务器的存储性能、维护费用等因素。

（3）副本删除。为了提升系统空间的使用率，必须进行副本删除。一般情况下，副本数量过多或者长时间没有被访问的副本可以被删除。

（4）副本一致性。系统中的多个副本必须保证一致性，这样才能保证文件的正确性。因此在进行副本创建时必须考虑副本一致性维护的代价。

本章将从以上几个问题出发，提出一个基于动态副本技术的负载均衡策略，通过动态调整副本数量、创建副本、删除副本实现系统的负载均衡。

8.2　基于文件热度的动态副本策略的原理

8.2.1　文件的热度定义

文件热度即文件被访问的频率，文件被访问的次数越多，文件热度越大。对于存储该文件的节点来说，文件访问的热度高将使得此节点的负载增大，此时可以在其他节点增加此文件的副本，通过副本的引入分担负载重的节点的负载。使用文件被访问的历史次数评价文件的访问热度。

定义 8-1　时间队列 $T=\{t_1, t_2, \cdots, t_N\}$

其中 M 表示第 i 个时间周期。

定义 8-2　文件历史访问次数集合 H

$$H=\begin{bmatrix} H_{f_1}^1 & H_{f_1}^2 & \cdots & H_{f_1}^N \\ H_{f_2}^1 & H_{f_2}^2 & \cdots & H_{f_2}^N \\ H_{f_m}^1 & H_{f_m}^2 & \cdots & H_{f_m}^N \end{bmatrix}$$

集合 H 记录每个周期内的各文件的访问历史次数，其中 $H_{f_i}^i$ 表示文件 f_j 在 t_i 个时间周期的访问次数。

定义 8-3　文件 f_j 的热度 $H(f_j)$

$$H(f_j)=\sum_{t=1}^N 2^{-(N-t+1)}H_{f_j}^t \tag{8-1}$$

公式中文件访问次数的系数成指数级增加，越近的访问次数的系数越大，以此保证越近的访问记录对文件热度的贡献越大。文件访问次数的所有系数是一个收敛数列 $\dfrac{1}{2}$，$\dfrac{1}{4}$，$\dfrac{1}{8}$，$\cdots$，显然该数列收敛于 1，即 $\lim\limits_{n\to\infty}\left(\sum\limits_{i=1}^n \left(\dfrac{1}{2}\right)^i\right)=1$，符合权重的定义方法。

8.2.2 副本的选择及副本个数的确定

假如某个服务器上存在的热点文件比较多，则此服务器负载必然重，此时可以在其他负载较轻的服务器上增加热点文件的副本，将用户的访问重新分配到这些服务器，从而分散热点文件的访问，缓解热点文件所在的服务器的压力。增加副本时必须考虑副本数量的问题，副本越多，将占用更多的存储空间，同时在复制过程中将占用更多的带宽等资源；副本数量不够将不能更好地缓解服务器的压力。因此，在进行副本复制时要首先考虑选择哪个副本及复制多少个副本的问题。

Rabinovich 等人提出，在存储系统中，数据被访问的概率呈类 Zipf 分布，即 20% 的文件将有 80% 的访问频率，这 20% 的文件就是热点文件[213]。根据这个理论，本章在选择要创建副本的文件时，认为访问频率排在后面的文件不是热点文件，仅考虑文件热度排在前 30% 的文件。

副本个数是否增加不仅取决于此文件的访问热度，而且还要考虑访问此文件的访问距离。如果所有的访问都来自存储此文件的本地节点，则不需要增加副本，此时若在其他节点上增加副本，反而跨节点或者跨机架访问新复制的副本时，占用了更多的网络资源。因此，本章在对副本进行选择时引入了访问距离、文件访问代价等概念，根据文件访问代价确定是否要增加副本，根据文件访问热度确定增加的副本个数。

定义 8-4 热点文件集合 $F = \{f_1, f_2, \cdots, f_n\}$

F 中存放文件热度排在前 30% 的文件，其中 f_i 表示第 i 个文件，F 按照文件热度值的大小降序排列。

定义 8-5 访问距离 $d_i^{f_k}$

$d_i^{f_k}$ 为用户第 i 次访问 f_k 文件的访问距离，如果用户与文件在同一个服务器节点上，$d_i^{f_k}$ 的值为 0；如果在同一机架上，$d_i^{f_k}$ 的值为 1；如果在不同的机架上，$d_i^{f_k}$ 的值为它们跨机架的个数。

定义 8-6 文件 f_k 第 t 个时间周期访问代价 $\mathrm{cost}_{f_k}^t$

$$\mathrm{cost}_{f_k}^t = \sum_{i=1}^{H_{f_i}} d_i^{f_k} \tag{8-2}$$

其中，表示文件 H_{f_i} 在第 t 个时间周期的访问次数。访问代价主要衡量用户访问此文件的距离，距离越远访问代价越高，如果用户与文件在同一个节点，则访问代价为 0。第 t 个时间周期的访问代价即统计这个周期内，用户对文件的每次访问的访问距离之和。

定义 8-7 文件 f_k 在 N 个时间周期的总访问代价 cost_{f_k}

$$\mathrm{cost}_{f_k} = \sum_{t=1}^{N} \mathrm{cost}_{f_k}^t \tag{8-3}$$

文件 f_k 的总代价为此文件在 N 个时间周期的访问代价之和。

定义 8-8 文件平均访问代价

$$\overline{\text{cost}} = \frac{\sum\limits_{k=1}^{m} \text{cost}_{f_k}}{m} \qquad (8\text{-}4)$$

文件总个数为 m，文件平均访问代价为这 m 个文件总访问代价的平均值。

对于集合 F 中的文件 f_k，如果 cost_{f_k} 大于 $\overline{\text{cost}}$，说明此文件的访问代价比所有文件的平均访问代价大，并且这个文件访问热度排在所有文件的前 30%，则要为文件 f_k 增加副本。

定义 8-9 文件 f_k 副本数量 Q_k

$$Q_k = \begin{cases} 3, & \text{其余情况，至少 3 个副本} \\ 3 \times \left[\dfrac{H(f_k)}{\overline{H}}\right], & \text{cost}_{f_k} > \overline{\text{cost}}, \ \text{且} f_k \in F \end{cases} \qquad (8\text{-}5)$$

其中 $\overline{H} = \sum\limits_{i=1}^{m} H(f_i)/m$ 为所有文件的平均文件热度，m 为文件个数。每个文件的最小副本数为 3，当文件 f_k 的访问代价比平均访问代价小，保持最小副本数；当 f_k 的访问代价大于平均访问代价时，增加副本数量。

8.2.3 副本位置的确定

8.2.2 节确定了文件副本的个数，下一步必须确定副本放置的位置。在寻找副本放置的节点位置时首先必须遵循的原则为以下几点。

（1）该节点上存储该文件的副本数为 0，即不允许一个节点上存放文件的副本超过 1 个，这样更好地保证冗余性。

（2）某个机架对文件的访问频率高，应该在此机架增加副本。

（3）增加副本的机架及节点具有足够的存储空间。

（4）机架的可用空间越大，越具有优势接收存放更多的副本。

（5）副本复制到机架的通信带宽越大越好，这样更有利于副本的传输复制。

（6）降低副本复制后的一致性维护成本，如果副本相距比较远，一致性维护的费用会比较大，因此，副本的距离越近越好。

定义 8-10 文件 f_k 在机架 s 的副本位置的价值 $V_s^{f_k}$

$$V_s^{f_k} = \frac{H_s(f_k)}{\sum\limits_{i=1}^{l} H_i(f_k)} \times w_1 + \frac{S_s}{\sum\limits_{i=1}^{l} S_i} \times w_2 + \frac{B_s}{\sum\limits_{i=1}^{l} B_i} \times w_3 - \frac{\text{dis}_s}{\sum\limits_{i=1}^{l} \text{dis}_i} \times w_4 \qquad (8\text{-}6)$$

其中，$H_s(f_k)$ 表示文件 f_k 在机架 s 的总访问热度，计算时只计算机架 s 对于文件的访问的次数；S_s 表示第 S 个机架的可用空间；B_s 表示第 s 个机架的带宽；dis_s 表示第 s 个机架距离文件 f_k 的距离，l 为机架的个数。

计算副本位置代价值时，综合考虑了文件的访问频度、机架的可用空间大小、机架的带宽及机架距离访问文件的距离等几个因素，每个因素的权值分别为 w_1、w_2、w_3、w_4，$w_1+w_2+w_3+w_4=1$，如果要重点考察哪个因素，只需给它赋予更大的权值即可。按照权值由大到小对机架进行排列得到集合 $R = \{R_1, R_2, \cdots, R_i\}$。依次从集合中取值 R_i，在机架 i 上增加副本，假设增加的个数为 M_i。

对于副本数目大于 3 的文件 f_k，机架 i 上增加文件 f_k 的副本个数取决于机架 i 上的此文件的副本位置代价与所有机架上的此文件的副本位置代价的比值，按照公式（8-7）计算。如果计算出机架上应增加的副本个数为 0 且这个机架为集合 R 中的第一个，即为 R_1，则设定 M_1 为 1；对于第 i 个机架，如果按照（*）式子计算 M_1 为 0，且已增加的副本数小于需要的副本总数，则令 M_1 为 1。

定义 8-11 机架 i 上增加副本个数 M_i

$$
M_i = \begin{cases} \left[(Q_k - 3) \times \dfrac{V_i^{f_k}}{\displaystyle\sum_{j=1}^{l} V_j^{f_k}} \right], & (*) \\[2em] 1, & \text{若按}(*)\text{式计算 } M_i = 0, \text{且} \displaystyle\sum_{j=1}^{i-1} M_j < Q_k - 3 \\ & \text{或 } i = 1, \text{且按}(*)\text{式计算 } M_1 = 0 \end{cases}
\tag{8-7}
$$

确定了第 i 个机架应复制副本的个数，则在此机架选择节点放置副本。把机架 i 上的节点按照文件 f_k 的访问热度降序排序，顺次从这些节点选择，如果此节点已经存储文件 f_k，则继续选择下一个节点，如果节点上没有文件 f_k，则在此节点放置一个副本。

8.2.4 副本的删除的策略

文件的副本不能单纯地增加，这样将会导致节点的存储空间越来越小，因此要定期地删除文件副本，释放节点的存储空间。删除副本要确定删除哪个文件、删除几个副本及删除哪些副本这几方面的问题。

1. 删除文件的选择

文件副本的最小个数为 3，因此只需判断副本个数大于 3 的文件。对于文件 f_i，假设其实际副本个数为 p_i。

$$
m_i = \left[\frac{H(f_i)}{\bar{H}} \right] \times 3
\tag{8-8}
$$

若 p_i 大于 m_i，则说明此文件副本过多，删除此文件的副本。

2. 删除副本的个数

m_i 是在 5.3.2 节中确定的文件 f 需要具有的副本的个数，p_i 是目前文件 f 实际具有的副本的个数，因此待删除副本的个数按照以下公式计算，设其为 del_i。

定义 8-12 删除副本个数 del_i

$$
\mathrm{del}_i = p_i - m_i
\tag{8-9}
$$

3. 删除副本的选择

选择删除的副本时，需要考虑的因素包括以下几点。

（1）副本访问次数少，则删除此副本。

（2）副本一致性维护成本高，则删除此副本。

（3）副本所在节点剩余空间小，则删除此节点上的副本。

（4）副本所在节点带宽小，则删除此节点上的副本。

（5）副本长时间不被访问，则删除此副本。

（6）删除副本后，剩下的副本不能都存储在同一个机架上。

定义 8-13　文件 f_i 第 j 个副本的删除代价为 dc_j

$$dc_j = w_1 \times \frac{H(f_i^j)}{\sum\limits_{x=1}^{k} H(f_i^x)} + w_2 \times \frac{S_j}{\sum\limits_{x=1}^{k} S_x} + w_3 \times \frac{B_j}{\sum\limits_{x=1}^{k} B_x} - w_4 \times \frac{dis_j}{\sum\limits_{x=1}^{k} dis_x} - w_5 \times \frac{t_j^{no}}{\sum\limits_{x=1}^{k} t_x^{no}}$$

$$(8\text{-}10)$$

设文件 f_i 有 k 个副本 f_{i_1}，f_{i_2}，$\cdots$，f_{i_k}，其中，$H(f_i^j)$ 是文件 f_i 第 j 个副本的访问频度，S_j 是第 j 个副本所在节点的剩余存储空间，B_j 是第 j 个副本所在节点的带宽，dis_j 是第 j 个副本距离源文件的距离，利用此距离衡量一致性维护成本，t_j^{no} 为第 j 个副本从最后一次被访问到现在的时间。其中，w_1、w_2、w_3、w_4、w_5 是每个因素的权值，$w_1+w_2+w_3+w_4+w_5 = 1$，如果要重点考虑某个因素，只需给它赋予更大的权值即可。

按照副本的删除代价升序对这 k 个副本进行排序，选择前 del_i 个副本进行删除，并且删除时要保证剩余的副本至少存储在两个及两个以上机架上。

8.3　基于文件热度的动态副本策略的算法描述

8.3.1　增加副本的算法描述

算法输入：各个文件的每个时间周期的访问次数，各文件每次访问的访问距离，各机架的可用空间、带宽、相对于文件的访问距离，w_1、w_2、w_3、w_4 的值。

算法输出：无。

算法伪语言描述如下。

（1）每隔一个时间周期更新文件访问记录集合 H，记录用户对每个文件的访问记录。

（2）对每个文件计算文件热度。

（3）取文件热度排名前 30% 的文件构造热点文件集合 F。

（4）根据公式（8-3）及公式（8-4）计算每个文件的总访问代价，即所有文件的平均访问代价。

（5）取集合 F 中的第一个文件，并从集合 F 中删除。

（6）判断此文件的总访问代价与平均访问代价关系：

①若前者大，按照公式（8-5）计算增加副本的数量，转步骤（7）；

②若后者大，转步骤（5）。

（7）设定公式（8-6）中各权值的值，根据公式（8-6）计算此文件在所有机架的副本位置代价值，创建集合 R。

（8）从集合 R 中顺次选取机架，根据公式（8-7）确定这个文件在此机架的副本个数，把机架 i 上的节点按照文件 f_k 的访问热度降序排序，顺次从这些节点选择，如果此节点已经存储文件 f_k，则继续选择下一个节点，如果节点上没有文件 f_k，则在此节点放置一个副本。

（9）判断文件副本个数是否已达到预期个数，如果已经达到，转步骤（10）；否则转步骤（8）。

（10）判断集合 F 是否为空，若为空，算法结束；否则转步骤（5）。

8.3.2 删除副本的算法描述

算法输入：各个文件的每个时间周期的访问次数，各机架的可用空间、带宽、相对于文件的访问距离，w_1、w_2、w_3、w_4、w_5 的值，各文件不被访问的时间，各文件实际的副本个数。

算法输出：无 。

算法伪语言描述如下。

（1）每隔一个时间周期，选择副本个数大于 3 的文件构成待删除文件集合 DF。

（2）若 DF 为空，算法结束；否则在 DF 中选择一个文件，并从 DF 中删除此文件，按照公式（8-8）计算预期副本个数，并与实际副本个数比较。若后者大，转步骤（3）；若前者大，转步骤（2）。

（3）按照公式（8-9）计算应该删除的副本个数。

（4）确定公式（8-10）各权值的值。

对每个副本按照公式（8-10）计算删除代价，并按照删除代价升序排列这些副本形成集合 RF。

（5）根据步骤（3）计算的删除副本个数，从 RF 中顺次选取删除副本，若删除此副本后，剩余的副本均存储于同一个机架，则重新选取副本。处理完转步骤（2）。

8.4 实验分析

实验环境包括 4 个机架，各个机架的访问距离及包含的节点个数如表 8-1 所示。共有 1 个 NameNode 节点及 15 个 DataNode 节点，每个节点的 CPU 配置为 Intel 双核 2.0GHZ，内存 2GB。因为算法要考虑节点的存储空间及带宽，因此把各个节点的这两个值配置为不同值。机架 1、2 的带宽为 100MB，机架 3、4 的带宽为 500MB。其中 2 个节点的硬盘空间为 1TB，5 个节点的硬盘空间为 500GB，其余的节点硬盘空间为 200GB。每个节点随机存储一些文件，这些文件的大小分别为 512MB、1024MB、2GB，初始每个文件存储 3 个副本。存储之后统计每个节点的硬盘使用率如表 8-2 所示。

表 8-1　　　　　　　　　　　　　机架距离及节点数

	机架 1	机架 2	机架 3	机架 4	节点数
机架 1	0	1	2	3	5（包含 NameNode）
机架 2	1	0	1	2	2
机架 3	2	1	0	1	5
机架 4	3	2	1	0	4

表 8-2　　　　　　　　　　　　　各节点存储空间利用率

节　点	空间利用率	所属机架
节点 1	52%	1
节点 2	71%	1
节点 3	58%	1
节点 4	78%	1
节点 5	11%	2
节点 6	21%	2
节点 7	20%	3
节点 8	46%	3
节点 9	25%	3
节点 10	32%	3
节点 11	25%	3
节点 12	82%	4
节点 13	45%	4
节点 14	53%	4
节点 15	61%	4

实验比较 HDFS 默认的 3 个副本的算法（简称 H 算法）、只考虑文件访问热度不考虑其余因素的多副本算法（简称 D 算法）以及本书提出的考虑多因素的算法（简称 T 算法），分别从创建的副本个数、读取文件的时间、增加副本后节点的文件访问量的标准差、节点的存储空间、用户的访问距离等几个方面对三个算法进行比较。

1. 副本个数

选择 20 个时间周期观测副本的个数，随着时间的推移，前 15 个时间周期不断增加观测文件的访问次数，后 5 个时间周期减少观测文件的访问次数。为了使结果更具有代表性，不能单靠一个文件的副本数量进行实验验证。因此选取其中 3 个 1024MB 的文件、3 个 512MB 的文件、3 个 2GB 的文件，观测它们的副本个数的平均值，结果如图 8-1 所示。

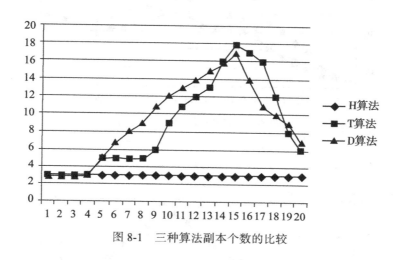

图 8-1　三种算法副本个数的比较

图 8-1 中的横坐标表示第几个时间周期，纵坐标表示副本的个数。H 算法的副本个数总是 3 个，D 算法和 T 算法随着访问次数的增加副本个数增加，随着访问次数减少副本个数减少。尽管两种算法均是根据访问次数的大小改变副本个数，但由于 D 算法只考虑访问次数一个因素，只要访问次数增加，副本个数即增加，因此，随着访问次数增加副本数呈阶梯状增加，随着访问次数减少副本个数也随即减少。但 T 算法在第 5 至第 8 个时间周期副本增加得不明显，这是由于实验中增加文件的访问次数大多增长在同一个机架或者同一个节点内，对于 T 算法来说，这种在同一个节点的或者同一个机架的访问次数的增加并不增加文件的代价，因此，副本个数不增加。同理减少访问次数的第 16、17 个时间周期，副本个数也减少得不明显，这是由于减少的副本访问次数均在同一个机架或同一个节点上。从此实验结果得出结论，本书提出的 T 算法在创建副本时不仅仅单纯依靠副本的访问次数，访问距离也会影响副本的创建，在副本所在节点或所在机架上增加访问次数不会引起副本个数明显的改变，节省了存储空间，减少了系统创建副本的代价。

2. 文件的读取时间

分别选择一个 512MB 的文件、一个 1024MB 的文件，观测这些文件的读取时间，以最后一个完成读取的时间计算。选择 20 个时间周期，前 15 个时间周期不断增加文件的访问次数，后 5 个时间周期减少文件的访问次数。实验结果如图 8-2、图 8-3 所示。

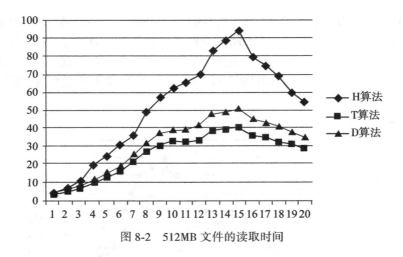

图 8-2　512MB 文件的读取时间

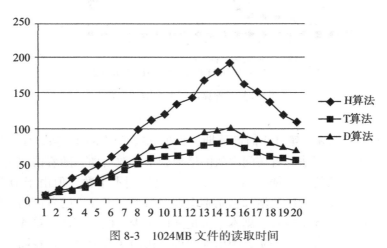

图 8-3　1024MB 文件的读取时间

在图 8-2 中，纵坐标的单位为秒，表示访问文件使用的时间；横坐标表示第几个时间
周期。观察这个图，三种算法均随着访问次数增加访问时间增加，随着访问次数减少访问
时间减少。H 算法的用时最长，这是因为 H 算法的副本个数固定，访问次数越多响应时
间越长；T 算法用时最短，这是因为 T 算法副本位置放置的时候考虑了带宽及距离等因
素，相应地缩短了访问时间。

对于 1024MB 的文件，得出的结论与 512MB 的文件基本相同，结果如图 8-3 所示。从
这两个实验可以得出结论，本书的 T 算法由于在放置副本时综合了带宽、访问距离等因
素，缩短了文件的访问时间，提升了用户访问的效率。

3. 增加副本后节点的文件访问量的标准差

选择机架 1 中的某个节点 M 上的 512MB 的文件 f 作为实验对象，其余文件的访问量不变，逐渐增大 f 的访问量后再逐渐减少 f 的访问量，观察 M 上的此 f 文件副本的访问量与所有文件访问量的标准差值，如图 8-4 所示。

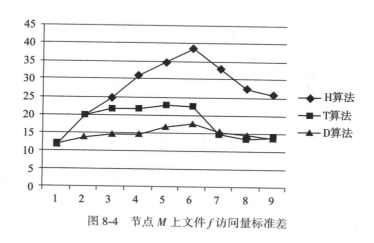

图 8-4　节点 M 上文件 f 访问量标准差

图 8-4 中的横坐标表示观测的时间周期值，纵坐标表示访问量标准差百分比，第一个时间周期为初始标准差值，一共观测 9 个时间周期，第 2 个到第 6 个时间周期，不断增大文件 f 的访问量，第 7 个到第 9 个时间周期，不断减少文件 f 的访问量。从图 8-4 中可以看出 H 算法的访问量标准差随着访问量的增加不断增大，随着访问量的减少不断减少，这是因为 H 算法的副本个数固定，不能把用户的访问分摊到其他更多的节点上。

当文件访问量增加时，D 算法的中文件 f 的访问量增大并不是很多，同样文件访问量减少时，文件 f 的访问量变化也不是特别明显，这是因为 D 算法会随着访问量的增大增加副本个数，分摊此副本的访问量，使得 f 文件的访问量变化不是特别明显。

T 算法同样也利用副本个数的增加分摊访问量，但在第 2 个时间周期，访问量标准差却增大较多，这是因为实验测试时，在第 2 个时间周期增大的访问均来自节点 M，对于 T 算法，如果访问的用户与文件在一个节点不增加访问代价，不会增加副本，因此，这个节点上文件 f 访问量有所增大。对于用户与文件在同一个节点上的情形，如果把副本增加到其他节点上，反而访问这个副本时需要占用更多的网络资源，这样的策略不但减少了副本增加的个数，而且节省了网络资源及存储资源。

4. 节点的存储空间

为了测试节点的存储空间在确定副本位置时的作用，公式（8-6）中 w_1 设定为 0.7，w_2 设定为 0.3，w_3 和 w_4 均设置为 0，即只考虑文件访问热度与机架可用空间两个因素。从初始配置看，机架 1 的剩余空间最少，因此观测机架 1 的空间使用情况，实验结果如图

8-5所示。

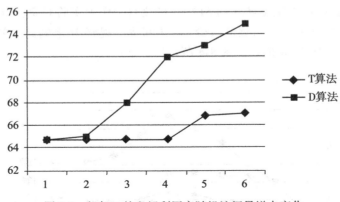

图 8-5　机架 1 的空间利用率随机访问量增大变化

图 8-5 中的横坐标表示时间周期值，一共观察 6 个周期，纵坐标表示机架 1 的空间利用率，第 1 个时间周期是此机架的初始空间利用率。本实验没有对 H 算法进行测试，因为 H 算法不创建副本。D 算法中机架 1 随文件访问量的增大，空间使用情况不断增大，因为在 D 算法中副本的创建位置是随机的，尽管机架 1 的空间利用率比较大，仍然继续在此机架上创建副本。T 算法中第 2 个到第 4 个时间周期，机架 1 的空间利用率都没有变化，因为计算总代价时只考虑文件频度及剩余空间两个因素，在这几个时间周期增加的文件访问均来自机架 2、机架 3、机架 4，利用公式（8-6）计算总代价，机架 1 最低，副本不会放置在此机架上。第 5 个时间周期，机架 1 的空间利用率增大，因为在第 5 个时间周期，把所有对文件的访问都从机架 1 上发起，机架 1 的总代价最大，副本创建在机架 1 上。

从此实验可以得出结论，T 算法在创建副本时确实考虑了机架的存储空间，能够避免把副本存储在空间利用率高的机架上，实现机架间的存储负载均衡。但如果对副本的访问均来自空间利用率高的机架，为了节省网络资源，人们也会选择在利用率高的机架上存储副本。对其余参数的实验也能得出同样的结论，本书算法能将副本优先创建在带宽较大及一致性维护成本较低的节点上。

5. 删除副本后的文件访问时间

本实验重点测试删除副本的算法，采用 T 算法和 D 算法删除 5 个文件的副本，删除后观察访问这 5 个文件的访问时间，实验结果如图 8-6 所示。公式（8-10）中 w_1 为 0.45、w_2 为 0.1、w_3 为 0.45，w_4 和 w_5 均为 0。

在图 8-6 中，横坐标表示文件，一共 5 个文件，纵坐标表示访问时间，单位为秒。从图 8-6 中可以看到 T 算法的文件访问时间均小于 D 算法。这是因为 T 算法在进行副本删除时主要删除最近不被访问或访问频度小的副本，而 D 算法采用的策略是随机删除，有可能删掉了访问量比较大的副本，造成了对副本进行访问时访问时间有所延长。

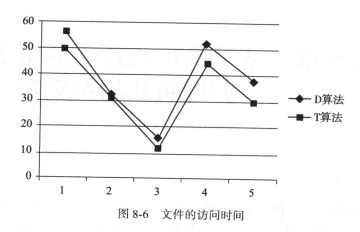

图 8-6　文件的访问时间

第 9 章 基于虚拟机迁移的资源 调度负载均衡策略

9.1 引言

随着计算机技术及互联网技术的不断进步，新一代大规模互联网应用也在飞速发展，越来越多的用户开始使用网络，共享其中的资源，由此诞生了一个崭新的计算、商业模式——云计算。通过云计算平台，用户不需要搭建服务器，不需要购买昂贵的硬件设备，不需要对服务器硬件进行维护，只需要按需购买资源、服务，设备维护和安全性都由云计算服务提供商负责。

随着云计算技术的不断进步，云计算服务提供商面临着很大的挑战，用户规模越来越大，用户的需求更多、更复杂，对云计算服务提供商提出了更多更高的要求，他们必须保证系统性能的稳定、快速、安全，云计算中的许多问题有待于进一步去研究解决。云计算用户需求的多样性及服务器节点的异构性等特点，很容易导致各服务器节点的负载不均衡，一些服务器处在空闲状态、负载很轻，一些服务器非常忙碌、负载过重，这样会影响整个系统的性能。资料显示，我国数据中心的服务器很大一部分处于空闲状态，资源利用率平均只有10%左右，但服务器空闲时的功耗也有满载时的60%[214]，因此，相当一部分资源被浪费了。虽然目前存在着一些资源调度算法，但大多资源调度算法是静态的，不适应云数据中心负载的实时变化。资料显示，IBM 数据中心服务器的平均利用率只有11%~50%[215]。文献［216］显示了 Google 服务器的 CPU 在 6 个月的利用率情况（见图9-1）。这些都说明了目前云数据中心的资源利用率并不高。

为了应对服务器节点负载不均衡的问题，必须设计一个合适的资源调度负载均衡策略。负载均衡就是在集群中的节点间进行负载的迁移，减轻负载重节点的负载，加大负载轻节点的负载，使得各节点的负载更均衡，从而缩小响应时间、实现资源利用的最大化[217]。负载均衡技术的应用，将能更好地管理云数据中心的资源、实现资源的优化配置，从而提高资源利用率及系统性能。

本章提出的资源调度负载均衡策略是基于虚拟机迁移技术，主要解决了以下问题。

（1）设计了一个完整的负载均衡模块框架，并详细对各个模块进行了描述；

（2）使用一次平滑指数算法进行负载预测，减少了不必要的虚拟机迁移；

（3）综合 CPU 利用率、内存利用率、带宽利用率等各因素确定负载值；

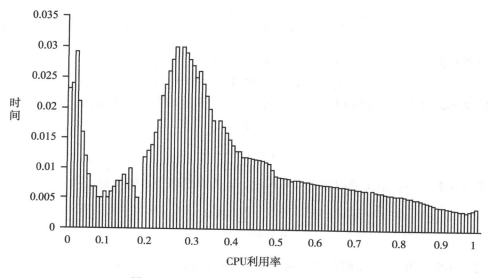

图 9-1　Google 服务器 6 个月的 CPU 利用率

（4）利用信息熵确定各个参数的权值，对于差异大的因素分配更大的权值，差异小的因素分配小的权值，更客观地计算负载值。

9.2　相关定义

定义 9-1　n_i：第 i 个节点上虚拟机的个数表示为 n_i。

定义 9-2　CUR_i：第 i 个节点的 CPU 利用率。n_i 的含义见定义 9-1，C_j 表示第 j 个虚拟机的 CPU 利用率。

$$CUR_i = \frac{\sum_{j=1}^{n_i} C_j}{n_i} \tag{9-1}$$

定义 9-3　MUR_i：第 i 个节点的内存利用率。n_i 的含义见定义 9-1，M_j 表示第 j 个虚拟机使用的内存大小，MT_i 表示节点 i 的总内存大小。

$$MUR_i = \frac{\sum_{j=1}^{n_i} M_j}{MT_i} \tag{9-2}$$

定义 9-4　$NBUR_i$：第 i 个节点的带宽利用率。n_i 的含义见定义 9-1，NB_j 表示第 j 个虚拟机使用的带宽大小，NBT_i 表示节点 i 的总带宽大小。

$$NBUR_i = \frac{\sum_{j=1}^{n_i} NB_j}{NBT_i} \qquad (9-3)$$

定义 9-5 V_i：第 i 个节点的负载向量表示为 V_i。

$$V_i = < CUR_i, \ MUR_i, \ NBUR_i > \qquad (9-4)$$

定义 9-6 CA：系统的 CPU 平均利用率，m 为系统内节点的个数。

$$CA = \frac{\sum_{i=1}^{m} CUR_i}{m} \qquad (9-5)$$

定义 9-7 MA：系统的内存平均利用率，m 为系统内节点的个数。

$$MA = \frac{\sum_{i=1}^{m} MUR_i}{m} \qquad (9-6)$$

定义 9-8 NBA：系统的带宽平均利用率，m 为系统内节点的个数。

$$NBA = \frac{\sum_{i=1}^{m} NBUR_i}{m} \qquad (9-7)$$

定义 9-9 H_{th}：高位阈值，节点负载超过此值为高负载节点，此值可以根据需要设定。如果设置 0.8，则负载超过 0.8，则认为是高负载节点。

定义 9-10 L_{th}：低位阈值，节点负载低于此值为低负载节点，此值可以根据需要设定。如果设置 0.3，则负载低于 0.3，则认为是低负载节点。

定义 9-11 θ_{th}：自适应阈值，辅助判定节点的负载情况。如果系统整体的平均负载比较高，比高位阈值高，显然超过高位阈值的节点非常多，此时把阈值调整为 $H_{th} + \theta_{th}$，从而适当减少超负载节点的个数。

定义 9-12 high：高负载集合。

$$high = \begin{bmatrix} CUR_1 & MUR_1 & NBUR_1 & RL_1 & NUM_1 \\ CUR_2 & MUR_2 & NBUR_2 & RL_2 & NUM_2 \\ \cdots & \cdots & \cdots & \cdots & \cdots \\ CUR_n & MUR_n & NBUR_n & RL_n & NUM_n \end{bmatrix}$$

其中每一行记录一个节点的各参数值，前三列分别表示高负载节点的 CPU、内存及带宽使用率，第四列 RL_i，值为 0 表示 CPU 利用率高，值为 1 表示内存利用率高，值为 2 表示带宽利用率高，i 表示此节点的编号。

定义 9-13 $Load_i$：表示第 i 个节点的负载值，其中 w_1、w_2、w_3 为权重系数。

$$Load_i = w_1 \times CUR + w_2 \times MUR_i + w_3 \times NBUR_i \qquad (9-8)$$

定义 9-14 low_{cpu}，low_{men}，low_{nb}：分别表示 CPU 利用率、内存利用率、带宽利用率低于低位阈值的节点的集合。

9.3　基于虚拟机迁移的资源调度负载均衡策略的描述

9.3.1　负载均衡策略的架构

在动态迁移算法中，必须确定以下三个问题[95]：何时迁移，即迁移的时间；迁移哪一个虚拟机，即迁移的源机的选择；将虚拟机迁移到何处，即迁移的目标机的选择。本章依据负载均衡的需要，提出了一个负载均衡模型框架，其架构图如图 9-2 所示。该模型框架包括采集模块、监测模块、预测模块、选择模块、迁移模块等，各个模块的功能如下所述。

（1）采集模块：负载采集各个节点的负载值。

（2）监测模块：根据各节点的负载数据判断是否要触发虚拟机迁移。

（3）预测模块：辅助监测模块，对未来的负载值进行预测，避免因为瞬时峰值触发虚拟机迁移。

（4）选择模块：包括源机选择与目标机选择两部分。源机选择模块负责选择待迁移的虚拟机及节点，目标机模块负责选择接收迁移虚拟机的节点。

（5）迁移模块：负责完成虚拟机的迁移。

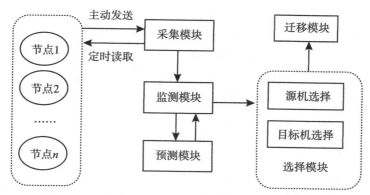

图 9-2　基于虚拟机迁移的资源调度负载均衡策略的架构

9.3.2　采集模块的功能

（1）负载信息的选取。节点往往包含多种关键资源，可描述节点负载情况的指标很多，如 CPU 使用情况、运行队列中的任务数、系统调用速率、CPU 上下文切换率、空闲 CPU 时间百分比、空闲存储器大小、内存资源使用情况、网络带宽资源以及 I/O 资源等。本章的算法主要使用 CPU 利用率、内存利用率及带宽利用率来综合表示节点的负载 V_i。

（2）采取时机的选取。中央节点每隔一定的时间收集所有节点的负载信息，间隔时间如果过短，将造成中央节点过忙，同时数据传输也要占用相当的带宽；间隔时间如果过长，负载均衡时使用过时数据，有可能处理不需均衡的节点，而亟待均衡的节点反而没有及时处理。目前大多数论文采用的时间间隔为 10 秒到 20 秒。为了更及时地处理重负载节点，本书采用中央节点定时读取与各节点主动发送相结合的方式。中央节点每隔 15 秒读取一次各节点的负载，其间如果有节点的负载变化超过 10%，则主动报告给中央节点，以便能够使用更准确的负载值进行均衡。

9.3.3　监测模块的功能

采集模块把收集的负载数据传送给监测模块，监测模块分析这些数据，确定需要进行负载均衡的节点。如果要高效地进行虚拟机迁移，必须要选择一个合理的触发条件，即设定一个合理的阈值，当负载值超过阈值触发迁移。阈值设置过高，则会导致物理节点的负载已经很重，但负载值仍未达到阈值，不能进行虚拟机迁移；阈值设置过低，则会导致虚拟机迁移很容易被触发，将增加系统资源的浪费。

本书中，如节点的负载值大于 H_{th}，则认为该节点为高负载节点；如节点的负载值小于 L_{th}，则认为该节点为低负载节点。如果高负载的节点过多，即待负载的节点过多，势必会造成选择源机时的处理量增大。因此本书首先比较系统平均负载与高位阈值 H_{th}，如果平均负载大于 H_{th}，则取节点负载大于平均负载与自适应阈值之和的为高负载节点；如果系统平均负载小于高位阈值 H_{th}，则取节点负载大于高位阈值的为高负载节点。

以判断内存利用率为例，判断高负载节点的原则描述如下。高 CPU 利用率及高带宽利用率节点的判定方法与高内存利用率节点的判定方法一致。

（1）分别获取各个节点的内存利用率 MUR，系统平均内存利用率 MA。

（2）如果 MA 大于 H_{th}，转步骤（3），否则转步骤（4）。

（3）依次比较 MUR_i 与 $H_{th}+\theta_{th}$，如果 MUR_i 大于 $H_{th}+\theta_{th}$，则节点 i 为高内存负载节点，i 取 1 到 m，m 为系统中节点个数。

（4）依次比较 MUR_i 与 H_{th}，如果 MUR_i 大于 H_{th}，则节点 i 为高内存负载节点，i 取 1 到 m，m 为系统中节点个数。

所有被判定为高负载节点的参数值构成矩阵 high，矩阵的行数即为高负载节点的个数。如果节点为高 CPU 利用率节点，则 RL_i 的值为 0；如果节点为高内存利用率节点，则 RL_i 的值为 1；如果节点为高带宽利用率节点，则 RL_i 的值为 2；如果节点的 CPU 利用率、内存利用率、带宽利用率中有两个或三个都比阈值高，则选出其中最高值作为 RL_i 的判定标准。求解高负载节点矩阵的算法如图 9-3 所示。

低负载节点集合由三个集合构成。

（1）如果 CUR_i 小于 L_{th}，则 i 为低 CPU 负载节点，加入低 CPU 负载集合 low_{cpu}；如果 low_{cpu} 为空，调整 L_{th} 值。

（2）如果 MUR_i 小于 L_{th}，则 i 为低内存负载节点，加入低内存负载集合 low_{men}；如果 low_{men} 为空，调整 L_{th} 值。

（3）如果 $NBUR_i$ 小于 L_{th}，则 i 为低带宽负载节点，加入低带宽负载集合 low_{nb}；如果

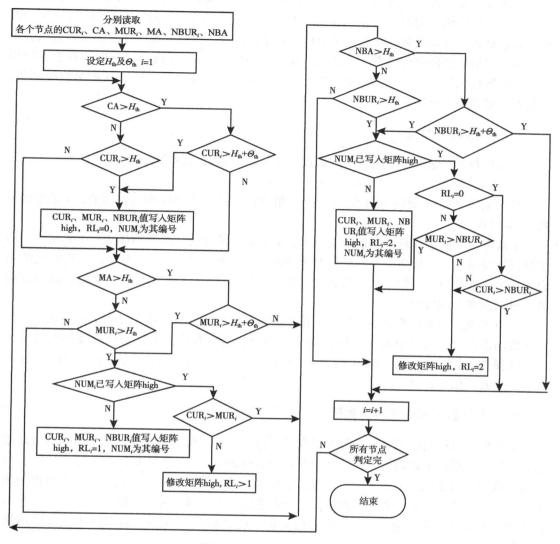

图 9-3 high 矩阵求解流程图

low_{nb} 为空，调整 L_{th} 值。

9.3.4 预测模块的功能

1. 使用预测的目的

传统的负载均衡算法是当负载值超过设定的阈值即开始虚拟机迁移。假设节点存在瞬时的负载峰值，之后负载恢复正常。如果使用传统算法，这个峰值必然触发负载均衡，显然这种情况不需要进行负载均衡。瞬时峰值触发的虚拟机迁移将引起系统不必要的开销，因此，必须解决负载均衡过程中的瞬时峰值问题。本章使用预测模块预测峰值的下一时刻，节点是否处在高负载的状态，从而再决定是否要进行负载均衡。研究人员经过研究得出结论：主机负载的变化具有自相似性、长期依赖性[218]，对于这样特性的负载能够使用预测机制进行预测。本章采用一次指数平滑算法来预测未来的值，确定哪些是瞬时峰值，避免不必要的虚拟机迁移。

2. 一次指数平滑法

一次指数平滑法利用之前的实际数据值和预测结果值来预测未来的结果。

$$y'_{t+1} = \alpha \times y_t + (1 - a) \times y'_t$$

其中 y'_{t+1} 是第 $t+1$ 期的预测值，y_t 是第 t 期的实际值，y'_t 是第 t 期的预测值，α 是平滑系数，$\alpha \in [0, 1]$。

平滑系数 a 的选择对预测值影响很大，α 越大，最近的数据影响越大；α 值越小，历史数据影响越大。一般来说，如果数据波动较大，α 值应取大一些，第 t 期的实际值的系数大，加大近期数据对预测结果的影响；如果数据波动小，α 的值应取小一些，减少近期数据对预测结果的影响。

一般来说，当数据波动小时，选择较小的 α 值，比如 $0.05\sim0.20$；当数据有波动，但长期波动不大时，选择稍大的 α 值，如 $0.1\sim0.4$；当数据波动大且长期看波动幅度也大时，选择较大的 α 值，如 $0.6\sim0.8$；当数据是明显上升（或下降）的发展趋势类型，α 选择较大的值，如 $0.6\sim1$。

3. 一次指数平滑法预测负载值

采集模块对历史数据进行采集并保存到数据库中。当监测模块判定某个节点的负载值超过阈值需要进行负载均衡，则把这个节点的前 $(d-1)$ 个采集数据传送给预测模块，与当前节点的数据组成大小为 d 的数据集，取第一次的实际值为初值。使用这 d 个数据预测未来 p 个负载值，如果 p 个负载值中有 s 个值超过阈值，则认为应该触发负载均衡。在本算法中，如果 P 个负载值中有 s 个值超过阈值，则更新 high 矩阵，待矩阵更新完毕再执行负载均衡。

α 平滑系数根据 d 个历史数据的偏差平方的均值（MSE）确定，取得到最小 MSE 的值为最终 α 平滑系数标准。所谓 MSE 即各期实际值与预测值差的平方和除以总期数。预测机制的流程如图 9-4 所示，分别令 $\alpha=0.3$、$\alpha=0.5$、$\alpha=0.7$，计算 MSE，比较这三个 MSE 值，取得最小 MSE 的值为最终确定的 α 平滑系数。d、P、s 的值由用户设定。

9.3.5　源机选择模块的功能

1. 负载的综合衡量

本章选取了 CPU 利用率 CUR_i、内存利用率 MUR_i、带宽利用率 $NBUR_i$ 来衡量节点

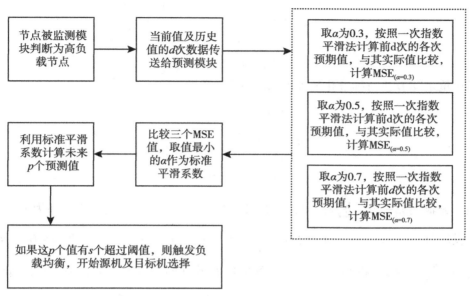

图 9-4 预测机制流程图

负载大小，大部分论文在综合各分量时均采用权值的方法，节点的总负载表示为 $w_1 \cdot$ $\text{CUR}_i + w_2 \cdot \text{MUR}_i + w_3 \cdot \text{NBUR}_i$，其中 $w_1 + w_2 + w_3 = 1$。但这样表示负载值会有一定的问题，给哪个分量赋予的权值大，意味着这个因素更影响负载的总值。比如有两个节点 CPU 利用率、内存利用率、带宽利用率分别为 <0.9, 0.3, 0.2> 和 <0.5, 0.5, 0.2>，很明显第一个节点的 CPU 负载已经很大，第二个节点的负载值比较平均，这两个节点比较应该先对第一个节点进行负载均衡。如果此时三个权值取值为 $w_1 = 0.2$、$w_2 = 0.5$，$w_3 = 0.3$，按公式计算，第一个节点的负载为 0.39，第二个节点的负载为 0.6，单纯比较负载值会选择第二个节点进行负载均衡。这就印证了权重值的不同将影响均衡算法。本章采用信息熵算法，权重值的选择根据负载值客观地确定，避免了人为决定权重值造成的不确定性。

2. 信息熵

信息熵方法能够客观地确定权重，权重的确定依据指标的变异性。指标值的变异程度越大，说明这个指标起到的作用越大，这个指标的信息熵越小，其权重越大；反之，指标值的变异程度越小，说明这个指标的作用越小，这个指标信息熵越大，其权重越小。权重大小与信息熵大小成反比，与指标的变异程度成正比。

信息熵的计算方法为：

假定有 n 个属性 X_1，X_2，$\cdots$，X_n，以及它们的属性值构成的决策矩阵 D，每列是每个属性的 m 个值。

$$D = \begin{bmatrix} d_{11} & d_{12} & \cdots & d_{1n} \\ d_{21} & d_{22} & \cdots & d_{2n} \\ \cdots & \cdots & \cdots & \cdots \\ d_{m1} & d_{m2} & \cdots & d_{mn} \end{bmatrix}$$

对决策矩阵 D 进行标准化处理得到决策矩阵 R。

$$R = \begin{bmatrix} r_{11} & r_{12} & \cdots & r_{1n} \\ r_{21} & r_{22} & \cdots & r_{2n} \\ \cdots & \cdots & \cdots & \cdots \\ r_{m1} & r_{m2} & \cdots & r_{mn} \end{bmatrix}$$

矩阵 R 满足归一性：$\sum\limits_{i=1}^{m} r_{ij} = 1$，$j = 1$，2，3，$\cdots$，$n$，即每列的元素之和为 1。

假设属性 X_1，X_2，$\cdots$，X_n 的权重为 $w = (w_1, w_2, \cdots, w_n)^T$，$W_j >= 0$，$j = 1$，2，3，$\cdots$，$n$，$\sum\limits_{j=1}^{n} w_j = 1$。将归一化后的决策矩阵 R 的列向量（A_1，A_2，$\cdots$，A_J），即（X_1，X_2，$\cdots$，X_n）的属性值（r_{1j}，$\cdots$，r_{nj}），$j = 1$，2，3，$\cdots$，n 视为信息量的分布。

A_j 对属性 X_j 的熵 E_j 定义为：$E_j = -\dfrac{1}{\ln m} \sum\limits_{i=1}^{m} r_{u} \ln r_{u}$，$j = 1$，2，3，$\cdots$，$n$，易知 $0 \leq E_j \leq 1$。

若（r_{1j}，$\cdots$，r_{nj}）=（$1/m$，$\cdots$，$1/m$），则 $E_j = 1$；若（r_{1j}，$\cdots$，r_{nj}）=（0，$\cdots$0，1，0，$\cdots$），则 $E_j = 0$；总之 r_{ij} 越一致，则 E_j 越接近 1，这样就越不易区分方案的优劣。

定义 X_j 对于方案的区分度：$F_j = 1 - E_j$，属性的权重计算公式为：$W_j = \dfrac{F_j}{\sum\limits_{k=1}^{n} F_k}$，$j = 1$，2，3，$\cdots$，$n$。

当某属性的值一致性越高，信息熵确定的权重值会越小，即此属性对总值的影响程度越低；反之，某个属性值差别越大，信息熵确定的权重值越大，此属性对总值的影响度越高。设有三个属性 X_1、X_2、X_3，属性 X_1 的值为 0.5、0.3、0.15、0.05，属性 X_2 的值为 0.3、0.3、0.2、0.3，属性 X_3 的值为 0.25、0.25、0.25、0.25。利用上面叙述的信息熵的算法确定 X_1、X_2、X_3 的权重值分别为 0.924、0.076、0，根据信息熵确定的权重值计算公式为 0.924×X_1+0.076×X_2+0×X_3。从此式子可以看到 X_3 的系数为 0，即 X_3 的值不影响总值，这是因为 X_3 的所有分量全部相同。X_1 的系数最大，即它的值对总值的影响最大，这是因为 X_1 的几个值差别最大。由此可以得出结论，按照信息熵确定的权重值计算结果与实际认知完全一致。

3. 源机选择

（1）监测模块得到了高负载矩阵 high，取出前三列构成矩阵 D。

$$D = \begin{bmatrix} \text{CUR}_1 & \text{MUR}_1 & \text{NBUR}_1 \\ \text{CUR}_2 & \text{MUR}_2 & \text{NBUR}_2 \\ \cdots & \cdots & \cdots \\ \text{CUR}_n & \text{MUR}_n & \text{NBUR}_n \end{bmatrix}$$

第一列的值是 CPU 利用率，第二列的值是内存利用率，第三列的值是带宽利用率。

（2）对矩阵进行归一化处理得到矩阵 R。

$$R = \begin{bmatrix} r_{11} & r_{12} & r_{13} \\ r_{21} & r_{22} & r_{23} \\ \cdots & \cdots & \cdots \\ r_{n1} & r_{n2} & r_{n3} \end{bmatrix}, \text{ 其中 } r_{i1} = \frac{\text{CUR}_i}{\sum\limits_{i=1}^{n} \text{CUR}_i}, \ r_{i2} = \frac{\text{CUR}_i}{\sum\limits_{i=1}^{n} \text{MUR}_i}, \ r_{i3} = \frac{\text{CUR}_i}{\sum\limits_{i=1}^{n} \text{NBUR}_i}$$

（3）计算熵 E_j，$j = 1$，2，3；$E_j = -\frac{1}{\ln n} \sum\limits_{i=1}^{n} r_{ij} \ln r_{ij}$ 计算 $F_j = 1 - E_j$。

（4）计算权值 $w_1 = \frac{F_1}{F_1 + F_2 + F_3}$，$w_2 = \frac{F_2}{F_1 + F_2 + F_3}$，$w_3 = \frac{F_3}{F_1 + F_2 + F_3}$。

（5）各个节点的负载值为：$\text{Load}_i = w_1 \times \text{CLJR}_i + w_2 \times \text{MUR}_i + w_3 \times \text{NBUR}_i$。

（6）按照 Load 值由大到小构成源机选择队列 $Q = \{q_1, q_2, \cdots, q_j\}$，每个元素由 high 矩阵的后两列中的节点编号、标志位两个分量组成，即 $q_j = (\text{RL}_k, \text{NUM}_k)$。

（7）从 Q 队列中选取源机，假设编号为 m。虚拟机迁移时内存迁移是最困难的，因此在此节点上选取 $\text{CUR}_n / \text{MUR}_n$ 最大的虚拟机作为迁移虚拟机。

9.3.6 目标机选择模块的功能

1. 低负载队列

目标机选择时定义三个队列 CpuQ，MemoryQ，BandwidthQ 分别表示 CPU 低负载队列、内存低负载队列和带宽低负载队列。队列 CpuQ 中包含 CPU 负载低于 L_{th} 值且内存、带宽负载低于平均值的节点。队列 MemoryQ 中包含内存负载低于 L_{th} 值且 CPU、带宽负载低于平均值的节点。队列 BandwidthQ 中包含那些带宽负载低于 L_{th} 值且 CPU、内存负载低于平均值的节点。如果这三个队列之一为空，则适当调整值，使其调整到更小的值，确保三个队列均不为空。

2. 基于信息熵的目标机选择算法

按前面关于信息熵算法的描述，这种方法更客观地确定了每个分量的权值，因此在进行目标机选择的时候，仍然用信息熵确定权值。

除了 CUR、MUR 及 NBUR 的值，本节把源机到目标机的迁移距离也作为一个衡量因素。迁移的距离越长，则迁移成本越大。本章使用从源节点到目标节点 i 的跳数作为迁移距离，表示为 MD_i。下面描述的算法是关于 CPU 高负载目标机的选择算法，对于内存和带宽高负载目标机的选择算法与 CPU 的选择算法类似。

（1）矩阵 D 由 CpuQ 队列中的所有节点的 CUR_i，MUR_i，$NBUR_i$ 和 MD_i 组成，矩阵 D 的行数与队列 CpuQ 的节点数相同。

$$D = \begin{bmatrix} CUR_1 & MUR_1 & NBUR_1 & MD_1 \\ CUR_2 & MUR_2 & NBUR_2 & MD_2 \\ \cdots & \cdots & \cdots & \cdots \\ CUR_n & MUR_n & NBUR_n & MD_n \end{bmatrix}$$

（2）标准化矩阵 D 为矩阵。

$$r_{i1} = \frac{CUR_i}{\sum\limits_{i=1}^{n} CUR_i}, \quad r_{i2} = \frac{MUR_i}{\sum\limits_{i=1}^{n} MUR_i}, \quad r_{i3} = \frac{NUBR_i}{\sum\limits_{i=1}^{n} NUBR_i}, \quad r_{i4} = \frac{MD_i}{\sum\limits_{i=1}^{n} MD_i}$$

（3）计算熵 $E_j = -\dfrac{1}{\ln n} \sum\limits_{i=1}^{n} r_{ij} \ln r_{ij}$，$J = 1，2，3，4$。

（4）计算 F_j 值为 $F_j = 1 - E_j$。

（5）计算每个因数的权值为：

$$w_1 = \frac{F_1}{F_1 + F_2 + F_3 + F_4}, \quad w_2 = \frac{F_2}{F_1 + F_2 + F_3 + F_4}, \quad w_3 = \frac{F_3}{F_1 + F_2 + F_3 + F_4}, \quad w_4 = \frac{F_4}{F_1 + F_2 + F_3 + F_4}。$$

（6）每个节点的总负载值为 $Load_i$，$Load_i = w_1 \cdot CLJR_i + w_2 \cdot MUR_i + w_3 \cdot NBUR_i + w_4 \cdot MD_i$。

（7）按照计算出的 $Load_1$ 值，升序重新排列队列 CpuQ，从中选择第一个节点为迁移目标机。

源机选择模块中选中了迁移的虚拟机，其（RL_k，NUM_k）参数中的 RL_k 标示了此节点负载较重的分量，根据 RL_k 的值选择目标机。若 RL_k 为 0，在 CpuQ 中选择目标机；若 RL_k 为 1，在 MemoryQ 中选择目标机；若 RL_k 为 2，在 BandwidthQ 中选择目标机。

9.3.7　虚拟机迁移模块策略

（1）中央节点定时获取或者各节点自动汇报 CPU 利用率、内存利用率、带宽利用率。

（2）计算 high 矩阵。

（3）构造低 CPU 负载集合 low_{cpu}、低内存负载集合 low_{men} 低带宽负载集合 low_{nb}。

（4）根据负载历史值与实际值取得 α 的值。

（5）按照预测模块算法进行预测，如果需要进行虚拟机迁移，执行步骤（6）。

（6）按照源机选择模块算法计算各节点负载。设定阈值 K，计算 Q 中节点负载的平均值。若 Q 中节点负载大于平均值与阈值 K 之和的作为待迁移源机。

（7）按照目标机选择模块的算法对低 CPU 负载集合 low_{cpu}、低内存负载集合 low_{men}、低带宽负载集合 low_{nb} 进行由小到大排序，根据步骤（6）RL 值的不同，从不同的集合中选择目标机。

（8）将源机上 CUR/MUK 最大的虚拟机迁移到目标机。

9.4 实验分析

9.4.1 实验环境的配置

本章选取 CloudSim[96]为模拟工具，CloudSim 是由墨尔本大学 Ruyya 等人开发的。实验选取 50 台异构物理主机，每台主机上分别配置 3~5 个不同个数的虚拟机，每台主机的配置如表 9-1 所示。

表 9-1 实验环境配置表

参 数 名 称	数 值
节点个数	50
节点的 CPU 处理能力（MIPS）	{1000, 1800, 2600, 3000}
节点的内存大小（GB）	{1, 2, 4, 8}
节点的带宽大小（Mb/S）	{500, 700, 1000}
虚拟机个数	200
虚拟机的内存大小（GB）	{0.5, 1, 2, 3}
虚拟机的 CPU 处理能力（MIPS）	{200, 500, 1000, 1500, 2500}
虚拟机的带宽大小（Mb/S）	{100, 200, 500}

9.4.2 预测模块的实验分析

为了验证预测模块确实能够避免瞬时峰值对虚拟机迁移的影响，设计实验对 CPU 利用率进行了监测及预测，内存利用率及网络带宽利用率的触发情况与 CPU 利用率的触发时机实验相似。实验中修改 DatacenterBroker 模块，每隔 5 秒随机添加任务到虚拟机。算法中各参数的设定值如表 9-2 所示。根据前 d 个数据值，最终选定 α 值为 0.7。

表 9-2 算法参数值

参 数 名 称	值
H_{th}	70%
θ_{th}	10%

续表

参 数 名 称	值
预测周期 P	5
判定次数 s	4
数据集大小 d	50

实验结果如图 9-5 所示，其中纵坐标表示 CPU 利用率，横坐标表示监测的数据点个数，带圆形的虚线表示 CPU 利用率的实际值，带星形的实线表示预测值，高位阈值取值 0.7，自适应阈值取值 0.1。分析实验结果如下。

当 $t=4$ 及 $t=35$ 时，实际值已超过阈值，但只是一次超过，后面呈下降趋势，而预测值没有超过阈值；

在 $t=16$ 至 $t=20$ 时，实际值超过阈值，当 $t=17$ 至 $t=21$ 时，预测值超过阈值，5 个值中有 4 次超过阈值，启动负载均衡，因此在 $t=21$ 时，经过负载均衡后负载降低，此时负载的实际值低于阈值；

$L=27$、$t=28$ 时有短暂的超过阈值，当 $t=29$ 时的预测值超过阈值，但因为只有一次预测值超过阈值，不启动负载平衡；

当 $t=40$ 至 $t=45$ 时，负载的实际值再次超过阈值，当 $t=42$ 至 $t=46$ 时，预测值超过阈值，启动负载平衡，在 $t=46$ 时，经过负载均衡后负载恢复到阈值以下。

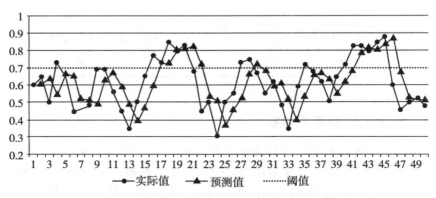

图 9-5　CPU 利用率的实际值与预测值的比较

如果不采用预测算法，每次负载值超过阈值即启动负载平衡，则在 $t=4$、$t=27$、$t=28$、$t=35$ 时启动不必要的负载均衡。因此使用预测机制，有效地避免了瞬时峰值启动负载平衡。内存利用率和带宽利用率的实验分别如图 9-6、图 9-7 所示，从实验结果仍然可以分析出，对于内存利用率和带宽利用率来说，使用预测机制也有效地避免了瞬时峰值启动负载均衡的情况发生。

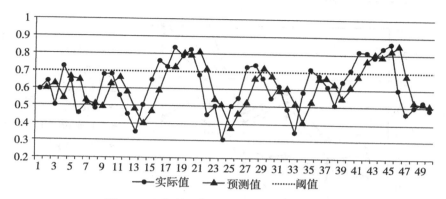

图 9-6　内存利用率的实际值与预测值的比较

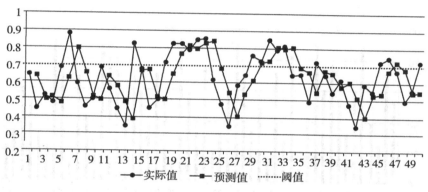

图 9-7　利用率的实际值与预测值比较图

图 9-8 中的 CPU-NF、CPU-F、NB-NF、NB-F、Memory-NF、Memory-F 分别表示没有使用预测机制 CPU 利用率算法的触发次数、使用预测机制的 CPU 利用率算法的触发次数、没有使用预测机制带宽利用率算法的触发次数、使用预测机制的带宽利用率算法的触发次数、没有使用预测机制内存利用率算法的触发次数、使用预测机制内存利用率算法的触发次数。一共进行了六组实验，前两组的负载较小，中间两组负载居中，最后两组负载比较大。从结果可以看出，在六组实验中，加入预测机制的算法触发负载均衡的次数均不同程度地低于没有预测机制的算法。

9.4.3　源机选择模块的实验分析

源机选择模块均衡前后的 CPU 利用率、内存利用率、带宽利用率的比较分别如图 9-9 至图 9-14 所示。其中，纵坐标表示利用率的值，横坐标表示节点的编号，实验选取了其中 50 个节点进行绘图比较。图 9-9、图 9-10 是 CPU 利用率均衡前后的比较，从这两个图中可以观察到，在均衡之前，CPU 利用率在各个节点间是不均衡的，使用均衡策略后，

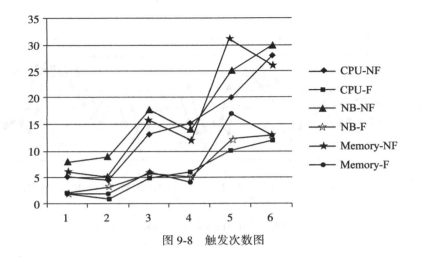

图 9-8　触发次数图

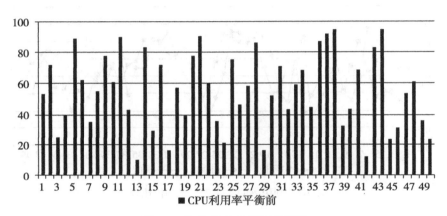

图 9-9　均衡前 CPU 利用率情形

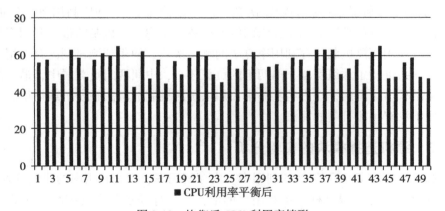

图 9-10　均衡后 CPU 利用率情形

各节点的 CPU 利用率明显更均衡。内存利用率的比较分别如图 9-11、图 9-12 所示，带宽利用率的比较分别如图 9-13、图 9-14 所示。从这四个图可以得出结论，使用了均衡策略后，利用率更加趋于均衡。

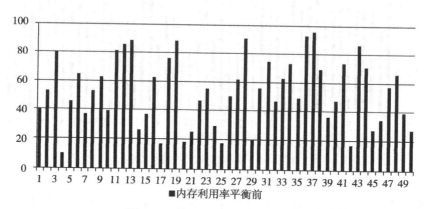

图 9-11　均衡前内存利用率情形

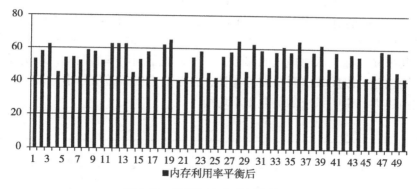

图 9-12　均衡后内存利用率情形

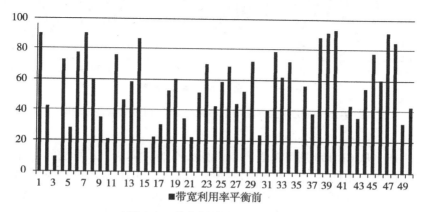

图 9-13　均衡前内存利用率情形

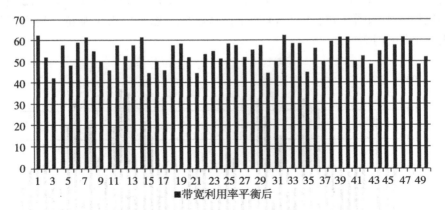

图 9-14　均衡后内存利用率情形

使用本章算法与确定权值的算法（以下简称算法 A）进行比较，算法 A 中负载计算公式为：

$$Load_i = w_1 \cdot CUR_i + w_2 \cdot MUR_i + w_3 \cdot NBUR_i$$

其中 w_1、w_2、w_3 的值分别取值 0.7、0.15、0.15，即 CPU 利用率所占的权重系数最大。

图 9-15、图 9-16、图 9-17 分别为两种算法的 CPU 利用率、内存利用率、带宽利用率的比较图，其中横坐标表示物理机的编号，纵坐标表示利用率的偏差，即实际值与平均值的差值。使用偏差可以反映出系统的均衡性，各个节点的偏差值越小，说明系统的负载更均衡，偏差值越大，说明系统的负载更不均衡。

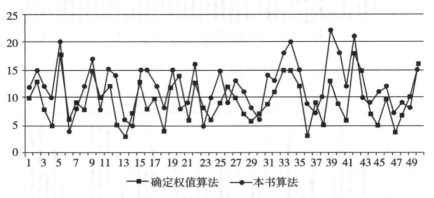

图 9-15　确定权值算法与本书算法 CPU 利用率偏差比较图

分析图 9-15，从 CPU 利用率来看，本书算法不如 A 算法，A 算法的 CPU 利用率的偏差基本在 15% 以下，整体上也比本书算法稍好。但从图 9-16 及图 9-17 的带宽利用率及内存利用率来看，明显 A 算法的偏差值很大，本书算法的偏差值更小，即系统均衡性更好。因为 A 算法在选取权重值时，赋给 CPU 利用率的权重系数很高，使得 A 算法的 CPU 利用

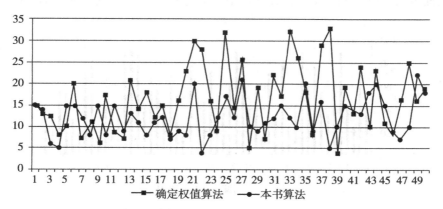

图 9-16　确定权值算法与本书算法内存利用率偏差比较图

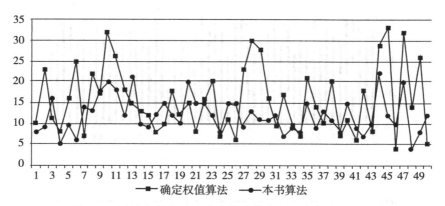

图 9-17　确定权值算法与本书算法带宽利用率偏差比较图

率的实验结果稍好于本书算法。

　　虽然本书算法在 CPU 利用率实验时不如 A 算法，但本书算法也使得系统中各节点的 CPU 利用率比较均衡，并且本书算法在内存利用率、带宽利用率两个因素上也同样能够使得系统较均衡。

9.4.4　目标选择模块的实验分析

　　目标机选择的实验环境仍然从两个方面进行比较：（1）均衡前后的 CPU 利用率、内存利用率、带宽利用率比较；（2）固定权值与信息熵确定权值，对 CPU 利用率、内存利用率、带宽利用率偏差比较。

　　图 9-18 至图 9-23 是应用均衡策略前后 CPU 利用率、内存利用率、带宽利用率的比较图，其中横坐标代表物理节点的个数，共选取了 50 个节点的数据进行比较说明，纵坐标分别表示 CPU 利用率、内存利用率及带宽利用率。从实验结果可以看出，经过了若干轮

的负载均衡策略，CPU 利用率、内存利用率、带宽利用 率均比均衡前更加均衡。

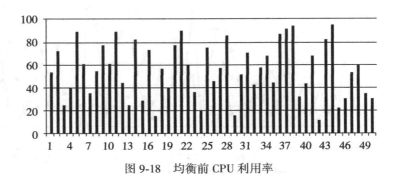

图 9-18　均衡前 CPU 利用率

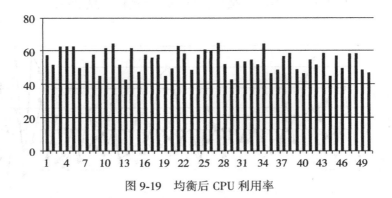

图 9-19　均衡后 CPU 利用率

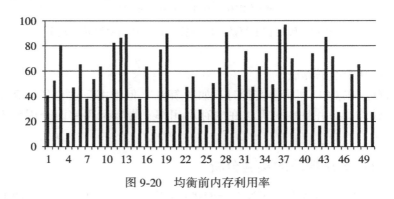

图 9-20　均衡前内存利用率

对于目标机选择算法的实验，比较本书算法以及固定权值的方式（以下简称算法 F）。在算法 F 中，负载定义为：

$$\text{Load}_i = w_1 \cdot \text{CUR}_j + w_2 \cdot \text{MUR}_i + w_3 \cdot \text{NBUR}_i + w_4 \cdot \text{MD}_i$$

其中 w_1、w_2、w_3、w_4 分别设定为 0.6、0.15、0.15、0.1，即 CPU 利用率对整个负载值影响最大。图 9-24、图 9-25、图 9-26 分别表示两种算法的 CPU 利用率、内存利用率、

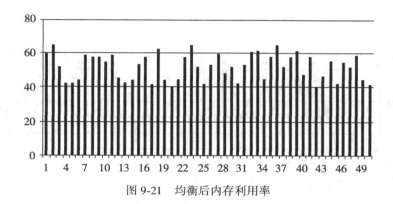

图 9-21　均衡后内存利用率

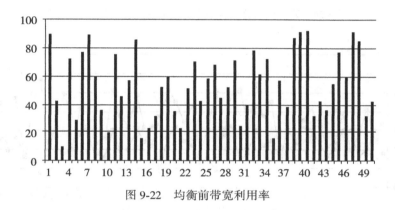

图 9-22　均衡前带宽利用率

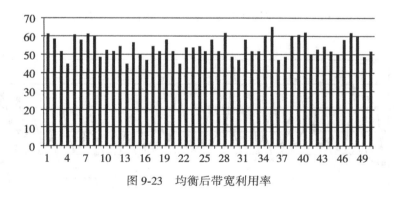

图 9-23　均衡后带宽利用率

带宽利用率的偏差，其中横坐标代表物理节点的编号，纵坐标代表实际值与平均值的偏差，偏差越小说明越均衡。

　　从这三个图分析得出，在 CPU 利用率方面，算法 F 的均衡性比本书算法稍好一些，因为算法 F 的负载计算公式中 CPU 利用率这个因素的权重值最大；但在内存利用率、带宽利用率方面，算法 F 的均衡性比本书算法差很多。因此，可以得出结论，从总体上衡量，本书算法的均衡性强于算法 F。

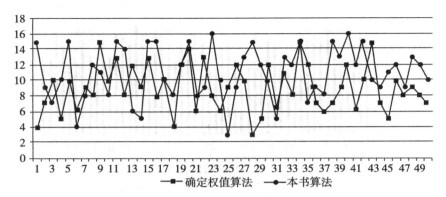

图 9-24　确定权值算法与本书算法 CPU 利用率偏差比较图

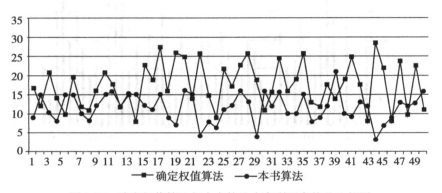

图 9-25　确定权值算法与本书算法内存利用率偏差比较图

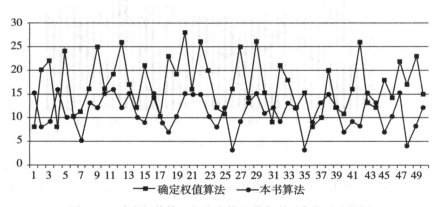

图 9-26　确定权值算法与本书算法带宽利用率偏差比较图

通过实验发现，算法 F 的平均迁移距离是 3.15，本书算法的平均迁移距离是 1.63，这个结果说明本书算法选取的目标机使得迁移距离更近，更能降低迁移成本。

第 10 章　MapReduce 平台上基于预期的调度算法

10.1　引言

大数据时代下，基于 MapReduce[222] 计算框架的云平台被广泛使用，如 Amazon EC2 和 Windows Azure，能高效处理日志分析、推荐算法等应用。MapReduce 配置在由大量计算机组成的集群上，将大数据处理分解成若干个小任务，分散在集群各个节点上并行处理，可高效解决海量数据的处理问题。同时，MapReduce 计算框架隐藏底层的并行处理细节，程序员只需按照标准接口进行编写代码便能实现分布式处理，非常简单、高效。

MapReduce 云平台因其高效性和简易性等特点，受到学术界和工业界的关注，围绕优化 MapReduce 计算框架、资源管理、任务调度等方面的研究也有很多。提高集群性能一直是大家所追求的目标，而数据本地性问题是影响性能的至关重要的因素。没有数据本地性的任务在执行前需要远程读取输入数据，延长了完成时间，可见没有数据本地性的任务越少，集群性能越高。本章旨在提高具有数据本地性任务的比例。

数据预取[238] 是一种减少数据访问延迟的技术，它通过将任务所需的输入数据提前预取到任务运行的节点上，使任务具有数据本地性。随着半导体工艺的发展，MapReduce 集群节点的内存在快速增大，但是内存利用率并不高，据文献［228］，Facebook 集群内存利用率达到 50% 和 95% 时的概率分别为 10% 和 42%。利用这一特点，我们在 MapReduce 云平台上引入数据预取技术，以提高具有数据本地性任务的比例是可行的。

数据预取技术中的一个关键问题是提高预取的准确率，而任务执行顺序与数据预取的准确率紧密相关。如果进行任务调度时，为没有数据本地性任务预取所需数据，可以大幅提升系统运行效率。基于此，我们提出了基于预取的调度算法，并设计了任务调度器 HPSO。该调度器将数据预取技术、预测机制和调度算法三者有机结合，首先预测集群节点即将运行的任务，对没有数据本地性任务提前将所需数据读取到节点内存中，以一定的内存空间代价换取较高的数据本地性，从而提高作业的执行效率和集群的吞吐率。我们在 Hadoop 上实现了 HPSO 任务调度器，实验结果显示 HPSO 能显著提高具有数据本地性任务所占的比例，进而提高集群性能。

本章首先介绍 MapReduce 基本原理、原生任务调度机制和数据本地性问题；其次详细阐述并分析目前提高数据本地性的研究现状；再次针对原生作业调度算法在数据本地性，引入数据预取技术，设计并实现一种基于数据预取的调度器 HPSO；最后搭建 Hadoop 集群验证 HPSO 的性能。

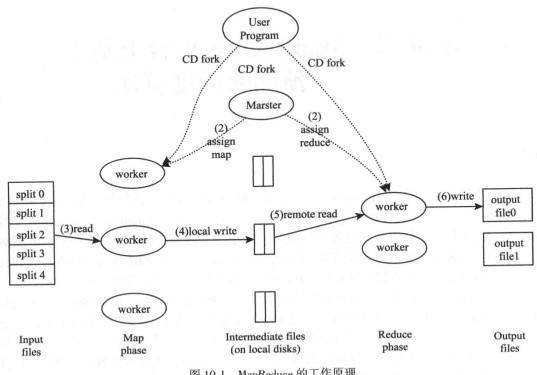

图 10-1　MapReduce 的工作原理

10.2　相关概念

10.2.1　MapReduce 计算框架

MapReduce 是一种分布式批处理计算框架，将任务分成两大处理阶段：map 阶段和 reduce 阶段，用户只需根据标准接口编写 map（）和 reduce（）两个函数，就能实现分布式处理。每个阶段的输入输出数据格式为 key-value 键值对。

MapReduce 的工作流程如图 10-1 所示：（1）当用户提交一个 MapReduce 作业后，其输入数据文件被自动划分成多个固定大小的数据块（split0 至 split4）。（2）对一个或者多个数据块建一个 map 任务，该 map 任务将输入数据解析成中间结果。例如 wordcount 应用，可统计出输入文档中每个单词出现的次数。map 任务的输入数据是一系列以字符串偏移量作为 key，而一行字符串内容为 value 的键值对。map 任务调用用户编写的 map（）函数首先将字符串分成若干单词，然后统计数据块中每个单词出现的次数，最后得出一系列以一个单词为 key，以该单词出现的次数为 value 的键值对。Reduce 阶段可以分成三部分：shuffle 阶段、sort 阶段和 reduce（）函数处理阶段。（3）在所有 map 任务完成后，shuffle 阶段将 map 任务输出的中间键值对按相同 key 进行合并，并根据 reduce 任务的个数将所有中间结果分成若干分片（partition）写到本地磁盘中。（4）reduce 任务读取属于自己的分片，sort 阶段对这些分片进行排序，把 key 相同的键值对聚集在一起，调用 reduce（）函数处理。（5）将输出结果写回存储系统中。在 wordcount 应用中，shuffle 阶段将相同的单词作为 key 的键值对聚集在一起，根据 reduce 任务的个数分成分片；然后 reduce 任务从所有 map 任务处读取多个分片，将相同单词的键值对进行聚集；最后 reduce（）函数对每个单词进行简单的求和操作，得到每个单词出现的次数。可以看出，MapReduce 计算框架处理 wordcount 应用时，通过将其分成多个 map 任务和 reduce 任务并行执行，简单快速地完成工作任务。

相比传统的分布式程序设计（如 MPI），MapReduce 模型易于编程，隐藏所有分布式应用或者并行程序需要关注的设计细节，用户只需按标准接口进行编写代码就能实现分布式处理，同时具有良好的扩展性。

MapReduce 计算框架现在有多种的实现平台，如 Hadoop[223][239]、Disco[224] 和 Phoenix[225] 等。其中 Hadoop 是 Apache 基金会对 MapReduce 的开源实现，现已经被很多公司使用，例如 Yahoo!，Amazon，Facebook 及国内的阿里巴巴等。因其性能高、可用性强，我们选择 Hadoop 作为本章的 MapReduce 实现平台，以实现我们的调度算法。

10.2.2　Hadoop 实现

Hadoop 是一个能够提供用户使用 MapReduce 计算框架服务的云平台，搭建在由大量计算机组成的集群上。最底层是 Hadoop Distributed Hie System（HDFS）[221] 分布式存储系统，它存储和管理存放在 Hadoop 集群中的文件。HDFS 上层是 MapReduce 计算框架。HDFS 与 MapReduce 框架紧密结合，为 MapReduce 提供存储文件服务。

1. HDFS 分布式文件系统

HDFS 采用 master/slave 结构，包含一个 Namenode 节点和多个 Datanode 节点（见图 10-2[240]）。Namenode 存储文件系统的层次结构和名字空间信息，Datanode 负责存储数据，如用户提交一个大文件，该文件被分割为多个数据块（默认大小为 64MB），分散存储于多个 Datanode 上，文件与存储数据块的 Datanode 对应关系则存储在 Namenode 上，且 HDFS 采用备份机制提高容错性（默认备份数 3）。HDFS 通过分割文件和备份机制为 MapReduce 作业提供高带宽，方便 MapReduce 并行处理各个数据块。

2. 作业的执行流程

Hadoop 采用主从模式（Master/Slave），包含一个 jobtracker 节点和多个 tasktracker 节点（见图 10-3）。Hadoop 采用集中式资源管理策略，即 jobtracker 节点的 JobTracker 组件负责监控集群状态，进行资源管理和分配。而 TaskTracker 运行在 tasktracker 节点，负责监控节点上的任务执行状态，并周期性地向 JobTracker 发送心跳信息。该心跳信息包括该

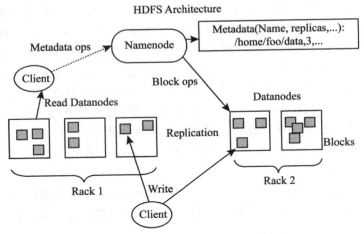

图 10-2 HDFS 分布式文件系统架构图

节点的资源使用情况和已经完成的任务列表等。

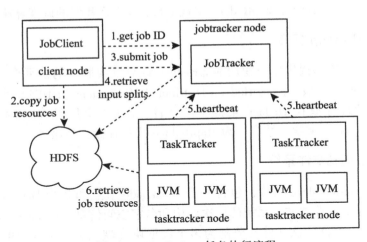

图 10-3 MapReduce 任务执行流程

图 10-3 显示的 MapReduce 作业执行流程如下：第一步，客户端提交作业后，向 JobTracker 申请一个唯一作业 ID（job ID）；第二步，将作业所需资源上传至到 HDFS，并计算作业输入文件的分块信息（输入文件在 HDFS 以分块存储）；第三步，向 JobTracker 提交作业，JobTracker 将此作业放入作业内部队列中，交给任务调度器对其进行初始化操作和调度；第四步，任务调度器获取作业输入文件的分片信息，为每一个分片创建一个 map 任务，按照配置文件的 mapred、reduce、task 属性来决定创建的 reduce 任务个数。当 TaskTracker 通过心跳信息报告已经准备好接受新任务时，任务调度器被触发，并按调度

算法选择一个任务发射。

10.2.3 Hadoop 资源管理

集群管理分为资源表示方式和资源分配方式。资源表示方式指集群资源的组织形式，是集群统一管理和资源分配的基础；资源分配方式为任务调度，根据一定的规则，将用户任务分配到合适的集群资源上。

1. 资源表示方式

Hadoop 采用槽位（slot）的概念来表节点的资源。

（1）slot 是一个逻辑概念，不是 CPU 或内存资源，而是集群节点资源（CPU、内存等）被等量划分成多份，每一份是一个 slot，即每一个 slot 占用一定的 CPU 和内存等资源。

（2）集群节点根据自身的计算能力以及内存容量确定 slot 的总量。

（3）slot 是 Hadoop 分配资源的最小单位，slot 分为 map 任务槽和 reduce 任务槽，分别处理 map 任务和 reduce 任务，每个 slot 同时只能处理一个任务。

（4）当 map 任务或 reduce 任务要开始被执行时，任务调度器为任务分配相应空闲 slot，当任务结束时释放 slot。

（5）Hadoop 实现中，每一个 slot 都是以 JVM 实现的，当 tasktraeker 节点接收到 map 任务或者 reduce 任务时，会启动一个独立的 JVM 进行处理，当任务完成时，释放该 JVM。

2. 默认调度器

任务调度框架分为三个级别：作业等待队列（job waiting queue）、单个作业（job）和任务（如 map 任务或者 reduce 任务）。任务调度器首先选中一个作业等待队列，然后从中按一定原则选择一个作业（如 job 2），最后选择该作业中等待的 map 任务或者 reduce 任务调度执行（如 task 1）。

目前 MapReduce 上默认的三个调度算法分别是 first in first out（FIFO）、fair scheduler[226]、capacity scheduler[227]。FIFO 针对单用户，按照作业提交的先后进行排队，可配置作业的优先级（VERY_ HIfiH，HIGH，NORMAL，LOW，VERYJLOW 选择其中的一个值作为优先级）。任务调度器选择优先级最高的作业分配运行。Fair scheduler 是 Facebook 针对多用户共享集群提出的公平性任务调度算法，以能够让每位用户公平共享集群资源为目标，给每位用户分配一个资源池，用户提交的任务需要在自己的资源池中调度运行。Capacity scheduler 是 Apache 提出的针对多用户共享集群的任务调度策略，用户提交的作业分成多个队列，每一个队列包含一些资源，这些队列可能有层次结构关系，如一个队列是另一个队列的子队列，每一个队列包含一些资源。在每个队列内部作业按照 FIFO 方式进行调度。

10.2.4 数据本地性问题

数据本地性问题指任务与数据是否在同一节点上。在 HDFS 中输入的文件被分成多个数据块分散存储在集群各节点上，每个 map 任务处理一个数据块，存在数据本地性问题，而 reduce 任务输入数据为所有 map 任务输出的中间结果，无数据本地性问题，所以本章研究 map 任务的数据本地性问题。

一个 map 任务具有数据本地性，是指任务与数据在同一节点上，任务从本地硬盘读取数据进行处理，而一个 map 任务不具有数据本地性，则需要远程读取数据，任务的执行时间为数据传输时间（数据块大小除以网络带宽）加上数据处理时间，显然，非数据本地性任务执行时间比数据本地性任务长，造成集群吞吐率下降。为了提高集群吞吐率，应提高具有数据本地性 map 任务的比例。

Hadoop 默认任务调度器分配 map 任务已经考虑节点的网络位置，优先选择具有数据本地性的任务（data-local），其次考虑机架本地性（rack locality，即 map 任务和数据在同一个机架上），最坏的情况是 map 任务需要跨机架来读取数据，称为 rack-off locality。rack locality 和 rack-offlocality 这两类 map 任务没有数据本地性。

默认任务调度器虽然优先执行数据本地性任务，但是集群通常被多个用户共享，每个用户所使用的资源是受限的，又因为 HDFS 等分布式文件系统将用户文件分成多个基本数据块，并分散存储在集群节点上，所以为任务分配资源很难保证 map 任务与数据在同一节点上。与处理大作业相比，当集群处理冲突作业和小作业时，数据本地性问题影响性能尤其显著，这是因为大作业分成的数据块个数多，且分散存储，占用集群节点个数多，获得潜在具有数据本地性任务的比例高。事实上，MapReduce 平台通常运行大量的小作业和数量相对少的大作业。因此，研究如何提高具有数据本地性任务的比例是非常必要的。

10.2.5　现有的相关解决方案

针对上述数据本地性问题，学术界已提出一些改进方案，主要分为以下几类：基于调度算法的优化、设计缓存系统和使用数据预取机制。

1. 基于调度算法的优化

Zaharia[229][230] 提出用延迟调度策略（delay scheduling）来提高具有数据本地性 map 任务的比例。如果作业等待队列中的首个作业的 map 任务都没有数据本地性，该算法就会跳过该作业，查找后续作业是否存在具有数据本地性任务。但是该算法是以改变作业的优先级或者公平性为代价的。还有一个问题，即延迟任务的分配可能会出现同一个作业的任务分配到同一个节点上运行，影响作业的并行执行。

Zhang 提出 next-k-node 调度算法[231]。该算法首先预测所有 tasktracker 节点向 jobtracker 节点请求新任务的顺序。当 tasktracker 节点 i 向 jobtracker 请求新 map 任务时，若作业等待队列首个作业 J 的所有 map 任务都没有数据本地性，该算法查看前 k 个最先会向 jobtracker 节点请求新任务的 tasktracker 节点，如果存在节点包含作业 J 的 map 任务所需输入数据，则将 map 任务分配到该节点上，否则直接分配到节点 i 上。该算法以改变作业的优先级和公平性为代价来提高具有数据本地性任务的比例，并且没有考虑其他 map 任务的性能。

文献［241］提出一种感知数据本地性的调度算法，与 next-k-node 调度算法类似，没有数据本地性的 map 任务首先查找所有需输入数据块的节点，并对该节点进行判断，如果该节点在规定的时间内完成正在运行的任务释放资源，调度算法将 map 任务分配到该节点执行，否则直接分配 map 任务到申请新任务的节点上。该算法在一定程度上提高了具有数据本地性任务的比例，但是性能依赖于所执行的作业，同样没有关心其余没有数据本地性的 map 任务。

2. 数据预取机制

数据预取指任务处理数据之前，提前将数据从远程节点读取到本地，是一种有效的隐藏数据访问延迟的技术。目前已经出现通过数据预取提高集群性能的方案。通过数据预取提高系统性能跟预取准确率息息相关，预取准确率指预取成功的比例，预取成功指预取的数据正是任务所需要的。为了提高集群性能，也就需要提高预取准确率。

提高预取准确率的一种方法是分析历史数据来预测将来的行为，从而决定预取的数据。AMP（affinity-basedmetadata-prefetching）[236]是在大规模分布式文件存储系统中提供元数据（指文件的名字空间信息）主动预取，从历史访问数据中挖掘出有用信息，主动预取元数据。Algorithm-level Feedback-controlled AdaPtive（AFA）[234]和实时数据预取算法[235]同样分析历史数据访问模式，解决数据访问延迟问题。

南开大学提出的数据预取机制[232]，主要是预取数据块的一部分。图 10-4 表示 map 任务的处理过程，任务不是一次性读取完整的数据块，而是将数据块分成多个数据片段，每次处理一个数据片段，处理完一个数据片段，再取下一个数据片段，可见数据传输和处理是串行的。基于任务处理数据的特点，在处理数据片段的同时，预取下一个数据片段（见图 10-5）。该方法预取目标明确，但是数据块的第一个数据片段没有进行预取，需要远程读取，影响任务的执行时间。

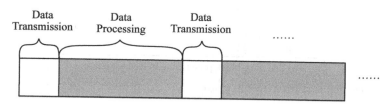

图 10-4　map 任务的数据传输和数据处理交替执行

Seo 等设计了一个预取系统——HPMR[233]，提出预取系统和 pre-shuffle 系统。其中预取系统包含块内预取和块间预取两部分。图 10-6 展示了 HPMR 的块内数据预取机制，与南开大学所提出的方案类似，在 map 任务处理数据块时，预取下一个数据片段，reduce 阶段同理。块间预取是当一个 map 任务处理多个数据块时，预取下一个要处理的数据块，对某些频繁访问的数据块进行复制，增加数据块的备份。该方法虽然预取目标明确，但是块内预取机制并没有隐藏数据块的第一个片段的读取延迟，块间预取并没有考虑第一个数

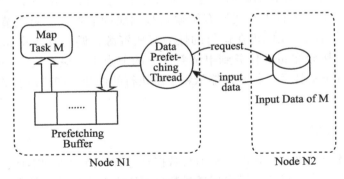

图 10-5　数据预取机制

据块的读取延迟。

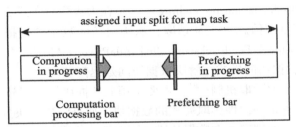

(a) The intra-block prefetching in Map phase

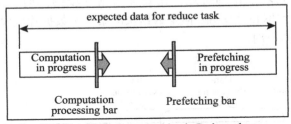

(b) The intra-block prefetching in Reduce phase

图 10-6　HPMR 的块内数据预取 （a） map 阶段 （b） reduce 阶段

预取机制[242]仅关心 rack-off 的 map 任务，将数据预取到任务所在的 rack 区中。文献 [243] 提出一个调度算法，一次向一个任务槽分配两个任务，在处理第一个任务时预取下一个任务的输入数据，来提高具有数据本地性任务的比例。

3. 缓存系统及其他方案

缓存系统也是一种隐藏数据访问延迟的技术，缓存作业的输入数据，提高 map 任务具有数据本地性的潜在可能性。PACMan[228]是一个分布式内存系统，采用 all-or-nothing 策略，即缓存作业的所有数据集或全部不缓存。但是缓存作业的所有数据，需要占用大量内存空间。mpCache[244]改进 PACMan，用 SSD 代替内存来缓存输入数据，是基于 SSD 混合存储系统。文献［237］是为提高网格计算性能而设计的基于预测的缓存系统。

Hadoop[245]是一种处理迭代应用的计算框架，迭代应用通常需要执行多轮 MapReduce 作业。HdLoop 采用感知迭代应用的调度器，将任务优先调度到存储输入数据的节点，并缓存 reduce 任务的输出结果，这样避免下一轮 map 任务从硬盘读取上一轮 reduce 任务的输出结果，从而提高下一轮迭代的执行速度。unbinding-Hadoop[246]同样是一种处理迭代应用的计算框架，缓存迭代应用的所有输入数据集到内存。

还有一些其他的方法如 MapReduce Online[247]，缓存 MapReduce 作业 map 任务的中间结果，以提高 reduce 任务的读速度。

10.3 基于预期的调度算法设计

已有的方法大多单独采用预取技术，或单独优化调度算法，或采用基于历史访问数据的预测机制等提高具有数据本地性的任务比例。

本章采用将预取技术、预测机制和任务调度算法三者有机结合的方法来提高具有数据本地性任务的比例，进而提高集群性能。与其他预取算法不同的是，通过预测集群节点来执行任务，将没有数据本地性的任务提前预取输入数据到节点内存中，使没有数据本地性任务转变为具有数据本地性任务，以一定的内存空间代价来减少任务执行时间。我们基于此方法设计了一个基于预取的任务调度器 HPSO。数据预取决策与任务调度顺序紧密相关，下文首先对任务调度问题进行描述。

10.3.1 任务调度问题的描述

本章所研究的是基于 MapReduce 平台的任务调度问题，其中任务调度算法配置在 Hadoop 集群上，则 $\pi_1 = \{j \mid j = 1, \cdots, l\}$ 为 Jobtracker 节点集合，$\pi_2 = \{i \mid i = 1, \cdots, n\}$ 为 tasktracker 节点集合，则 Hadoop 集群表示为 $C_{hadoop} = \{\pi_1, \pi_2\}$。

该平台执行 MapReduce 作业，则假设一个 MapReduce 作业包含 m 个 map 任务，记为 $\Gamma = \{i \mid i = 1, \cdots, m\}$。

因此，MapReduce 平台的任务调度问题可描述为：针对一个 MapReduce 作业的 map 任务集 Γ，经过 k 次调度完成。在任务调度的解空间中，寻找使得该 MapReduce 作业执行时间最短的调度方案。

假设采用周期性的调度策略，即任务调度器在每个节点周期性地发送心跳信息时，才会被触发。设心跳周期为 ΔT。对一个 MapReduce 作业需 k 次完成其所有任务的映射，最后一次的任务调度步结果记为 ψ_k。

假设 MapReduce 作业最后一个完成的任务为 j，则第 k 次调度后，任务 j 还需 t_j 时间完成。则 MapReduce 作业的执行时间 T 可表示为公式（10-1）。

$$T = (k-l) \times \Delta T + t_j \tag{10-1}$$

根据公式（10-1），任务调度的目标为最小化 T，由于 ΔT 和 t_j 一定情况下，k 是决定 T 的关键因素，k 越小，T 越小。即在每一轮任务调度时，尽可能使每个任务的执行时间缩短，可减少总的调度次数，以达到整个 MapReduce 作业执行时间最短。

当任务访问数据时，如果在本地节点命中，称为本地命中，则该任务具有数据本地性。

定义 10-1　针对单个任务 i，该任务所访问的数据在本地命中的概率，称为本地命中率。单个任务的数据本地性可以用本地命中率来度量，记为 λ。

设任务 i 的平均执行时间为 T_i，如公式（10-2）所示。

$$T_i = T_{cpu}(i) + T_{comm}(i) \tag{10-2}$$

其中 $T_{cpu}(i)$ 表示 CPU 运行时间，$T_{comm}(i)$ 为节点间数据通信开销。

设数据块传输的时间开销为 T_{tran}，如公式（10-3）所示。

$$T_{comm} = d + (1-\lambda) \times T_{tran} \tag{10-3}$$

其中 d 为任务具有数据本地性时的通信开销。我们将 d 与 CPU 运行时间合并计算，纳入 $T_{cpu}(i)$，如公式（10-4）所示。

$$T_i = T_{cpu}(i) + (1-\lambda) \times T_{tran}(i) \tag{10-4}$$

从上述公式可知，提高任务的数据本地性 λ 是降低单个任务执行时间的重要手段之一。

10.3.2　算法框架

HPSO 引入数据预取技术使没有数据本地性任务转变为具有数据本地性任务，提高具有数据本地性任务的比例，减少任务执行时间。然而采用数据预取技术，最关键的问题在于确定 TaskTracker 节点将来运行的 map 任务和确定要预取的数据。

HPSO 采取将数据预取技术、预测机制和任务调度算法三者相结合的方法。一是因为 MapReduce 平台只有当 TaskTracker 节点任务槽空闲才能向调度器申请新任务，也就是说，任务槽越早空闲，节点越早申请到新任务。根据这一原则，可以预测出集群所有任务槽的空闲先后顺序。二是任务调度算法决定任务与 TaskTracker 节点的映射关系，任务调度器可以根据预测机制的结果决定节点将来要运行的任务，进而可以确定执行数据预取操作的节点和要预取的数据，提高预取准确率，最大化具有数据本地性任务的比例。

因此，HPSO 包括三大主要模块：预测模块、调度优化器模块和预取模块（见图 10-7），预测模块是分析 TaskTracker 节点上正在运行的 map 任务执行情况从而预测节点任务槽下一个空闲时间。调度优化器是为 TaskTracker 节点预测将来最可能执行的任务。预取模块负责从远程预取数据到本地节点。

图 10-8 为 HPSO 的工作流程：（1）每个节点的预测模块预测自身任务槽的下一个空闲时刻（slot idle time），通过周期心跳信息发送给调度优化器；（2）调度优化器按照节点任务槽下一个空闲时间对所有任务槽进行升序排列，称为任务槽空闲队列（predicted slot sequence）；（3）根据在 MapReduce 中任务槽越早空闲，将越早分配到新任务这个原则，调度优化器根据任务槽空闲队列和作业等待队列（job waiting queue）预测任务槽将来运行的任务，为任务槽预分配任务；（4）一旦调度优化器制定任务的预分配决策，对非数据本地性任务就会触发预取模块将任务所需的输入数据预先传输到与之匹配的节点内存中。

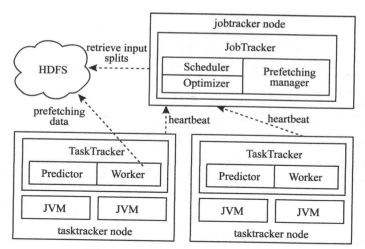

图 10-7　HPSO 的体系和框架结构图

HPSO 是利用 CPU 密集计算时硬盘和网络的低利用率，读取数据到节点内存中，相当于流水线的处理模式，隐藏任务的读取数据延迟。

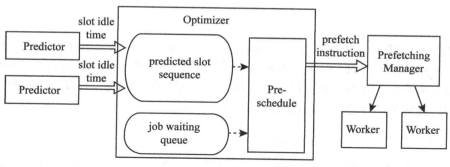

图 10-8　HPSO 工作流程图

图 10-9 展示的是 HPSO 为非数据本地性 map 任务预取数据的一个例子。HPSO 预测 mapl 将会在 tasktracker 节点 1 上运行，mapl 需要处理数据块 Al，A1 只要在 tasktracker 节点 2 上，就会触发 tasktracker 节点 1 在处理 map0 的同时从 tasktracker 节点 2 拷贝数据块 A1 到内存中。map0 完成后，mapl 无须远程读取数据延迟，直接处理数据，减少任务的执行时间。下面将对三个模块进行详细介绍。

10.3.3　预测模块

预测器（predictor）的功能是预测 TaskTracker 节点中忙碌任务槽的下一个空闲时间，该信息通过定期发送的心跳传递给 JobTracker。预测忙碌任务槽何时空闲，具体来说就是

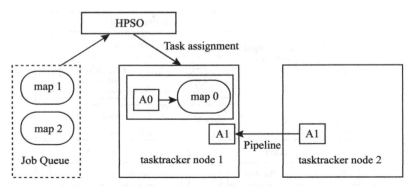

图 10-9　一个 HPSO 数据预期的例子

评估正在运行 map 任务的剩余完成时间。

　　第一步估计任务的执行进度（process score），值大小为从 0 到 1。在 MapReduce 集群实现中，map 任务是将一个基本数据块分成多个数据片段分段处理。当 map 任务获取一个数据片段就开始进行处理。当该数据片段处理完成，map 任务就会开始获取和处理下一个数据片段。所以 map 任务的执行进度（S_{exe}）可以按照公式（10-5）已经读取的数据量（rc）占整个数据块（sc）的比重来衡量。

$$S_{exe} = \frac{rc}{sc} \tag{10-5}$$

　　第二步通过任务进度来估计任务的剩余执行时间，如公式（10-6）所示。RT_m 代表 map 任务的剩余执行时间，T_{exe} 表示 map 任务执行进度到 S_{exe} 时所花费的时间。在 MapReduce 集群中，节点一般可以同时执行多个 map 任务，也就是有多个任务槽。对每个 map 槽位，按照公式计算任务的剩余时间。

$$RT_m = \frac{T_{exe}}{S_{exe}} \times (1 - S_{exe}) \tag{10-6}$$

　　进一步我们可以通过公式（10-7）预测出 map 任务的完整执行时间（T_m）。map 任务当前已完成的执行时间如公式（10-8）所示。

$$T_m = \frac{T_{exe}}{S_{exe}} \tag{10-7}$$

$$T_{exe} = T_{tran} + T_{cpu} \tag{10-8}$$

　　其中，T_{tran} 为 map 任务已完成数据的传输时间，T_{cpu} 指 map 任务已完成数据的处理时间。T_{tran} 如公式（10-9）所示，其中 BW 是集群两个节点之间的网络带宽。结合公式（10-8）和公式（10-9），按照公式（10-10）可得到 map 任务的完整数据处理时间 T_{cpu}。

$$T_{tran} = \frac{rc}{BW} \tag{10-9}$$

$$T_{cpu} = \frac{T_{cpu}}{S_{exe}} \tag{10-10}$$

10.3.4 调度优化器模块

调度优化器通过心跳信息接收并保存所有 TaskTracker 节点发送的任务槽下一个空闲时间（RT），RT 值越小，说明忙碌任务槽越快释放。调度优化器按升序进行排列，得到集群所有 map 任务槽先后释放忙碌任务槽的队列 candidateN。调度优化器的基本思想是根据 candidateN 为节点预先模拟出将运行的任务，这样既不影响任务原来的优先级，又可以为非数据本地性的 map 任务进行预取操作。

可见调度优化器分成两部分：第一部分根据 candidateN 预测未来运行的任务，并对非数据本地性的 map 任务触发预取模块预取数据。另一部分需要遵守任务调度的基本原则不影响作业的优先级，但同一个优先级的作业里的任务是可以乱序执行的。所以当节点任务槽空闲并真正向调度器申请新的任务时，调节由于预测的不准确性等原因而导致低优先级的任务将先执行的问题。

1. 基于预期的调度算法

我们定义一个阈值 T_{under}，只考虑空闲时间 RT 少于 T_{under} 的任务槽。调度优化器从 candidateN 挑选合适的任务槽并按时间大小升序排序成队列 N，$N = \{i \mid i \in \pi_2, \text{RT}_i < T_{under}\}$，只为队列 N 预先分配任务。我们用一个例子来说明定义 T_{under} 的优点。T_{under} 需要大于数据块的网络传输时间（$T_{tran} = sc/BW$）。

图 10-10（a）是预分配 map 任务前的初始状态，有三个 map 任务在等待。假设三个 map 任务的完成时间都为 30s，集群中有两个节点 A 和 B，节点 A 在 10s 后释放忙碌任务槽，而节点 B 在 600s 后才空闲。图 10-10（b）是对集群所有任务槽都提前预分配 map 任务，map1 预分配到节点 A 上，并对 map1 所需数据进行预取，节点 B 也一样。事实上 map1、map2 和 map3 都在节点 A 上执行，这种全预分配导致节点 B 无效缓存 map2 的输入数据，增大网络传输压力。而我们的方法如图 10-10（c）所示，假定 T_{under} 为 60s，只有对节点 A 预先分配 map1，模拟真实的任务分配，才能避免无效的网络传输。

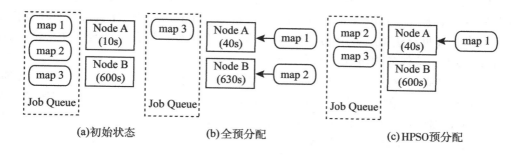

(a)初始状态　　　　　(b)全预分配　　　　　(c)HPSO预分配

图 10-10　预分配任务的例子

队列 N 已经准备好，调度优化器需要从作业等待队列中挑选合适的任务进行预分配

（见图 10-8），并选出没有数据本地性的 map 任务，这些非数据本地性的 map 任务是预取的目标。假定 HDFS 中每个数据块有 3 个备份，那么 map 任务在 3 个节点上有数据本地性。按公式（10-11）和公式（10-12）对队列 N 和作业等待队列的任务进行一一匹配，得到在队列 N 中有 map 任务 m 所需数据的节点数目，即 $f(m, N)$。

$$f(m, N) = \sum_{i=0}^{3-1} \sum_{j=0}^{p-1} u(n_i, n_j) \tag{10-11}$$

$$u(i, j) = \begin{cases} 1 & \text{if } i=j, \\ 0 & \text{otherwise} \end{cases} \tag{10-12}$$

其中，n_i 指 map 任务的输入数据的三个备份所在节点，而 p 指队列 N 中所包含的任务槽数据，n_j 是 N 中的 map 任务槽。$f(m, N)$ 值为 0 表示 map 任务在 N 上没有数据本地性，若值大于 0 时表示有 map 任务输入数据的任务槽的个数。不幸的情况是，可能多个 map 任务定位于同一个节点。为解决这种竞争，采取将遇到的第一个有数据本地性的 map 任务分配给该任务槽。此采用队列 N 和作业等待队列的任务一一匹配的方法可以尽可能挖掘 map 任务与节点之间的数据本地性，从而减少网络压力。

算法 10-1 为预先分配 map 任务的调度算法。第一步，HPSO 考虑预取缓存中的数据块，预取缓存中的数据块相当于数据块的一个备份，提高潜在的数据本地性的概率，特别是针对热点数据[248]。当 map 任务的输入数据在预取缓存中，认为具有 buffer-local，优先考虑（算法 10-1 中的第 3~5 行）。

$M <n, t>$ 为将 map 任务 t 预分配到节点任务槽 n，一方面，任务 t 要等待的时间 $T_{\text{wait}}(t)$ 为 n 的下一个空闲时间 RT_n 如公式（10-13）所示，另一方面，如公式（10-14）所示更新 RT_n，对 N 重新按升序排列。其中 $T_{\text{cpu}}(t)$ 是 t 任务的执行时间。

$$T_{\text{wait}}(t) = RT_n \tag{10-13}$$

$$RT_{n+1} = RT_n + T_{\text{cpu}}(t) \tag{10-14}$$

第二步，若 N 还有任务槽没有预分配任务且任务等待队列不为空，按照公式（10-11）和公式（10-12）充分挖掘潜在的具有数据本地性的 map 任务，若找到此类 map 任务 t 见算法 10-2 的第 12 行，将 t 预分配给任务槽 n，并触发预取模块从硬盘读取到内存中。最后针对非数据本地性的 map 任务（rack-local 或者 rack-off），调度优化器会发布预取指令，触发预取模块（见算法 10-1 的第 6~25 行）。预取指令主要包括预取的数据块标示，目的 tasktracker 节点，该任务槽何时空闲等。

另外需要特别注意的是，针对新提交的 MapReduce 作业，不知任务的执行时间等参数，HPSO 认为新作业的 map 任务的执行时间为无穷大，当此类 map 任务进行预分配时，节点因无限大的任务执行时间，排到队列尾部，一旦该作业的 map 任务执行，就可以预测任务的执行时间，更新空闲队列 N。

2. 调度算法

HPSO 必须遵循的原则是不影响作业的优先级，但是同一个优先级的作业是可以乱序执行的。上一小节 HPSO 为 N 提前预分配了 map 任务，但预测的不准确性等导致低优先级的任务将先执行。为了解决这个问题，我们修改了任务调度算法。

算法 10-1 是任务调度算法分配任务的过程。当节点 n 有空闲的任务槽，就会触发任务调度器。第一步，t 为节点 n 提前分配的 map 任务，扫描作业等待。

算法 10-1　Prefetching based Scheduling Algorithm

input：Array N：the predicted slot sequence whose remaining time is less **than T$_{under}$**，

Array J：job waiting queue.

if！（All slots in N have at least one waiting task or J ==NULL）**then**

    for j in J *do*

        if j has a buffer-local task t for n（n in N）**then**

        end j set M. <n, t>；Break

    end

end

if！（All slots in Nhave at least one waiting task or J==NULL）*then*

    for j *in J* do

            compute f（m, N）using Equation（10-11）

        if f(m,n)>= 1 then

            set M <n, t>；

        end

    end

end

while！（All slots in N have at least one waiting task or J ==NULL）**do**

    for j *in J* do

        if i has a rack-local task t for n（n：the head slot ofN）**then**

            set M <n, t>；Break

        else

            set M <n, t>；

        end

        end

    end

end

队列是否存在优先级高于 t 的 map 任务（higherjpriority_ choose（t））；如果存在，第二步从这些高于 t 的 map 任务中选取将要等待时间最长的 map 任务 p，即 T_{wait}（p）最长，如算法 10-2 的第 7 行所示。第三步，按照公式（10-15）计算判断是否有调节的必要，如

u 小于 0，说明 p 即将运行，无须改变 t 的预分配决定，否则，为了不影响任务的优先级，将 p 任务分配到 n，放弃之前的预分配任务 t。

$$U = T_{\text{wait}}\,(P)\,-T_{\text{tran}} \tag{10-15}$$

另外还有一种情况，HPSO 没有为节点 n 预分配 map 任务，即 $M <n,\ t>$ 中 t 为空，采用跟原生调度算法一样的策略优先挑选有数据本地性的任务分配执行见算法 10-2 的第 17 行，如 FIFO 或者 Fair 策略等。

因此，HPSO 在不影响作业的优先级下，提高具有数据本地性 map 任务的比例。若 HPSO 失效并不会妨碍作业调度分配和执行，跟原生的调度算法一样。

算法 10-2　Scheduling Algorithm

input：M <n, t>: the mapping between the tasktracker node n and map tasks t which have been assigned to n in advance；

```
        Array J: job waiting queue.
    while A heartbeat is received from node n do
        if n has a free map slot then
          if t is not NULL then
              Array A = Higher_ priority_ choose（t）
              if A not NULL then
            if u> 0 then
                return m to n
             end
          end
          else
          t = Select_ map（J）;
            （select t from J according FIFO or Fair）
          return t to n
        end
    end
```

10.3.5　预取缓存机制

1. 预取模块的总体结构

预取模块负责处理调度优化器的预取指令，预先将 map 任务所需的输入数据缓存到待分配的计算节点内存中，使 map 任务相当于本地执行。图 10-11 是预测模块的结构图。预取模块采用主从式结构，包括一个预取管理器（prefetching manager）和多个 Worker。

预取管理器位于 JobTracker 节点，负责监听所有 Worker 的状态，调节 map 任务的预取操作。而每一个 Worker 位于数据节点（DataNode）上，包含预取线程（prcfetching threads）和预取缓存管理器（prefetching buffer manager）。预取线程负责自动从远程节点或者本地硬盘读取所需数据块到预取缓存（prefct ching buffer）中，而预取缓存管理器则管理预取缓存中数据块。预取缓存管理器也向调度优化器报告当前集群所有 TaskTracker 节点已经预取的数据块列表。

　　一旦预取管理器接收调度优化器的预取指令，根据预取指令启动目标节点的 Worker 去缓存目标数据块。

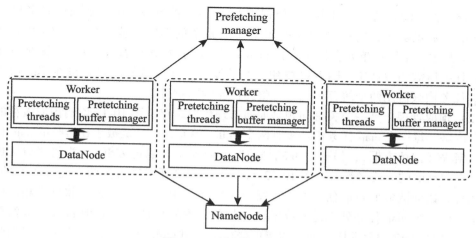

图 10-11　预取模块的结构图

2. 预取管理器

　　预取管理器为每一个 TaskTracker 节点构建并维护该节点预取缓存中的数据块列表，创建节点与所缓存数据块的映射关系，若节点预取缓存中的数据发生变化，预取管理器就会通过心跳机制更新数据块列表。数据块列表也是调度优化器制定任务的预分配决定的基础。

　　预取指令包括预取的目标数据块标识，目的节点，map 任务 ID，目的任务槽的下个空闲时刻，但没有指定目标数据块所在的源节点，这样做的优点是降低调度优化器的压力。HDFS 因容错为每个数据块备份多份（默认备份 3 份），预取管理器需要从候选节点中挑选一个作为源节点。第一步，从 HDFS 主节点的命名空间获取数据块的副本所在节点；第二步读取配置文件下的 topology data，获得集群节点间的网络拓扑结构信息；第三步计算源节点与目的节点之间的距离。为了减轻 JobTracker 节点的负载压力，本章采取简单计算两节点之间通过的交换机个数作为节点之间的距离，距离值越小，节点间距离越近，若同一个交换机相连，两节点之间的距离为 1；最后选择距离最近的节点作为源节点，发送预取命令给目的节点 Worker 的预取线程。

3. 预取缓存管理器

一旦 tasktracker 节点接收到从预取管理者发送的预取命令，预取线程按照预取命令从源节点读取期望的数据到内存，这块开辟的内存称为预取缓存（Prefetching buffer）。当相对应的 map 任务达到时，其会从预取缓存中获取输入处理进行处理。显然这个处理过程是典型的生产者—消费者模型，预取线程是生产者，相应的 map 任务是消费者。下面介绍预取缓存的关键问题。

（1）预存缓存大小。预取机制其中一个关键问题是预取缓存的大小，直观上看，预取缓存越大，性能越高。但事实上，根据生产者-消费者模型，每一个 map 任务槽分配两个缓存单元是足够的，每一个缓存单元是一个完整的 HDFS 基本数据块的大小（默认 64MB），其中一个缓存单元存储正在运行 map 任务的输入数据块，另一个缓存单元是将来 map 任务所需的数据块。随着科技和工艺的发展，计算机的内存容量在不断增大。每个 map 任务槽只占用两个缓存单元，对整体性能的影响较小。

（2）预取管理。另一个关键问题是如何管理预取缓存。图 10-13 说明预取缓存的结构和管理策略，每一个 map 任务槽最多有两个 buffer 单元，一个是被正在运行的 map 任务处理的数据块（白色方框），另一个可能是预取的数据块（黑色方框），为将来分配的 map 任务所提前预取的，或者没有。图 10-12（a）表示每个任务槽维护两个缓存单元的列表。若某些特定数据被多个 map 任务处理，图 10-12（b）中的 slot0 和 slotl 将处理相同的预取数据块；已经被 map 任务处理过的数据块（灰色方框）可能会被其他 map 任务需要，如 slot3 将要处理 slot2 的数据块。剩下的灰色缓存单元用 buffer list 维护，表示可以回收的缓存单元。当然若灰色的数据块被将来 map 任务需要，只需将灰色数据块从 buffer list 中转移到任务槽的列表中就可以。当有新的预取数据块出现时，从 buffer list 中用简单的 LRU 选择出淘汰的缓存单元存储新的数据。

（3）预取时机。还有一个关键问题是何时进行预测操作。为了减少预取操作对正在运行的任务影响，在节点内存和网络相对良好的情况下进行预取操作。

10.4　实验和分析

10.4.1　性能分析

我们定义如下参数：sc 表示基本数据块大小；m 表示 HDFS 中每一个数据块备份个数；PA 表示节点的处理能力，即每秒钟处理的字节数；BW 表示集群两个节点之间的网络带宽；λ 表示本地命中率，即任务具有数据本地性的概率。

如公式（10-16）所示，我们以 map 任务的平均执行时间 T 作为衡量标准。

$$T = T_{cpu} + (1 - \lambda) \cdot T_{tran} + T_{other}$$

$$T_{cpu} = sc/PA$$

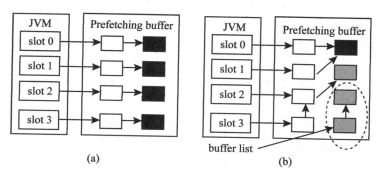

图 10-12　预取管理的结构和管理

$$T_{\text{tran}} = sc/\text{BW} \tag{10-16}$$

其中 T_{cpu} 是 map 任务处理数据块的时间，如公式（10-17）所示。T_{tran} 为远程读取数据块的时间，如公式（10-18）所示。T_{other} 表示其他的开销。

$$T_{\text{cpu}} = sc/\text{PA} \tag{10-17}$$

$$T_{\text{tran}} = sc/\text{BW} \tag{10-18}$$

Hadoop 采用 FIFO 调度算法时，任务具有数据本地性的概率 λ 如公式（10-19）所示。无其他开销，即 T_{other} 为 0。则采用 FIFO 任务的执行时间如公式（10-20）所示。

$$\lambda = \frac{m}{n} \tag{10-19}$$

$$T_1 = T_{\text{cpu}} + T_{\text{tran}} \times \frac{1-m}{n} \tag{10-20}$$

HPSO 引入数据预取机制，map 任务获得数据本地性的概率跟预测的准确率 q 有关；另外，HPSO 是以一定的内存代价获得高的数据本地性，T_e 为引入数据预取所带来的代价，如占用部分内存空间作为预取缓存，对节点运行任务的影响。由此可知引入预取机制，map 任务的执行时间 T_2，如公式（10-21）所示。

$$T_2 = T_{\text{cpu}} + T_{\text{tran}} \cdot (1-q) + T_e \tag{10-21}$$

根据生产者-消费者模型，HPSO 每个 map 任务槽只占用两个基本数据块大小（一个数据块默认为 64MB），HPSO 占用很少的内存空间，引入预取所带来的代价 T_e 对 T_2 影响较小，所以 T_2 主要受预测的准确率 q 影响。当预测准确率达到一定程度后，T_2 将小于 T_1。此时根据公式（10-1），HPSO 可以使整个 MapReduce 作业执行时间缩短。

10.4.2　实验设置

本节我们将通过实验验证 HPSO 的有效性，衡量指标包括 PL 和 EL。

PL 表示具有数据本地性 map 任务的比例，EL 表示执行时间。

测试平台。为了测试 HPSO 的性能，我们构建一个 Hadoop 本地集群，包括一个 JobTracker 节点和 20 个 TaskTracker 节点，所有节点都包含一个 4 核处理器、16GB 内存以及 200GB 硬盘，相互间通过 1GB 的以太网交换机连接。每个节点上部署 Hadoop 1.1.2，根据节点的计算能力（CPU 数）和内存容量，我们设置每个 TaskTracker 节点包含 4 个 map 任务槽和 4 个 reduce 任务槽，即每个 TaskTracker 节点最多同时运行 4 个 map 任务和 4 个 reduce 任务。

基准用例。我们采用 PUMA[249] 上的 5 个测试用例，包括 grep、histogram-ratings、classification、wordcount 和 inverted-index。

HPSO 与 Hadoop 和 HPMR 比较。为更好地验证 HPSO 性能，我们将 HPSO 与 Hadoop 和 HPRM 进行比较。Hadoop 采用简单的 FIFO 调度策略，它根据任务到达时间来决定任务的执行顺序，先到达的任务先执行。HPMR 采取块内预取和块间预取两个方法来提高集群的性能。我们分别运行多次测试用例，以 PL 和 EL 作为比较数据。

10.4.3 不同基准用例的性能描述

我们首先测试 HPSO 在不同基准测试用例下的性能，该组实验都是由一个 JobTracker 节点和 15 个 TaskTracker 节点构成的 Hadoop 集群。我们对每一种基准用例分别提交多次相同作业，使多次作业的持续时间达 20～30 分钟，单个作业处理 256MB 输入数据，因 HDFS 默认数据块大小为 64MB，所以单个作业含有 4 个 map 任务和 1 个 reduce 任务（默认配置一个 reduce 任务）。例如 wordcount 基准用例，我们同时提交 20 个 wordcount 作业，每个 wordcount 作业处理相同输入数据，包含 4 个 map 任务和一个 reduce 任务，所有 wordcount 作业完成时间在 25 分钟左右。

图 10-13 展示了 HPSO、FIFO 和 HPMR 三种策略分别运行 5 种基准程序的比较数据。从图 10-13 可以看出，HPSO 获取较高的 PL 值，运行 classification 作业时 PL 值为 93.5%，运行 wordcount 时 PL 值为 92.1%；而 FIFO 的 PL 值在 24.5%～27.3%；HPMR 的 PL 值比 HPSO 低，是因为 HPMR 的块内预取机制只预取数据块的一部分，而块间预取机制，对某些频繁访问的数据块进行复制，在一定程度上提高具有数据本地性 map 任务的比例，图 10-13 显示了 HPMR 运行 histogram-ratings 时 PL 值最高为 54.7%。

分析以上实验数据可以得出结论，HPSO 运行不同的基准用例获得较高的 PL 值，减少了作业执行时间。性能提升主要是因为预先为没有数据本地性的 map 任务（rack-local 和 rack-off）缓存数据块，使没有数据本地性任务转变为具有数据本地性任务。

10.4.4 基准用例输入数据大小时的性能比较

本节我们分析 HPSO 在基准用例输入数据大小不同时的性能。Hadoop 集群规校和配置跟上一节相同。据上一节实验结果，我们选用 PL 最低的 wordcount 和最高的 classification 这两个基准用例。同样的，分别运行多个相同作业使执行时间持续大约 30 分钟，单个作业的输入数据大小为 128MB、256MB、512MB 和 1024MB，对应的单个作业分别有 2 个、4 个、8 个和 16 个 map 任务和默认配置的一个 reduce 任务。图 10-14 和图 10-15 展示的是 HPSO、FIFO 和 HPMR 分别运行输入数据大小不同的比较数据，从图中可以看出，HPSO 获得 PL 值最高，运行 wordcount 时 PL 最低为 89.7%、最高为

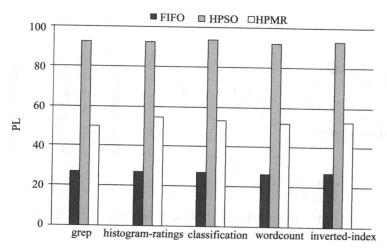

图 10-13　HPSO 与 FIFO、HPMR 运行不同基准程序的 map 任务 PL 值比较

95.6%，如图 10-14（a）所示；运行 classification 时 PL 最低为 90%、最高为 96%，如图 10-15（a）所示。

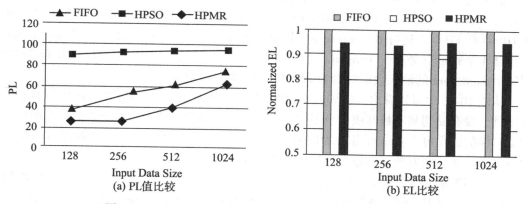

图 10-14　HPSO、FIFO 和 HPMR 运行 wordcount 的性能比较

　　相应地，图 10-14（b）显示 wordcount 输入数据大小为 256MB 时，HPSO 比 FIFO 性能提升约为 11%，而输入数据大小为 1024MB，性能提升 8%；运行 classification 输入数据为 256MB，HPSO 性能是 FIFO 的 1.49 倍，输入数据为 1024MB，性能是 FIFO 的 1.39 倍，如图 10-15（b）所示；HPSO 比 HPMR 最高提升 17.1%性能。此外，两种用例输入数据大小为 1024MB 时，HPSO 获得的性能提升比其他三种输入数据都低，这是因为 1024MB 输入数据分为 16 个数据块，而集群规模是 15 个节点，这 16 个数据块分散存储在集群节点时，分布相对公平，所以 Hadoop 集群采用 FIFO 时 PL 较高，如图 10-14（a）和图 10-

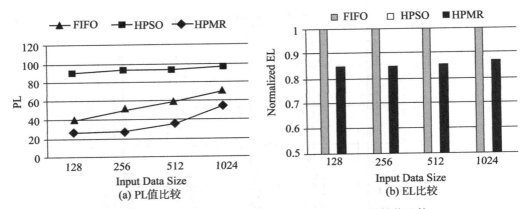

图 10-15　HPSO、FIFO 和 HPMR 运行 classification 的性能比较

15（a）所示。总之，HPSO 在用例输入数据大小不同情况下均能获得高 PL 和高的性能提升。

10.4.5　HDFS 基本数据块大小不同是性能比较

前面两节分析 HPSO 对不同基准用例、基本用例输入数据大小不同时的性能，该组实验分析 HDFS 基本数据块大小对 HPSO 的性能影响。我们选用 wordcount 基准用例，分别在 HPSO 和 FIFO 上运行多个 wordcount 作业使其持续大约 30 分钟完成，每个 wordcount 作业包含 4 个 map 任务和 1 个 reduce 任务，因基本数据块大小为 64MB、128MB 和 256MB，则每个 wordcount 的输入数据分别为 256MB、512MB 和 1GB。

从图 10-16 中可以看出，HPSO 在三种数据块大小获得约为 94% 的具有数据本地性任务比例，没有受到基本数据块大小不同而影响，这是因为三种不同作业集群资源和作业数量是一样的，仅每个 map 任务处理的数据块大小不同，而数据块大小与调度器分配任务没有关系，所以获取数据本地性的比例相近。

图 10-17 显示随着基本数据块变大，HPSO 提高的性能增大，性能提升从 11% 增加到 20.1%。主要原因是随着数据块的增大，使得没有数据本地性的 map 任务的 T_{tran} 增加。而 HPSO 的预取机制可有效隐藏数据传输时间，进而减少任务的执行时间。

10.4.6　扩展性能分析

最后，我们分析 HPSO 在集群规模不同下的性能，该组实验集群规模从 10 个 task-tracker 节点到 20 个节点，选择 wordcount 和 classification 两个基准用例。对每个基准用例分别运行多个相同作业，每个作业的输入数据均为 256MB，可分成 4 个数据块，即包含 4 个 map 任务和一个 reduce 任务。

从图 10-18 和图 10-19 中可以看出 HPSO 在集群规模不同时性能远远优于 FIFO。集群规模最小时，HPSO 运行 wordcount 时 PL 值为 94.1%；集群规模是 15 个节点时，PL 为

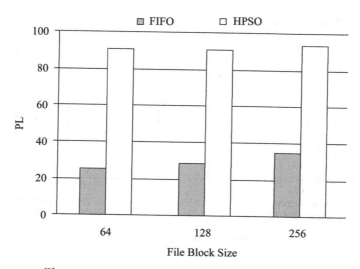

图 10-16　HPSO 和 FIFO 分别运行 wordcount 的比较

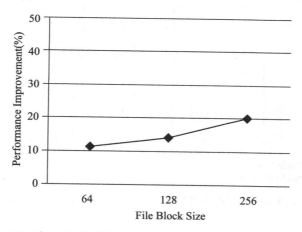

图 10-17　HPSO 和 FIFO 分别运行 wordcount，HPSO 比 FIFO 的性能提高比较

92.1%；集群规模最大时，PL 为 91.5%。当集群规模为 5 个节点时，PL 增加最低，这是因为单个作业只有 4 个数据块，而集群节点数为 5 时，每个数据块有 3 个备份，则作业的数据块分布相对公平，FIFO 策略获得数据本地性概率也高于其他两种情况，导致 HPSO 提升最少。从图 10-18（b）和图 10-19（b）可以看出 HPSO 比 FIFO 执行任务时间短，可提高集群吞吐率。

　　当然评估 HPSO 扩展性的有效方法是配置在大集群上测试，但据实验结果所展示的趋势，可以得出 HPSO 在集群规模很大的情况下同样也能表现良好的结论。

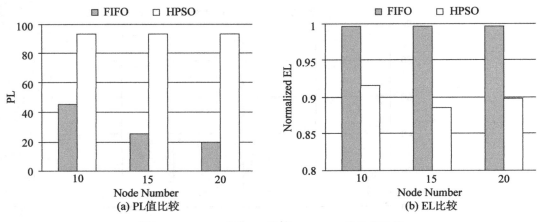

图 10-18　HPSO 和 FIFO 运行 wordcount 的性能比较

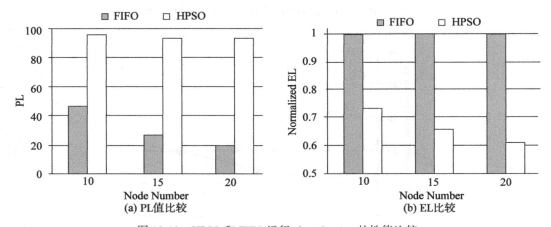

图 10-19　HPSO 和 FIFO 运行 classification 的性能比较

第11章　基于事件驱动云平台的两步调度算法

11.1　引言

随着 MapReduce 云平台的日益流行，迭代应用和递增应用也逐渐转移到云端处理，这两类应用共同特点是包含大量递归或循环，通常一轮 MapReduce 任务并不能完成，故而需要多轮。但不幸的是，MapReduce 云平台因其同步模型和锁机制带来的同步开销，延长执行时间。

为了高效处理这两类应用，基于事件驱动的计算框架作为一种异步处理模型诞生了，如 Percolator[251]、Oolong[252] 和 Domino[250][253]。它们采用触发器的概念，当特定事件发生并满足条件时触发器被触发执行。对迭代应用，上一轮的结果可以立即在当前程序中被使用，从而能够提高程序的实时性。对递增应用来说，新一轮的计算可以直接使用上一轮的计算结果，只需要处理新增的数据集和新增数据所影响的相关数据集，而不是重新处理完整的数据集，从而能够缩短整个应用的执行时间。可知，基于事件驱动的计算框架因其异步和事件驱动机制，相比 MapReduce 等同步计算框架更高效处理迭代应用和递增应用，并且提供高实时性。

基于事件驱动的计算框架作为一种新的异步模型，目前的研究主要集中在如何改进编程模型以提供简单的接口、同步机制、任务调度等多个方面。本章主要通过对任务调度算法的优化来提高集群性能。在基于事件驱动的云平台，任务调度算法负责为触发器分配资源。虽然学术界已经提出了很多调度算法，但是很少适合基于事件驱动框架。因事件驱动机制，触发器何时执行在提交时是不可知的；触发器执行时间大多是秒级或微秒级；应用在执行过程会触发大量的触发器，这些特点使大部分成熟调度算法不适宜该平台。

在本章中，我们提出一个新的两步调度算法，并基于此算法设计了一个任务调度器——TSS（two step scheduler）。我们将调度算法在 Domino 上进行了实现，结果显示 TSS 能有效地减少任务执行时间，明显提高集群性能。

本章首先介绍了基于事件驱动云平台的架构和特点；其次详细阐述并分析了目前云平台上任务调度算法的研究现状；再次着重阐述了基于事件触发平台两步的调度算法的设计思想，将调度算法作为一个调度插件在开源 Domino 上实现；最后通过实验验证我们调度算法的性能。

11.2　相关工作介绍

11.2.1　基于事件驱动的计算框架

基于事件驱动的计算框架是一个适合处理迭代应用和递增应用的异步处理框架，基于触发器实现的。触发器的概念早用于数据库领域[254-259]（如主动数据库）。在主动数据库中，数据修改等操作在满足一定条件下会触发特定的动作执行，与基于事件驱动的计算框架原理类似，执行流程必须满足 Event-Condition-Action（ECA）[260] 规则。ECA 规则是指当一定事件（event）发生时并满足一定条件（condition），特定的动作（action）就会被执行。事件可以是简单数据的更新操作或者多个数据操作的组合。条件是用户自己定义的函数，控制应用的执行。它的返回值为 true 或 false，判定触发器可不可以执行。动作是用户编写的代码块，对修改的数据执行用户定义的计算任务。

基于事件驱动的计算框架遵守 ECA 规则，应用程序可以抽象为：事件监控、条件判断和动作执行三个部分。在实际实现中，应用程序由一系列触发器组成，每个触发器与特定事件绑定，如果特定事件发生且满足条件，触发器则被触发执行，完成用户定义的计算任务。在触发器执行过程中会修改数据，数据被修改会引发后续触发器执行，依此类推。这里需要一个外部事件（例如初始修改数据集）来启动第一个触发器。当最终结果计算完成或者结果收敛，即用户为触发器定义的终止条件满足，将终止触发器。可见该模型将大规模计算任务分成若干触发器，触发器分散在集群各节点且并行执行。

11.2.2　基于事件驱动的云平台

基于事件驱动的云平台的体系结构如图 11-1 所示，采用主从结构，包含一个 TriggerMaster 和多个 TriggerWorker。TriggerMaster 位于分布式文件系统（Dis-tributed File System，DFS）的主节点（master）上，负责管理计算框架，包括任务调度器分配资源。TriggerWorker 部署于分布式文件系统的从节点（DFS Slave）上，监听 DFS 数据的修改，并周期性地向 TriggerMaster 发送心跳信息报告自身的情况，如 DFS 数据的修改、正在执行的任务等。下面介绍目前流行的三个基于事件驱动云平台。

1. Percolator

2010 年，Google 提出的一种递增计算处理框架——Percolator，已经应用于 Google 实时网页搜索等业务。在实际使用中，用户可随机访问多达 PB 级数据集，相比 MapReduce 在处理同样规模的数据集时，处理效率提高了一倍。

Percolator 是在 Bigtable[261] 分布式存储系统上实现的，Percolator 应用由一系列观察者（observers）构成，当相关数据发生改变时，观察者就会触发执行用户定义的代码段，每个观察者完成一个任务并通过修改数据触发下一个观察者，第一个观察者需要外部事件来触发。

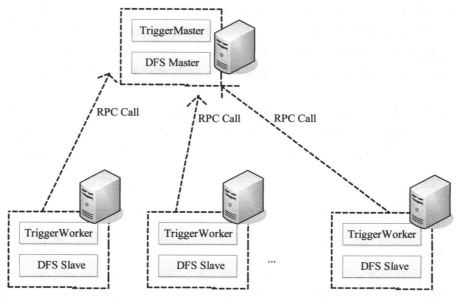

图 11-1　基于事件驱动的云平台体系结构

为了实现该事件驱动计算框架，Percolator 提出两个重要创新：分布式事务和通知机制。分布式事务结合通知机制来决定观察者何时触发。当扫描到 Bigtable 被观察的数据修改，Percolator 会启动一个分布式事务来处理。分布式事务负责管理数据的同步和控制程序的执行，Percolator 利用 Bigtable 提供的独立快照来实现跨行、跨表的分布式事务。通知机制用时间戳策略确保对每一个数据修改最多触发一个观察者。

2. Oolong

Oolong 是一种快速处理稀疏异步应用，如分布式网页 crawling，最短路径等的分布式计算框架。例如多轮 PageRank 算法的下一轮任务执行不需要上一轮所有任务的中间结果，在 OoLong 上实现多轮 PageRank 算法时，当某一轮所需要的数据全部处理完成时，该轮任务立即执行，无须等待其他的中间结果，因此，执行过程是异步的，从而能够减少整个任务的执行时间。

Oolong 取事件驱动机制，编程者需要编写两部分：聚合函数（accumulators）和触发器（triggers），触发器是特定事件发生才能执行用户定义的计算任务，而聚合函数用来管理数据同步，如某个触发器所需要的事件是组合事件，需要多个其他触发器产生的结果结合一起，聚合函数管理这些结果，当满足要求触发器才会执行。

3. Domino

Domino 是针对迭代应用和递增应用的基于事件驱动的计算框架，用 JAVA 编写的，作为 HBase[262] 的一个插件实现的。应用程序由一系列触发器和聚合触发器构成，每个触发器主要包括两个函数：filter（）和 action（）。filter（）为过滤器，用来判定事件是否满足条件，控制应用程序的执行；action（）只有在特定事件发生，并且 filter（）返回值为 true 时才会执行。不同于 Percolator 用分布式事务进行数据同步，Oolong 用聚合函数数据同步，Domino 采用聚合触发器实现数据同步，通过聚合触发器的动作函数完成应用逻辑。

图 11-2[263] 展示了 Domino 与 MapReduce 运行相同数据规定的 PageRank、ALS 算法和 k-means 算法的执行时间的比较结果。从图 11-2 中发现，Domino 性能远远超过 MapReduce。由于 Domino 的高效性和开源性，本章设计的调度算法将选取 Domino 作为其部署对象。

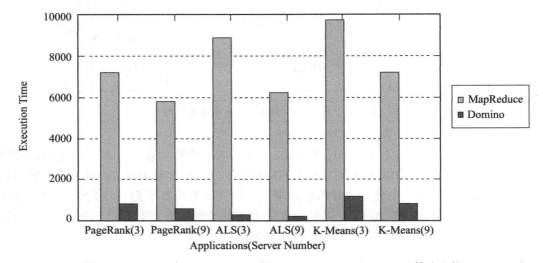

图 11-2　Domino 与 MapReduce 运行 PageRank、ALS 和 k-means 算法比较

11.2.3　基于事件驱动云平台与 MapReduce 平台比较

从图 11-1 中可以看出，基于事件驱动云平台与 MapReduce 平台一样采用集中式资源管理策略，TriggerMaster 负责资源管理和任务调度。但基于事件驱动的云平台具有以下特点。

（1）事件驱动机制。应用程序是由一系列触发器构成，触发器是与数据集相关联的，当数据集更新时，触发器才会执行。因而触发器开始执行时间是不可预知的。而 MapReduce 作业，无须其他条件可直接分发执行。

（2）同一个触发器会被多次触发，每次事件发生都会生成一个触发器实例（在本章中，已经达到触发条件的触发器称为触发器实例）。基于事件驱动模型是异步的，可能导致同一个作业多次运行所产生的触发器实例顺序、个数不同。而 MapReduce 作业的任务量在提交时已确定。

（3）基于事件驱动是异步模型，同一个作业的触发器是可以乱序执行的，只有到达最终的停止条件，才会停止触发其他触发器。而 MapReduce 作业已经定好了任务的执行流程。

（4）触发器大多是秒级甚至是微秒级任务，而 MapReduce 每个子任务是分钟或者小时级别的。基于事件驱动的计算模型作业因其触发器的细粒度，产生触发器实例的数量远远大于 MapReduce 作业。

通过以上两个云平台的不同特点可以看出，MapReduce 云平台上的调度算法不适合基于事件驱动云平台，设计有效的任务调度算法是提高云平台性能的关键问题之一，其中包括任务调度策略和负载均衡问题。

11.2.4 任务调度相关研究

1. 调度算法

目前云平台上已有很多成熟的调度算法，如 Fair scheduler、Capacity scheduler、Fyzzy-GA 调度算法[264]、Longest Cloudlet Fastest Processing scheduling algorithm[265] 和 Longest Approximate Time to End（LATE）[266] 等。这些调度算法的共同特点是采用集中式任务分配策略，任务均在集群主节点上排队，当集群有空闲资源时，按照一定的调度策略选择一个任务分配执行，否则，任务在主节点排队等待。对于已经调度的任务除非在任务错误执行、节点失效等情况得不到运行结果，或者因任务执行时间过长[266]等情况，才会重新被调度。

然而，这些调度算法并不适合基于事件驱动云平台。假如采用这类算法，新提交的触发器保存在 Trigger Master 中，加入等待队列中，因事件驱动机制，触发器触发时间不确定，无法对触发器进行有效的事前调度。集群各节点只能监听数据的更改，一旦数据更改，就利用心跳机制报告给任务调度器。任务调度器接收到数据更改信息，为相关触发器创建触发器实例，这时才加入就绪队列中。当某节点有空闲资源时，任务调度器按照一定规则选择一个触发器实例进行分配，触发器实例才可执行。

这类调度算法优点在于根据当前集群负载和资源进行分配任务，达到集群负载均衡。但是存在以下问题：①触发器从事件发生到被分配至少需要一个心跳时间，触发器响应时间过长，不能满足实时性要求；②单个作业可能同时生成上千个触发器都在任务等待队列排队，增大任务调度器压力，成为性能瓶颈。所以，这类调度算法不适合基于事件驱动云平台。

2. 负载均衡算法

分布式系统已出现很多负载均衡算法，文献[267-270]综述了负载均衡算法，负载均衡算法根据制定调度策略时是否依靠集群状态，可以分成静态[271-273]和动态负载均衡算法[274,275]。静态均衡算法有轮询（Round Robin）[276]、Random Robin alogorithm[276]、Random 和中心排队算法[277]等。

负载均衡算法根据制定调度决策的节点个数，可以分为集中式负载均衡算法和分布式负载均衡算法。其中中心排队算法（centralized queue algorithm）[277]在主节点上存储新任务，按照 HFO 将任务分配到负载低的节点，达到集群负载均衡。DLBer[272]是我们之前基于事件驱动的小规模集群所设计的调度算法，利用节点周期发送心跳信息机制，掌握集群整体负载状态，只针对负载低的节点进行负载调节，确保集群所有节点都处于忙碌状态，代替集群所有节点负载完全均衡。集中式策略根据集群整体状态，可制定准确调度策略，但是随着集群规模变大和任务数量增多，存在单节点瓶颈和低可用性[278]问题。文献[279]显示集中式负载均衡算法适合节点数目小的集群（少于 100 个节点）。

动态的分布式均衡算法比集中式设计复杂，且适用于规模大的集群。Gradient Model（GM）[280]的基本思想是负载轻的节点通过广播告知集群其他节点自己的负载状态，这时负载重的节点会响应并向最近的负载轻的节点发送一部分负载。这里需要定义两个阈值 Low-Water-Mark（LWM）和 High-Water-Mark（HWM）。节点负载低于 LWM 为负载低节点，节点负载高于 HWM 为负载重节点。Sender Initiated Diffusion（SID）[281, 282]是负载重节点向邻居节点询问状态，直到找到负载低的节点。Receiver Initiated Diffiision（RID）[281,282]是 SID 相对应的策略，是负载低的节点从负载重的邻居节点获取任务。Dynamic biasing algorithm[276]用 biasing 值来获得负载均衡。

Hierarchical balancing 是一种特殊的负载均衡算法，将集群分成多个等级子系统。Willebeek[281]提出基于二叉树（binary-tree）的等级均衡方法，使集群所有节点的负载差别在一个阈值范围内。

随机负载均衡策略有多种，Random strategy[283]随机选择一个节点转移任务[283]。The power of two clioices[284,285]是每次随机选择两个远程节点，从中挑选合适的节点。

11.3　两步调度算法设计

面对已有集中式调度算法的问题，我们提出了一种两步调度算法，并基于此设计了一个调度器——TSS。该调度算法采用分布式调度策略，直接将新提交的触发器分配到相关数据所在节点。当事件发生时，触发相关触发器，生成触发器实例，若所在节点有足够资源时，触发器无延迟执行，具有较高实时性，不会存在主节点瓶颈问题。可是事件发生不可预知性，可能导致集群负载不均，考虑到算法的扩展性我们采用分布式随机抽样均衡算法调节集群负载，减少任务整体执行时间，提高集群吞吐率。本节将详细介绍两步调度算法的设计思想。

11.3.1　任务调度问题描述

本章所研究的是基于事件驱动的云平台的任务调度问题，其中任务调度算法配置在 Domino 集群上，则 $\pi_1 = \{j \mid j = 1, \cdots, 1\}$ 为 TriggerMaster 节点集合，$\pi_2 = \{i \mid i = 1, \cdots, n\}$ 为 TriggerWorker 节点集合，则 Domino 集群可表示：Cdomino = $\{\pi_1, \pi_2\}$。

该云平台上处理基于事件驱动的作业，作业由一系列触发器组成，因触发器需要事件

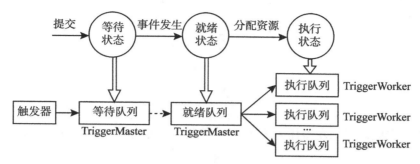

图 11-3 触发器的状态图

触发才能执行，触发器有三种不同的状态，如图 11-3 所示。新提交的触发器处于等待状态，保存在 TriggerMaster 的等待队列上，当相关事件发生时，触发器被触发，转移到 TriggerMaster 的就绪队列。任务调度是将就绪队列中的触发器分配到 TriggerMaster 节点上，每个 TriggerMaster 节点都有一个触发器执行队列。

根据基于事件驱动的作业特点，则假设作业在就绪队列中包含 m 个触发器，记为 $\Gamma = \{i \mid i=1, \cdots, m\}$。假设集群节点都是单线程的，即每个节点同时最多执行一个触发器。

因此，本章所研究基于事件驱动的云平台的任务调度问题可描述为：针对一组触发器任务 Γ，从事件发生到第一个触发器执行经过 k 调度步完成。在任务调度的解空间中，寻找使得该组触发器完成时间最短的调度方案。

定义 11-1 定义节点 i 在第 j 次任务调度步，所分配的触发器数记为 $\alpha(i, j)$。

定义 11-2 一个作业的 m 个触发器经过 k 次任务调度步，完成 Γ 中所有触发器的映射，节点 i 所分配得到的触发器总数为 α_i，即 $\alpha_i = \sum_{j=1}^{k} \alpha(i, j)$。一个作业的触发器总量为所有集群节点上触发器数量的总和，即 $\sum_{i=1}^{n} \alpha_i = m$。

假设每个触发器执行时间相同，记为 Δt。针对每一任务调度步 j 节点 i 完成所分配触发器的执行时间为 $T(i, j)$，可表示为公式（11-1）。

$$T(i, j) = \sum_{k=1}^{\alpha(i, j)} \Delta t = \alpha(i, j)\Delta t \tag{11-1}$$

$$T_{under} > 2 \times T_{ask} + T_{heart} + T_{tran}$$

则该任务调度步 j 的完成时间为 T_j，见公式（11-2）。

$$T_j = \max\{a(i, j)\}\Delta t \tag{11-2}$$

则该组触发器任务 Γ 的完整执行时间 T 可表示为公式（11-3）。

$$T = \sum_{j=1}^{k} T_j = \sum_{j=1}^{k} \max\{\alpha(i, j)\}\Delta t \tag{11-3}$$

定义 11-3 集群吞吐率。任务调度的性能我们用单位时间内完成的任务数来衡量，称为集群吞吐率。

第 j 任务调度步集群的吞吐率 $T_p(j)$ 为公式（11-4），根据公式（11-2），$T_p(j)$ 表示为公式（11-5）。

$$T_{p(j)} = \frac{\sum_{i=1}^{n} \alpha(i, j)}{T_j} \tag{11-4}$$

$$T_{p(j)} = \frac{\sum_{i=1}^{n} \alpha(i, j)}{\max\{\alpha(i, j)\}\Delta t} \tag{11-5}$$

进一步，完成该组触发器任务 Γ 时，集群吞吐率可用公式（11-6）表示。

$$T_p = \frac{\sum_{j=1}^{k} T_p(j)}{k} \tag{11-6}$$

根据公式（11-6），任务调度目标是尽可能使集群吞吐率 T_p 最大化。基于贪心算法，需要最大化每一个任务调度步的集群吞吐率 $T_p(j)$，根据公式（11-2）知，由于 Δt 一定，需要最小化每个任务调度步各节点所分配的触发器数，即 $\min\{\max\{a(i, j)\}\}$。也就是说任务调度的目标是尽可能使在每个调度步时集群节点所分配的触发器数保持均衡。

11.3.2　算法总体框架

两步调度算法为及时响应数据集的变化和降低主节点的负载压力，直接分配新提交的触发器到集群各节点，但因事件驱动机制产生负载不均的现象，而根据上一节调度问题描述，为降低任务执行时间，需尽量保持集群负载均衡。

因此，两步调度算法分成两个步骤：第一步，对新提交的触发器，将触发器分配到相关数据集所在节点；第二步，集群负载不均时，采用分布式随机抽样策略调节负载，使所有节点都处于忙碌状态。

11.3.3　触发器分配

用户提交作业的处理过程如图 11-4 所示，作业由一系列触发器组成（如 T_a 和 T_b 两个触发器）。第一步，用户向 TriggerMaster 提交作业，为作业中所有触发器申请一个唯一触发器 ID；第二步，将作业所需资源上传到 DFS 中；第三步，任务调度器对触发器进行初始化操作，确定触发器所监测的数据集；第四步，任务调度器从 DFS 获得数据集所在的 TriggerMaster 位置；第五步，将触发器立即分配到该 TriggerMaster 上，每个 TriggerMaster 都有一个触发器集合，将该触发器归入其中。调度算法第一步完成。

TriggerWorker 有专门的事件监听组件监测数据修改，一旦监测到数据更改，生成触发器实例，将触发器实例添加到节点任务队列上等待执行。当到达停止条件时，触发器实例执行完成，并通过心跳机制，报告自身触发器执行状态和自身负载状况。TriggerMaster 通过分析心跳信息，当作业的所有触发器实例都停止时，认为作业执行完成。

11.3.4　负载均衡算法

两步调度算法第二步的目标是均衡各节点负载。我们借鉴分布式随机抽样两个节点的

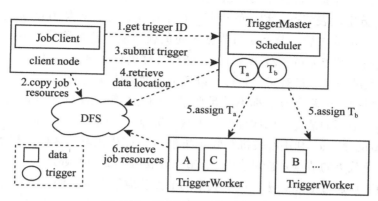

图 11-4　提交触发器的处理过程

负载均衡算法（the power of two choices），设计了一个基于事件驱动云平台新的负载均衡算法。我们利用心跳机制，在主节点 TriggerMaster 的宏观控制下，各节点制定更准确、高效的分布式调度策略，负载低的节点主动从负载高的节点获取负载，使集群中各节点负载均衡。

1. 分布式随机抽样均衡策略（RID）

分布式随机抽样均衡策略是指负载低的节点随机选择两个节点（图 11-5 中虚线所指的节点），从中选择负载重的节点转移任务，黑色方块表示被选中转移的任务。

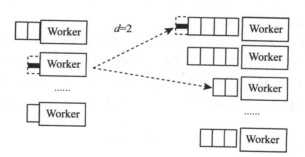

图 11-5　分布式随机抽取两个节点策略

定义 11-4　当节点负载低于阈值 T_{under} 时，称该节点为负载低节点。

负载均衡使用事件驱动机制，一旦节点负载低于 T_{under}，分布式随机负载均衡算法被触发，代码见算法（11-1）。负载低节点 n，随机抽取两个节点 B 和 C（算法（11-1）第 2 行），从中选择负载较重的节点，并按公式（11-7）判断是否转移任务。

$$U(a,\ n) = a_{load} - \text{Tri Group} - (n_{load} + \text{Tri Group} + T_{tran}) \tag{11-7}$$

Tri Group 表示由多个触发器实例组成的最小转移单位。T_{tran} 表示转移 Tri Group 的代价。a_{load} 和 n_{load} 分别代表节点 a 和 n 的负载。$U(a, n)$ 是计算从节点 a 到节点 n 转移一个触发器组 Tri Group 之后，节点 a 与节点 n 的负载差值。若大于零，表示节点 a 转移负载 THGroup 过后，节点 a 的负载仍高于 n，选择转移负载（算法 11-1 第 5 行）。否则，表示节点 a 本身负载不高，没有必要转移，以免增加网络传输代价。

第一次随机抽取出两个节点都不满足要求，则进行第二次随机抽取（算法 11-1 第 7 行到第 10 行）。最坏的情况是两次抽取都失败，节点 n 会向 TriggerMaster 询问请求负载重的节点。因 TriggerMaster 利用心跳机制收集集群节点负载状态，掌握集群整体负载情况，可从中挑选中负载重的节点 c 通知节点 n，节点 n 接收到命令并处理。

负载低的节点通过上述算法，从负载重的节点获取触发器实例，使集群所有节点都处于忙碌状态。考虑到负载均衡算法带来的额外开销，T_{under} 的取值如公式 11-8 所示。

$$T_{under} > 2 \times T_{ask} + T_{heart} + T_{tran} \tag{11-8}$$

其中，T_{ask} 为一次随机抽样的网络询问时间，T_{heart} 为周期发送心跳的时间（默认 5s），T_{tran} 为转移一个触发器组 Tri GToup 的网络传输时间。

2. 主节点宏观调控

TSS 的第二步分布式随机抽样负载均衡算法是 RID 的一种，由负载低的节点发起请求，避免加重负载重的节点的压力。然而在集群节点大部分处于负载低的状态时，负载低的节点可能会不断地向同一个负载重的节点发送询问请求，负载重的节点则需要不断响应询问请求，加重了负载重的节点压力。为了解决这个问题，我们采用主节点宏观调控的方法，在集群空闲的节点达到一定值时，反过来，让负载重的节点查找负载低的节点（SID 负载均衡策略）来调节集群负载。

假定集群总节点数为 n，空闲率（指集群中负载低节点所占的百分比）为 q。按前面所述的分布式随机抽样均衡算法，设一次随机抽取 d 个节点，当第一次随机抽取失败，进行第二次抽取，所以最坏情况是负载低节点会向 $2d$ 个节点发出询问请求。我们计算负载重的节点接收到负载低节点发出的询问请求的次数为 Y，如公式（11-9）所示。

$$Y = q \times n \times \frac{C_{n-2}^{2d-1}}{C_{n-1}^{2d}} \tag{11-9}$$

其中，表示负载低的节点发送 $2d$ 次询问请求，选中该节点的概率。经变化后得到公式（11-10）和公式（11-11），由公式（11-11）可知，通过定义 Y，可求得 q。

$$Y = q \times n \times \frac{2d}{(n-2d-1)(n-1)} \tag{11-10}$$

$$q = \frac{Y \times (n-2d-1)(n-1)}{2d \times n} \tag{11-11}$$

主节点通过心跳机制掌握集群所有节点的负载状况，当集群空闲率低于 q 值时，由负载低节点发起请求（RID），否则由负载重节点发起请求（SID）。

算法 11-1：Load Balancing Algorithm for Light Worker

---

while n. load <T$_{under}$ **do**

  B，C <

  -random two worker（）；a <

  -lightest load（B，C）；

  if U（a，n）> 0 **then**

   group_ fetch {a，n）；

  else

    D，F <

    -raudom t-wo_ worker（）；b <

    -h. eaviest_ load（D，F）；

    if U（b，n）> 0 **then**

     group_ fetch.（b，n）；

    else

     send heartbeat to TriggerMaster；

     c <-response_ mater（）；

      group_ fetch（m，c）；

     end

    end

   end

  end

end

---

3. 分布式随机抽样均衡策略（SID）

 定义 11-5　当某一节点负载超过集群所有节点负载的平均值 T_{mean} 时，称该节点为负载重节点。

 负载重节点接收到主节点发送的转移命令后，采用分布式随机抽样均衡策略向负载低的节点转移负载。算法（11-2）为负载重节点 m 查找负载低节点的过程。算法（11-2）第 2 行到第 5 行是进行第一次随机抽取两个节点，找到负载低节点，同样按公式（11-6）计算 U（m，a），判断是否有必要从 m 转移任务到节点 a。算法（11-2）第 7 行到第 10 行为进行第二次随机抽取两个节点，最坏的情况是，两次随机抽取都没成功，然后向主节点询问。事实上，在集群空闲率高时，进行一次随机抽样找到负载低节点的概率很大。

算法 11-2: Load Balancing Algorithm for Heavy Worker

```
while m. load <T_min do
        B, C <-random_ two_ worker ( );
        a <-lightest_ load （B, C）;
        if U （m, a） > 0 then
                group_fetch. (m, a);
                else
                        D, F<-random_ two_ worker ( );
                        b <-lightest_ load （D, F）;
                        if U （n, b） > 0 then
                            Group_ fetch （m, b）;
                            else
                                send Heartbeat to TriggerMaster;
                                c<-response_ mater ( );
                                group_ fetch （m, c）;
                        end
                    end
                end
        end
    end
```

4. 冲突处理

分布式负载均衡策略的一个问题是可能存在冲突，如节点 A 和节点 B 同时向同一个负载重的节点 C 请求任务，然而节点 C 把负载转移到其中任意一个节点后，就不再是负载重的节点了，可是节点 C 同时接收到两个节点的请求，这就是冲突问题。

Kay 提出的 Late binding 策略[285, 286]，指负载重节点选择一个负载低目的节点制定转移任务的均衡策略时，并没有真的转移任务，而是在负载低的目的节点的任务队列中排队，一旦目的节点空闲，这时目的节点才真实地获取任务。

然而本章是负载低节点去请求任务，说明节点即将空闲，需要真实地转移任务执行，不适合 Latebmding 策略，我们采用加锁等待策略，若节点 C 被节点 A 选中，直到节点 A 与节点 C 通信完毕才能与节点 B 通信，节点 B 需等待。对于负载重节点选择负载低节点转移任务，同样采用加锁等待策略。

11.3.5　算法复杂度分析

TSS 第一步直接分配触发器,算法复杂度为 $o(1)$。

TSS 第二步均衡集群负载,对于 TriggerMaster 采用分布式随机抽样负载均衡算法,是一种静态均衡算法,随机选择 d 个节点,算法复杂度为 $o(d)$。在最坏的情况下,负载低节点发送的消息个数 C 为 $2d+1$ 次;对于 TriggerMaster 节点从集群所有节点中挑选负载最重的节点,算法复杂度为 $o(\log n)$。

11.4　TSS 设计和实现

1. TSS 总体框架

为了用真实应用来评价调度算法的性能,我们将 TSS 作为一个调度插件配置在 Domino 上。Domino 是用 JAVA 编写的,是以 HBase[262] 分布式数据库为底层存储的基于事件驱动的计算框架。Domino 本身作为 HBase 的一个插件,采用主从模式,一个 TriggerMaster 和多个任务执行节点 TriggerMaster,如图 11-6 所示。Domino 实例和 HBase 实例运行在集群的每一个节点上,即 TriggerMaster 同 HBase 的 HMaster 运行在同一个节点上,作为主控节点。Domino 的 TriggerMaster 运行在 HBase 的 HRegionServer 上负责执行触发器任务。

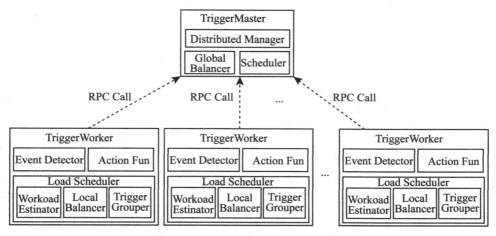

图 11-6　TSS 配置在 Domino 上的模块

TSS 包含任务调度器(Scheduler)、全局负载均衡组件(Global Balancer)、负载估计组件(Workload Estimator)、负载均衡组件(Load Balancer)和触发器成组组件(Trigger-Grouper)(见图 11-6)。其中任务调度器负责 TSS 任务调度的第一步,将新提交的触发器分配到监测数据所在的节点。

负载估计组件的作用是评估节点的负载量，并通过心跳机制传送给全局负载均衡组件。在本章中，我们选用等待触发器实例的个数作为衡量负载的指标。该云平台上同一个触发器会被触发多次，且单个触发器的计算工作量少，以触发器实例个数作为负载是可行的，虽然以触发器执行时间为负载衡量标准更准确，但是实时分析触发器的执行，会带来过多的额外开销。

全局负载均衡组件根据收集的集群所有节点的负载状态制定宏观控制决策，通过回复心跳信息向 TriggerMaster 发布制定的决策；而触发器成组组件随机挑选合适的触发器实例组成一个组，该组是 TSS 第二步负载均衡转移任务的基本单位。

每个 TriggerMaster 包括一个事件感知组件（Event Detector）和多个任务处理线程（Action Fun）。事件感知组件监控数据集的更新操作，当检测到触发器的数据修改，就会为触发器启动一个线程。Domino 源码地址在 https：//github. com/daidong/DominoHBase。

2. TSS 工作流程

TSS 工作流程如图 11-7 所示，首先当提交新的触发器，任务调度器立即将触发器分配到相关数据所在节点上，加入节点的触发器集合中（Trigger Set）；当事件发生时，触发器生成触发器实例，负载估计组件将会估计节点负载量，通过心跳机制传递给全局负载均衡组件；全局负载均衡组件维护节点与自身负载的映射列表，按照前面所示计算的集群空闲率 q 来决定是负载低节点发起询问请求还是负载重的节点发起询问请求。

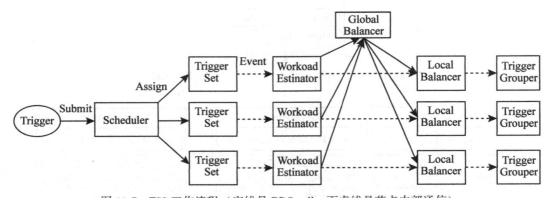

图 11-7　TSS 工作流程（实线是 RPC call，而虚线是节点内部通信）

在负载均衡组件接收全局负载均衡组件发布的宏观均衡决策下，根据自身负载情况进行负载均衡，也就是 TSS 任务调度的第二步；若节点负载重，需要转移部分触发器，将会触发触发器成组组件；触发器成组组件按负载均衡组件发送的转移指令组成触发器组，并通知负载均衡组件已准备好触发器转移。

触发器成组组件功能是将触发器实例分成多个组，组作为负载转移的基本单位。定义阈值 Tri Group 是一个转移组触发器实例的个数。Tri Group 是节点线程数的倍数，为每个线程至少分配一个触发器实例。

11.5 实验和分析

本节我们将通过实验验证 TSS 的有效性，衡量指标为任务执行时间。

11.5.1 实验设置

测试平台。我们构建一个 Domino 本地集群，包括一个主节点 TriggerMaster 和 12 个物理节点 TriggerMaster，所有节点都包含一个双核处理器、6GB 内存以及 500GB 的硬盘，相互间通过千兆以太网交换机连接。

测试用例。我们选用 PageRank 和 wordcount 这两个测试用例来衡量 TSS 性能。

（1）PageRank 是按照网页重要程度（用 pagerank 值表示）对网页进行排序，输入可以看成一个有向图，图中的每个节点表示一个网页，从节点出度的边所连接的节点表示受该网页 pagerank 值所影响的网页，网页本身的 pagerank 值受节点入度连接的网页影响。而在实现中，用 Web Pages 和 PageRank Acc 这两张数据表表示有向图信息。Web Pages 每一行记录一个网页 ID、pagerank 值、所有出度连接网页等信息。而 PageRank Acc 每一个行记录网页 ID 和所有入度相连的网页 pagerank 值。可见，Web Pages 中一个网页的 pagerank 值是 PageRank Acc 相应行的所有入度网页 pagerank 值之和。

在 Domino 中，PageRank 测试用例需要提交 PageRank Dist 和 PageRank Sum 这两个触发器来实现网页排序功能，这两个触发器分别与 Web Pages 和 PageRank Acc 相关联。首先，一旦 Web Pages 中一个网页 pagerank 值更新，PageRank Dist 触发器被触发执行，该触发器将重新计算该网页所有出度边相连网页的 pagerank 值，并把修改后的值写入 PageRank Acc 中。然后，由于这些修改，所有出度边网页的 PageRank Sum 触发器被触发，PageRank Sum 通过对 PageRank Ac 中网页所有入度网页的 pagerank 值求和，从而得到网页新的 pagerank 值，并将新值写入 Web Pages 中。接着，PageRank Dist 因新 pagerank 值再次被触发，最后，直到网页新 pagerank 值与旧 pagerank 值之差少于某个误差时，PageRank 执行完成。详细的信息可参见相关论文[263]。

（2）wordcount 测试用例计算输入数据集中每个单词出现的次数，实现与 PageRank 类似。为了测试 TSS 性能，我们分别对这两个测试用例创建一个大的静态输入数据集和不同大小的更新数据集。

为了更好地评价 TSS 性能，我们将其与原生 Domino 和理想调度器在相同测试用例下比较任务执行时间。原生 Domino 是直接将触发器分配到相关数据集所在节点上，使用 HBase 负载均衡器均衡负载。但是 HBase 负载均衡器仅负责调节集群节点存储数据量大小，在数据表增长到一定值数据表分裂成两份时，根据集群各节点存储数据量大小，选择存储压力轻的节点存储数据表，并没有考虑节点计算负载压力。理想调度器指集群负载完全均衡，触发器执行并无 I/O 传输时间，即所有触发器都具有数据本地性（触发器与相关的数据集在同一个节点上）。

11.5.2　PageRank 应用性能比较

对于理想调度器，为了计算理想的完成时间，首先我们将测试用例运行在只有一个 TriggerMaster 和一个 TriggerWorker 的 Domino 集群上运行，得到完整完成时间，然后将完整完成时间除以集群 TriggerMaster 个数（除以 12）得到理想完成时间图，图 11-8 和图 11-9展示了 TSS、原生 Domino 和理想调度器运行 PageRank 测试用例的性能对比，横坐标指在原有 10^6 个页面基础上新增 5×10^3 到 10^5 个页面，p 表示新增网页数目，o 表示每个页面的出度数目，也就是受该网页影响的网页数目。在 Domino 中，PageRank 只需对新增的网页以及与这些网页相关联的网页进行计算。

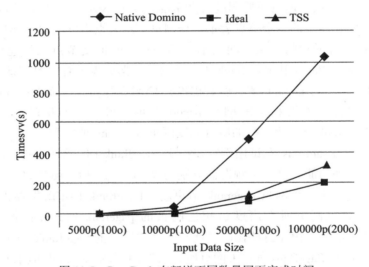

图 11-8　PageRank 在新增不同数量网页完成时间

从图 11-8 和图 11-9 中可以看出，TSS 比原生 Domino 明显缩短执行时间，提高集群吞吐率。这主要是因为新增网页引起部分节点频繁触发触发器，负载压力大，但其他节点上数据集没有修改，处于空闲状态，然而 TSS 通过调节集群负载尽量使所有节点都处于忙碌状态，减少完成时间。最好的情况是在新增 50000 页面时，TSS 获得性能加速比为原生 Domino 的 4.08 倍。

11.5.3　wordcount 应用性能比较

TSS、原生 Domino 和理想调度器对于 wordcount 测试用例新增数据集的执行时间对

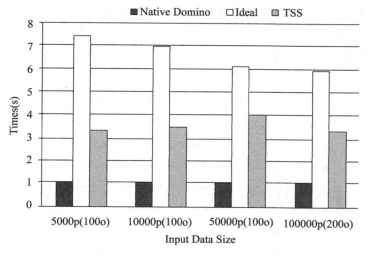

图 11-9　TSS、理想调度器相比原生 Domino 运行 PageRank 的加速比

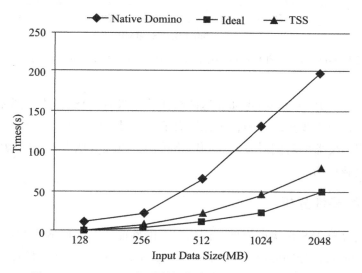

图 11-10　wordcount 新增数据集大小不同时完成时间比较

比如图 11-10 所示，在原有 20GB 的静态文档基础上，新增数据集大小从 128MB 到 2GB。TSS 和理想调度器相对原生 Domino 的加速比如图 11-11 所示，从两图中可以看出，TSS 性能明显高于原生 Domino。当新增数据为 1GB 时，TSS 相比原生 Domino 速度快将近 3 倍，而当更新数据为 2GB 时，加速比只有 2.49 倍，这是因为 HBase 本身的负载均衡机制，当表容量超过一定值，表分裂成两张小表，将分别存储在集群节点上，对于新增数据大小为 2GB 时，分裂成的小表数目比其他情况多，则分散存储在集群节

点上比其他情况较公平分布，处于忙碌状态的节点数也较多，空闲节点数据较少，因此，TSS 通过调节集群负载获得的加速比较低。虽然加速比相对低，但还是有将近 2.5 倍的提升。TSS 性能低于理想调度器是因为理想调度器认为所有的触发器本地执行，没有传输代价且集群负载完全平衡。

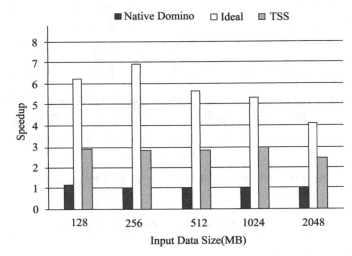

图 11-11　TSS、理想调度器相比原生 Domino 运行 wordcount 的加速比

从 TSS 运行 PageRank 和 wordcount 这两组实验结果看，TSS 明显减少执行时间，性能提升主要因为进行第二步负载均衡，确保所有节点都处于繁忙状态。TSS 与理想调度器的差距主要是理想调度器的时间触发器无须网络传输，也没有调度器分配触发器的开销，且集群所有节点负载均衡。

11.5.4　扩展性分析

最后，我们分析 TSS 在集群规模不同情况下的性能。在我们的实验中，集群规模从 1 到 12 个 TriggerMaster，分别运行 wordcount 和 PageRank 这两个测试用例，不同集群规模下均处理相同大小的新增输入数据集。

从图 11-12 中可以看出 TSS 性能高于原生 Domino，如 PageRank 在集群有 4 个 TriggerWorker 节点时，加速比为 1.5 倍；在集群规模为 8 时，加速比为 1.8 倍；当集群规模最大时，加速比为 3.25 倍。可见，在集群规模最小时，TSS 获得的加速比最小，同样是因为 HBase 本身的负载均衡机制，当表的行数超过一定量会将其分成两个子表，两个字表将分别存在不同节点上，当集群节点数量小时，生成的子表分布较均匀，各节点的负载量相对其他情况均衡，所以性能提升比其他情况低。

当然，评价调度算法的扩展性需要运行在大的集群上测试。但根据实验结果所展示的趋势，我们的调度算法在集群规模很大的情况下也能表现良好。最主要的原因是 TSS 采用分布式的负载均衡策略，避免了单节点瓶颈问题，在集群规模很大时也能很快调节集群负载。

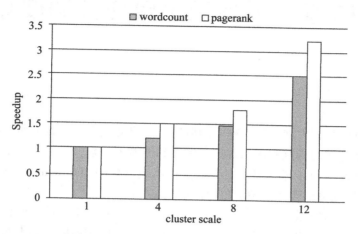

图 11-12 TSSA 运行 wordcount 和 Pagerank 在集群规模不同下的性能加速比

第 12 章　弹性云平台任务调度算法

12.1　引言

随着云计算的高速发展，越来越多的应用因需要处理大规模数据而转移到云计算平台上。因不同类型应用的特点和需求各异，考虑到性能等因素，学术界和工业界致力于为不同的应用类型开发多种计算框架，主要有支持离线计算的 MapReduce、实时计算的 Spark 或 Storm、流数据计算框架 S4、DAG 计算框架 Tez 等。

为了高效处理新应用，需不断提出新的计算框架，若为不同计算框架的应用服务单独搭建一个集群，即传统的 standalone 模式，会导致资源利用率低、运维成本高和数据不能共享等问题。

针对 stand alone 模式的缺点，弹性计算云平台被提出，使得在同一集群中可提供使用多种不同计算框架的服务。如 Apache YARN[288]、Mesos[287]、Torque[293] 和 Corona[289]，Twitter、Facebook 等公司已经使用这些平台。图 12-1 为 Hadoop、Spark 和 S4 配置在同一个弹性云平台的基本架构，多种计算框架可共享集群，可同时为用户提供不同计算框架服务，充分利用集群资源。目前弹性计算云平台领域主要研究资源管理框架[293]、计算框架移植策略[294]、多资源任务调度[291,295] 等。

本章集中研究的任务是调度问题。虽然目前已经提出很多任务调度算法，但是弹性计算云平台因以下两个特点对设计任务调度算法提出了新的挑战。（1）不同于 MapReduce 等云平台采用任务槽（slot）静态地组织和分配资源，弹性计算云平台采用一个抽象概念"容器"（container）作为资源分配单位。container 根据应用的需求动态生成，该平台任务调度算法需要细粒度对多维资源进行分配。（2）不同计算框架的应用特点不同，对资源的需求和使用方式是不同的。当应用需求的资源暂时无法满足时，预留资源机制会为应用程序预留某一个节点资源直到累计空闲资源满足应用需求。但是这种机制会导致资源利用率低，特别是在弹性计算云平台上运行 Spark 应用时，这种现象尤为突出。

针对弹性计算云平台的特点和目前存在的突出问题，本章提出了一种基于作业分类的调度算法——CategoryS，旨在提高云平台的资源利用率，进而提高集群性能。我们在 YARN 上实现了 CategoryS，实验结果显示 CategoryS 可有效地减少混合任务集的执行时间。

本章首先介绍了弹性计算云平台的基本原理；然后分析目前任务调度算法的研究现状，进而详细阐述 CategoryS 的设计思想和相关技术；最后通过理论分析和搭建 YARN 集群验证 CategoryS 的性能。

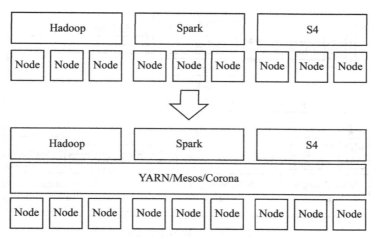

图 12-1 弹性云平台的基础架构

12.2 相关工作介绍

12.2.1 弹性计算云平台

为了解决集中式调度框架的缺点,弹性计算云平台应运而生。该平台采用共享集群的模式,统一管理和调度集群的资源,为用户提供不同计算框架的应用服务(见图 12-1)。在介绍弹性云平台架构和作业执行流程之前,首先介绍资源表示方式。

1. 资源表示方式

集群资源是多维度的,包含计算资源(CPU)、存储资源(内存、硬盘)和网络资源等。弹性计算云平台采用 container 来组织集群资源,container 封装了集群节点的多维度资源,是一个资源分配单位,它是根据应用程序的真实资源需求动态生成的。不同于 Hadoop 采用任务槽来静态表示各节点资源,每个任务槽封装大小相同的 CPU、内存等集群资源,将多维资源分配问题转变为简单的一维资源分配问题。但是在实际环境中应用程序对资源需求是多样化的,这种资源分配方式会产生较多的源碎片。而 container 可更细粒度划分资源,根据应用需求组织资源,可提高集群资源利用率。

2. 体系架构

YARN 是 Apache 的开源项目,本章选择 YARN 为调度算法的实现平台。下面以 YARN 为例说明弹性云平台的工作原理,YARN 体系架构如图 12-2 所示。

YARN 采用 Master/slave 架构,ResouceManager 为主节点 Mater,NodeManager 为 slave 节点。Resource Manager 是一个全局资源管理器,负责集群资源管理和调度,包括两个组

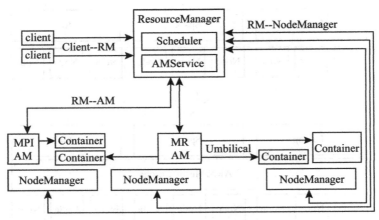

图 12-2　YARN 体系架构

件：调度器（Scheduler）和应用程序服务器（AMService）。

NodeManager 负责管理自身节点资源和启动 container，周期性地向 ResourceManager 发送心跳信息报告本节点资源的使用情况和 container 的状态，并接收 ResourceManager 命令创建相应大小的 container。

3. 双层资源调度机制

ResourceManager 中的调度器根据一定原则将集群资源分配给用户提交的作业。值得注意的是，该调度器只是负责资源分配，不涉及任务与作业相关的工作，如不监控作业的执行状态等。而 YARN 为每一个作业都会生成一个 Application Master（如图 12-2 中的 MPI、AM 和 MR、AM），负责监控自身作业的任务执行，这也就是 YARN 采用双层资源调度模型。不同于集中式调度模型，它将资源管理和作业控制分开，是 YARN 同时支持多种不同计算框架应用的原因。ResourceManager 的应用程序服务器负责管理集群中所有应用程序的提交、调度器协商资源启动和监控 ApplicationMaster 的运行状态。

双层资源调度模型采用分而治之的策略，第一层的 ResourceManager 中的调度器负责将资源分配给各个作业的 Application Master；第二层的 Application Master 与 ResourceManager 周期性地通过心跳机制通信获取资源分配信息，再将资源分配给自身的任务。如 MapReduce 作业 MRAM 将获得的 container 与 map 任务或者 reduce 任务一一对应，并监控所有任务的执行状态，即将 Hadoop 集群的 JobTracker 的作业控制模块下放给每一个作业的 Application Master。本章主要关注第一层的调度问题，第二层的资源分配策略是由用户控制的。第一层的资源分配问题是影响集群性能的关键因素，我们首先介绍 YARN 执行新提交作业的过程。

4. 作业执行流程

YARN 可运行多种计算框架应用，每种计算框架的执行流程是相同的，流程如图 10-3

所示。

第一步，首先用户向 YARN 集群提交一个作业（job），包含 Application Master 程序和用户程序；然后 ResourceManager 的 AM Service 协同调度器 scheduler 为作业分配第一个 container，该 container 负责运行作业的 Application Master。例如，对于新提交的 MapReduce 作业，ResourceManager 为该作业分配一个 container（MRAM）作为 MapReduce 作业的 Application Master。

第二步，Application Master 启动后，首先，对作业进行初始化操作，将作业分解成若干个任务（task），如 MapReduce 作业根据输入数据大小创建若干个 map 任务和 reduce 任务。其次，Application Master 根据作业的配置信息，为每一个任务生成一个用 4 元组表的资源请求。任务的资源需求表示为：<priority, hostname, capability, containers>，分别表示任务的优先级、期望执行的节点、资源需求量、container 数目。最后，Application Master 会周期性地向 ResourceManager 通信，报告自身所有任务的资源请求。

第三步，ResourceManager 接收到 Application Master 发送的任务资源请求后将该任务加入调度器的任务等待队列中，等待调度器为任务分配资源。当调度器接收到 NodeManager 报告有空余资源时，按照一定规则为任务等待队列中的任务分配该节点资源，封装成 container，采取 pull-based 分配方式，它不会主动通知任务的 Application Master 来获取资源，而是将资源放入一个缓冲池中。

第四步，Application Master 发送周期性请求，得知自身任务分配信息，主动向 NodeManager 获取 container，执行任务。

最后，当所有任务完成，作业也就完成，Application Master 向 ResourceManager 报告自己的状态并关闭。

5. 弹性计算云平台特点

弹性计算云平台的共享集群模式相比于 stand alone 模式的优点如下。

（1）硬件共享，资源利用率高，缓解了集中式调度框架中某一计算框架集群资源紧张而另一计算框架集群资源空闲的问题，可充分利用资源。

（2）细粒度分配集群资源，提高集群性能，按照应用需求动态生成相应大小的 container，避免采用任务槽组织和分配资源而产生较多资源碎片问题。

（3）数据共享，不同计算框架共用同一个分布式文件存储系统，可实现数据共享。而 stand alone 模式下每一个集群都需要重复保存数据，增加了复制数据的开销。

（4）运维成本低，只需管理一个集群。

（5）扩展性好，双层调度框架主节点只负责资源管理，作业控制相关部分下放到集群各节点上，降低了主节点负载压力，易扩展集群规模。

12.2.2 相关任务调度算法

从 YARN 的架构和作业的执行流程看，双层资源调度的资源分配策略是影响集群性能的关键因素。由于双层资源调度的第二层资源分配策略由用户应用程序控制，因此，本章着重第一层调度问题，即 ResourceManager 中的调度器 Scheduler 资源分配策略。

调度器一方面负责将各个节点上的资源封装成 container，另一方面接收各应用程序的 Application Master 发送的任务资源请求，并加入任务集合中。调度器是一个事件触发器，当 ResourceManager 接收到 NodeManager 节点的信息，将触发 NODE JUPDATE 事件，该事件会触发调度器首先分析节点的空闲资源量，然后按照一定调度策略将节点空闲资源分配给任务集合中的任务，可见任务调度是经典的背包问题，在不超过背包体积（节点空闲资源量）的条件下，将任务（物品）装入背包中。

值得注意的是，在任务请求资源暂时不能满足时，调度器采用两种机制：增量资源机制和一次性分配机制（all-or-nothing）。增量资源机制是先为该任务预留节点的资源，直到节点释放资源满足应用需求。一次性分配机制指一直等到节点空闲资源满足任务需求时才调度应用执行。这两种机制均存在缺点：（1）增量资源机制使得大资源需求任务获取资源非常慢，且预留的资源不能使用，造成资源利用率低；（2）一次性分配机制没有将资源预留，资源利用率相对高，但缺点是使得大资源需求作业可能会一直处于排队等待状态，甚至产生"饿死"现象。

本节介绍弹性计算云平台现有的调度算法。

1. 单资源调度算法

弹性计算云平台三个默认的调度器：first in first out（FIFO），fair scheduler，capacity scheduler[290]。这三个调度器都是在 Hadoop 基础上修改的，基本原理相同。fair scheduler 目的是多用户公平使用集群资源，capacity scheduler 也是针对多用户共享集群资源，但是这三个调度器都是针对单资源分配，仅考虑内存容量，没有考虑 CPU、网络等资源。

最大最小化策略（max-min fairness）[296] 是最常用的资源分配策略。假定有 11 个用户，资源需求分别为 r_1，r_2，$\cdots$，r_n，不失一般性，令 $r_1 \leqslant r_2 \leqslant \cdots \leqslant r_n$，而节点资源总量为 M，基本思想是初始将 M/n 资源分配给每个用户，对资源需求最小的用户 1，存在 $M/n \geqslant r_1$ 的情况，则将多得到的资源均匀分配给其他用户，再考虑用户 2，同理，继续处理直到没有用户得到的资源比自己需求多，对没有满足资源需求的用户得到的资源也不会比其他用户少。

TORQUE 调度策略[292] 是根据最大最小化算法思想，每次为已使用 CPU 时间最短的用户分配资源。

2. 多维资源调度算法

dominant resource fairness（DRF）[291] 是一种支持多用户的公平调度算法，也是细粒度针对多维资源的调度算法，在 DRF 中，将任务资源请求中申请量最大的资源称为主资源，DRF 设计思想是将最大最小化策略（naax-minfaimess）应用在主资源上，优先为获得主资源最小的用户分配资源，保证公平性，可见 DRF 将多维资源调度问题转变为一维资源调度问题。下面是 DRF 算法的伪代码（见算法 12-1）。

算法 12-1：DRFpseudo-code

input：$C = <r_1, \cdots, r_k>$

　　　　$U = <u_1, \cdots u_k>$

　　　　$s_i \ (i = 1 \cdots n)$

　　　　$\mathbf{D_i} = = <\mathbf{d_{i,1}}, \cdots, \mathbf{d_{i,k}}>, \ (i = 1 \cdots)$

---

　　　　pick user i with lowest dominant share s_i

　　　　$F_i <-$ demand of user i's next task

　　　　if $U + F_i <= C$ then

　　　　　　$U = U + F_i$

　　　　　　$D_i = D_{i+} F_i$

　　　　　　$s_i = \max_{j+1}^k \{d_{i,j}/r_j\}$

　　　　else

　　　　　　return

　　　　end

　　end

其中，C 为节点 k 种资源的大小，U 代表已经使用的资源量，初始为 0，而 D_i 表示分配给用户 i 的 k 种资源量，S_i 是用户 i 的主资源所占份额。由伪代码可见，DRF 选择出主资源量 S_i 最小的用户 i，为该用户的下一个任务分配资源。

Asset Faimess[291] 与 DRF 类似，不同点在于 Asset Faimess 不是以主资源来衡量公平性，而是使用用户所占用全部资源之和来评估公平性，对每个用户计算 S_i，$S_i = \sum_{j \in [1, k]} d(i, j)$，每次为最小的用户的任务分配资源。

Competitive equilibrium from equal incomes (CEEI)[297-299] 是一种微观经济领域的均等收入竞争均衡策略，每个用户初始时拥有所有资源的 $1/n$，接下来用户根据纳什讨价还价策略 (nash bargaining solution)[297,300] 与其他用户交易资源，使 $\Pi_i u_i \ (a_i)$ 最大化，其中，$u_i \ (a_i)$ 是用户 i 获取资源 a_i 的方式或功能。

3. 其他调度算法

近年来，MapReduce 平台也出现了一些细粒度资源调度策略[295,301]，其中 through put scheduler[101] 是针对异构 MapReduce 集群设计，通过机器学习方法预测任务的资源需求和 MapReduce 集群节点的计算能力，再制定最佳任务分配策略。Polo[301] 根据作业资源信息调整 MapReduce 集群节点的任务槽 slot 数目，并制定任务分配策略，目的是最大化集群资源利用率。但是这两个调度算法还是针对 slot 一维资源调度。

延迟调度策略[289] 同样适用于弹性计算云平台，该平台也采用分布式文件系统如

HDFS，同样存在数据本地性问题，该策略对没有数据本地性任务延迟分配资源，以避免任务远程读取输入数据。

Generalized fairness on jobs（GFS）策略公平性衡量标准是根据每个用户已分配的作业数目来衡量。

12.3　算法设计

已有的典型调度算法如表 12-1 所示，目前 capacity scheduler 和 fair scheduler 以内存占用率来衡量优先级，确定任务执行顺序。FIFO、capacity scheduler 采用增量资源机制会导致资源利用率降低。DRF 等是多维资源调度算法，采用细粒度分配集群资源，但采用一次性分配机制会产生"饿死"现象。

表 12-1　　　　　　　　　　　　　　　　典型调度算法比较

	FIFO	Capacity	Fair	DRF	Asset	CEEI
设计思想	提交时间排序	资源占有率	单资源公平	主资源公平	总资产公平	资源占用最大化
多维资源	否	否	否	是	是	是
大作业	增量机制	增量机制	否	否	否	否

面对这些调度算法的问题，我们提出了一个基于增量资源机制的多维资源的调度算法——CategoryS，将预留资源分配给其他资源需求低的任务，避免增量资源机制的缺点，提高资源利用率。

12.3.1　问题描述

根据前面的描述，本章所研究的是弹性计算云平台任务调度问题，对集群重新定义，设 $\pi_1 = \{j \mid j = 1, \cdots, n\}$ 为 ResourceManager 节点集合，$\pi_2 = \{i \mid i = 1, \cdots, n\}$ 为 Node Manager 节点集合，则 YARN 集群可表示为：$C_{yarn} = \{\pi_1, \pi_2\}$。

定义 12-1　节点资源。设系统中有 q 种资源，如 CPU、内存、网络、硬盘 I/O 等，$K = \{l, 2, \cdots, q\}$ 表示资源类型集合。设 $x \in \pi_2$，$y \in K$，用二维矩阵 $C[x, y]$ 表示节点各类资源量。例如 $C[i, p]$ 表示节点 i 的所拥有的第 p 类资源量。

定义 12-2　YARN 支持运行多种不同计算框架的作业，但所有计算框架的作业都会分解成若干任务，如 MapReduce 作业分成多个 map 任务和 reduce 任务，不是一般性，定义 YARN 上的一个作业包含 m 个任务，任务集记为 $r = \{i \mid i = 1, \cdots, m\}$。

定义 12-3　设 $i \in \Gamma$、$j \in \pi_2$，任务 1 对第 p 类资源需求量为 $R[i, p]$，节点 j 所拥有的第 p 类资源量为 $C[i, p]$，若 $R[i, p] \leq C[j, p]$，则称节点 j 满足任务 i 的第 p 类资源请求。若 $\forall p \in K$，均满足 $R[i, p] \leq C[j, p]$，称节点 j 满足任务 i 的资源请求。

定义 12-4　若节点 j 满足任务 i 的所有 P 类资源请求，则任务 i 可分配到节点 j 上运行。

因此，弹性计算云平台的任务调度问题可描述为：针对一个作业分解成的任务集 Γ，满足定义（12-4）的要求，经过 k 调度步完成。在任务调度的解空间中，寻找使得该组任务完成时间最短的调度方案。

假设采用周期性的调度策略，任务调度器在节点发送周期心跳信息时，才会被触发，设心跳周期为 ΔT 对于该组任务集需经过 k 步完成所有的分配，最后一次任务调度步结果为 Ψ_k。

假设该组任务即最后一个完成的任务为 j，则第 k 次调度后，任务 j 还需 t_j 时间完成。则该任务集的执行时间 T 可表示为公式（12-1）。

$$T = (k-1) \cdot \Delta T + t_j \qquad (12\text{-}1)$$

根据公式（12-1），任务调度的目标为最小化 T。在 ΔT 和 t_j 一定的情况下，k 是决定 T 的关键因素，k 越小，T 越小。即在每一个任务调度步时，尽可能地增加集群节点所分配的任务数，可减少总的调度次数。

某段时间内正在使用资源量占总资源量的比例，称为资源利用率。节点资源利用率即为某段时间内节点正在使用的资源量占该节点资源总量的比例。显然节点资源利用率与分配到该节点的任务数和任务的资源需求相关。在某段时间内，该节点承担的任务越多，其节点资源利用率越高。

12.3.2 算法框架

CategoryS 是一种新的多维资源调度算法，目标在于最大化资源利用率。其基本思想是一方面优先调度大资源需求的任务，尽量减少因增量资源机制所产生的预留资源；另一方面根据计算框架特性不同，将作业分为小作业和大作业，分别定义 small job 和 large job 两种标签，小作业指资源需求低的作业，大作业指资源需求大的作业。为充分利用预留资源，将预留资源"借"给 small job 的任务，当借出资源的任务所等待的资源满足时，强行"取回"所借资源，这样 small job 的任务既可提前运行，也能保证借出资源任务的执行。

因此，CategoryS 算法需要解决如何减少节点预留资源的次数和制定"借"预留资源策略这两个问题，本章后面将详细介绍 CategoryS 的调度策略。

12.3.3 多维资源分配

在弹性计算云平台中，应用被分解成若干个任务，同一应用中的每个任务所需的资源量相同。不同应用的任务所需的资源量可能不同。各应用的优先级不同，则任务的优先级也不同，调度器将接收到 Application Master 发送的任务按优先级降序排序成任务等待队列 Γ 中。前面小节中说明了调度器是经典背包问题，背包体积为集群节点空闲资源量，而 CategoryS 考虑多维资源，转变为多维背包问题，在不超过所有类型资源量约束条件下，将 Γ 中的任务装入包中。

任务调度器只有在节点发送心跳信息通知有空闲资源时，才会为节点分配任务，

CategoiyS 采用贪婪算法，优先将大资源需求的任务分配给节点。具体地说，我们定义针对一种资源 p，任务 i 对第 p 类资源请求量与节点 j 所拥有的空余量的差异，称为碎片率 shard (i, j, p)，可表示为公式（12-2）。

$$shard(i,j,p) = \begin{cases} \dfrac{F[j,p] - R[i,p]}{F[j,p]} = 1 - \dfrac{R[i,p]}{[j,p]} & \text{if } R[i,p] \leq F[j,p], \\ \infty & \text{otherwise} \end{cases} \quad (12\text{-}2)$$

其中，$R[i, p]$ 表示任务 i 对第 p 类资源请求量，而 $F[j, p]$ 表示节点 j 当前第 p 类资源空余量。当 $F[j, p]$ 小于 $R[i, p]$，任务 i 不能分配至节点 j 上运行，碎片率 shard (i, j, p) 值为无穷大。shard (i, j, p) 值越小，说明任务 i 对该类资源需求量于节点 j 该类资源空闲量越匹配，可以选择 shard (i, j, p) 值最小的任务分配。

考虑多维资源时，按照公式（12-3）计算任务 i 对节点 j 的多维资源碎片率 $S(i, j)$。

$$S(i, j) = \sqrt[q]{\prod_{p=1}^{q} shard(i, j, p)} \quad (12\text{-}3)$$

CategoryS 优先分配申请资源量相对较大的任务，选择 $S(i, j)$ 最小的任务调度到节点 j 运行。这是因为若任务申请资源量相对较大，相应的 $S(i, j)$ 值较小，这样可尽可能地避免出现预留资源的情况。

1. 任务分配算法

任务调度原则是优先级最高的任务优先执行，而同一优先级的任务可以乱序执行。CategoryS 首先分配优先级最高的任务，算法（12-2）为 CategoryS 分配资源过程。当收到 Node Manager 节点 n 发送的心跳信息，并且节点 n 有空闲资源时，调度器被触发。其中，F 表示节点 n 的空闲资源量，具体的 $F[n, P]$ 为节点 n 的第 p 类资源空闲值，Γ 为最高优先级的任务队列，包含 m 个任务，每个任务的资源需求用 R 表示，$R[i, p]$ 为任务 i 对第 p 类资源的需求量。

CategoryS 优先选择资源碎片率 $S(j, n)$ 最小的任务分配到节点 n 上，对 Γ 中任务按公式（12-3）计算其 $S(j, n)$（算法 12-2 第 4~6 行）。这时最坏的情况是，节点 n 空闲资源不足以满足任何任务资源请求，即对 $\forall j \in \Gamma$，$S(j, n) = \infty$，将选择一个任务为其预留节点 n 资源（Reserve_ resource $(1, S)$），预留资源表示为 H，见算法 12-2 第 7~9 行。否则，选择 $S(j, n)$ 最小的任务 I 分配到节点 n 上（算法 12-2 第 12~13 行）。

算法 12-2：CategoryS pseudo-code

input：F = {<n, 1>, <n, 2>, …, <n, k>}
        Γ = {1, 2, …, m}
        R = {<1, 1>, <1, 2>, …, <m, k>}
        while A heartbeat is receivedfrom node n do
            if F ！ =*Null* then

```
while do
    for j ∈ ⌈ do
        compute S（j, n）using Equation（4.3）; end
        if ∀ j, S（j, n）= = ∞ then
        Reserve_ resource（1, H）;
        Break;
        end
        else
            l = Min（S（j, n））; Assign_ task（l^i）;
            F = F-Rl;
            r = r-i;
        end;
    end;
end;
end;
```

2. 例子

我们用一个例子来说明 CategoryS 的任务分配策略。假设集群节点总资源为 <10GB, 6cores>, 现需处理两个作业, Type I 作业的单任务资源需求均为<1GB, 2cores>, Type II 单任务资源需求均为<3GB, lcores>, 且各任务之间无依赖关系。CategoryS 和 DRF 资源分配对比如图 12-3 所示, DRF 根据主资源公平性原则将资源分配给两个 Type I 和两个 Type II 任务, 而 CategoryS 按照公式（12-3）定义的资源适用度 $S（j, n）$ 选择了三个 Type II 任务和一个 Type I 任务, 具体分配过程如表 12-2 所示。从图 12-3 中可见, 在该时刻, CategoryS 获得资源利用率（CPU 利用率为 83.3%, 而内存 100%）与 DRF（CPU 利用率为 100%, 内存为 80%）相差很少, 但是 CategoryS 优先执行资源需求大的 Type II 任务。

表 12-2　　　　　　　　　　　　　**CategoryS 资源分配的过程**

Capacity	<10, 6>	<7, 5>	<4, 4>	<1, 3>	<0, 1>
Type I <1, 2>	0.774	0.717	0.612	0	∞
Type II <3, 1>	0.763	0.676	0.433	∞	∞

假定集群需要运行 Type I 作业包含 4 个任务, 而 Type II 作业包含 12 个任务, 且 Typel 的任务和 Typell 的任务执行时间相同, 在一个时间片段内完成。图 12-4 为 DRF 和 CategoryS 两种策略调度两个作业的过程, CategoryS 只需 4 个时间片段完成, 但 DRF 需要 5 个时间片段完成, 可见 CategoryS 获得较高集群资源利用率和集群吞吐率。

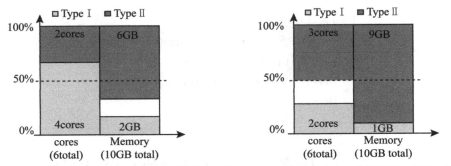

（a）DRF选择两个Type Ⅰ和两个Type Ⅱ任务　（b）CategoryS选择三个Type Ⅱ任务和一个Type Ⅰ任务

图 12-3　DRF 和 CategoryS 分配结果

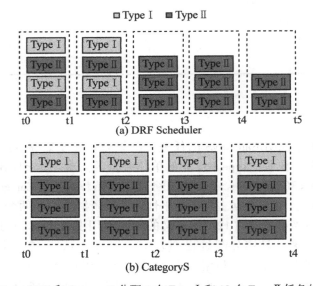

图 12-4　DRF 和 CategoryS 分配 4 个 Type Ⅰ和 12 个 Type Ⅱ任务的过程

12.3.4　基于预留资源的调度策略

CategoryS 采用增量资源机制，为暂时不能满足资源需求的任务预留节点资源，为了充分利用预留资源，CategoryS 采用"借"出预留资源的方法，需要确定"借方""借"和"取回"的方式。

1. 挑选"借方"

CategoxyS 将预留资源借给"借方"，提高集群资源利用率。"借方"可以是一个任务或者若干任务组合，每个任务必须具有申请资源量少于预留资源，最优"借方"是预留资源利用率达到 100%，且在预留资源被取回前任务执行完成。可见，"借方"最可能是资源需求量小且执行时间短的任务。为此，将应用定义两种不同的标签：大作业（large job）和小作业（small job），从标签为 small job 中挑选合适的任务组成"借方"。

弹性计算云平台支持运行多种计算框架应用，这些应用分解成若干任务，任务可并行执行。根据任务运行模式可以分为两类：一类是每一个任务都在一个独立的 container 中运行，每个任务都经历申请 container 和释放 container 过程，container 不能重用，如 MapReduce、Tez 计算框架及其变种属于该类，图 12-5（a）说明 MapReduce 应用的 map 任务或 reduce 任务占用一个 container；另一类是多个任务可运行在同一个 container，且 container 被连续使用，是可重用的，一直到应用执行完成才会释放，如 Spark、Spark streaming 计算框架，图 12-5（b）说明 Spark 应用的 shuffle map 任务和 result 任务可占用同一个 container。

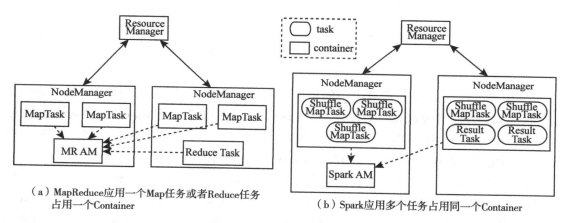

（a）MapReduce应用一个Map任务或者Reduce任务占用一个Container

（b）Spark应用多个任务占用同一个Container

图 12-5　两种任务运行模式

可见，第一类是以任务为粒度申请、释放资源，称为小作业，而第二类是以应用为粒度申请、释放资源，且需求资源量大，即 container 被重用，应用执行完才会释放，称为大作业。

在应用提交时，对应用设置相应标签，如 MapReduce 应用设置 small job 标签，而 Spark 应用为 large job。前面小节中，CategoryS 分配节点空闲资源时，最坏情况是为大资源任务预留资源。根据前文分析，可见大资源任务在很大程度上属于 large job。标签为 large job 任务的预留资源将借给标签为 small job 的任务。

2. "借"与"取回"调度策略

CategoryS 将节点预留资源借给 small pb 的任务，同样优先选择优先级最高的 small job 任务队列，必要条件为任务申请资源量不能超过预留资源量。值得注意的是，标签为 small job 的 MapReduce 应用或者其变种应用将最终分解为 map 任务和 reduce 任务，但

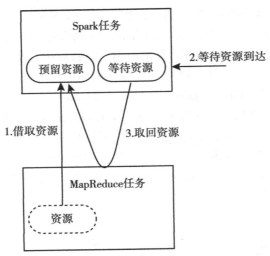

图 12-6　"借"和"取回"预留资源的一个例子

reduce 任务依赖 map 任务的输出中间结果，在 map 任务完成一定比例时（默认 5%），Application Master 才发送 reduce 任务请求，reduce 任务需要等全部 map 任务都完成才能执行函数 reduce ()，所以其执行时间无法确定，此外，reduce 任务收集中间结果并进行排序，而通常需要占用大量内存，所以 reduce 任务不适合做"借方"。

　　图 12-6 展示了 CategoryS 将预留资源借出和取回的流程，第一步，挑选 small job 任务队列 T 中任务作为借方，并分配到节点 n 预留资源 H 上运行，可见同是背包问题，因此，我们采用前文策略，对 small job 中的任务 i 按公式（12-4）和公式（12-5）计算对节点 j 资源碎片率 $S (i, j)$，其中 $H [j, p]$ 为节点 j 当前第 p 类资源的预留量。

$$\text{shard}'(i,j,p)=\begin{cases}\dfrac{H[j,p]-R[i,p]}{H[j,p]}=1-\dfrac{R[i,p]}{F[j,p]} & \text{if } R[i,p]\leqslant H[j,p],\\ \infty & \text{otherwise}\end{cases} \tag{12-4}$$

$$S(i,j)=\sqrt[q]{\prod_{p=1}^{q}\text{shard}'(i,j,p)} \tag{12-5}$$

　　具体过程见算法 12-3，优先选 $S (i, j)$ 最小的任务为借方（算法（12-3）第 9～10 行），一直到剩余资源不能满足任何任务资源需求，即为 $S (i, j) = \infty$ 时，停止分配预留资源。

　　第二步，在 Spark 任务等待资源期间，节点 j 上其他任务完成，并释放部分资源，但如果节点 j 的预留资源加上新释放的资源还低于 Spark 任务所申请的资源量，重复第一步，将节点 j 新释放的资源分配给 small job 的任务。

　　第三步，一旦 CategoryS 接收到节点 n 发送心跳信息，且 Spark 任务的等待资源全部到达，就会触发 CategoryS 取回所借出的资源。

第四步，CategoiyS 采用抢占机制强制回收资源，首先，通过心跳信息通知 MapReduce 任务的 Application Master 终止任务执行，其次，节点 n 将预留资源和等待资源封装成一个 container 分配给 Spark 任务。

算法 12-3： Borrowing reserved resource pseudo-code

```
input：H = {<n, 1>, <n, 2>, <u, k>}
        T = {1, 2, …, m}
         R = {<1, 1>, <1, 2>, …, <m, k>}
while do
        for i ∈ T do
                compute S (i, j) using Equation (4.5);
        end
        else
        u = Min (S (i, j) );
        Borrow_ resouce (u, H);
        H = H−R_u;
        T = T−u
    end
  end
```

12.3.5 适用性

总的来说，各种调度算法都是基于优先级的调度策略，不同调度算法的优先级定义方式不同，如按提交时间先后、资源占有率、公平性等确定优先级。CategoryS 可与这些调度算法配合使用，尤其是三种默认调度器，例如 Capacity scheduler 选择资源占用率最低的队列，在该队列中选择任务分配资源，在队列内部可以应用 CategoryS 算法，优先选择队列内资源需求大的任务执行，当出现预留节点资源时，将预留资源借给该队列内部标签为 short job 的任务，可最大化集群资源利用率。

12.4 实验和分析性能

12.4.1 性能分析

假定 YARN 集群运行应用可分为两类：large job 和 short job，各应用分解为若干个任

211

务，下面对参数进行定义。

M：集群单个节点资源总量；

M_u：集群单个节点当前使用的资源量；

M_0：集群单个节点空闲资源量；

M_s：small job 应用单任务资源需求量。

在本章中，我们以集群资源利用率作为衡量标准，而集群资源利用率可通过计算集群单个节点平均资源利用率 W 获得，W 可按公式（12-6）计算。

$$W = \frac{M_u}{M} \tag{12-6}$$

原生 YARN 集群默认调度器为 Capacity Scheduler，采用周期任务分配机制，则节点在每次心跳信息之后资源利用率 W，见公式（12-7）。

$$W_1 = \frac{M - M_0}{M} \tag{12-7}$$

Capacity Scheduler 采用增量资源机制为 large job 任务预留节点资源，预留资源由该任务独占，但预留资源并没有被使用。而 CategoryS 将预留资源进一步分配给标签为 small job 的任务，则资源利用率 W_2 见公式（12-8）。当 $M_0 \geq k \times M$ 时，指预留资源可分给 k 个 small job CategoryS 的资源利用率比 Capacity Scheduler 高。在相同时间内 CategoryS 策略比 Capacity Scheduler 可完成更多的任务，从而减少任务集执行时间。

$$W_2 = \begin{cases} \dfrac{M - M_0 + k \times M_s}{M}, & M_0 \geq k \times M_s, \\ \dfrac{M - M_0}{M}, & \text{otherwise} \end{cases} \tag{12-8}$$

12.4.2　实验设置

本节我们将通过实验验证 CategoryS 的有效性，衡量指标为任务执行时间、内存、CPU 资源利用率。

测试平台。测试 CategoryS 性能，我们构建一个 YARN 本地集群，包括一个 ResourceManager 和 12 个 NodeManager，所有节点都包括一个双核处理器、6GB 内存以及 500GB 的硬盘，相互间通过千兆以太网交换机连接。我们在每个节点上均部署 YARN2.5.2，且每个节点配置供操作系统使用的内存为 1GB，供用户使用的内存为 5GB。每个节点默认配置 8 个虚拟核，HDFS 中每个数据块为 128MB。在 YARN 集群配置 Ganglia[302] 监控集群性能，可获得 CPU、内存、硬盘等资源使用信息。

基准用例。我们采用 MapReduce 计算框架实现的 wordcount 应用，和 Spark 内存计算框架的 K-mean、PageRank 和 Logic Regressicm 应用作为测试用例。对于每个测试用例，自身 ApplicationMaster 也占用一个 container，资源需求量为 <lGB，lcore>，应用所分解的任务申请资源情况见表 12-3 和表 12-4。在实验中我们同时提交多个测试用例来测试

CategoryS 性能。

表 12-3 **wordcount 应用配置**

Job ID	Input Data	Map num	Reduce num	Map resource	Reduce resource
1	16GB	64	2	<1GB, 1core>	<1GB, 1core>

表 12-4 **K-mean、PageRank 和 Logic Regression 应用配置**

Job ID	Application	Input Data	Executor num	Executor resource
2	pageRank	1GB	4	<4GB, 3cores>
3	PageRank	1GB	8	<4GB, 3cores>
4	PageRank	1GB	12	<3GB, 3cores>
5	K-mean	1GB	8	<3GB, 4cores>
6	Logic Regression	2GB	8	<3GB, 2cores>

12.4.3　CategoryS 性能分析

首先，我们在 YARN 集群上运行 wordcount 应用，并分别与 PageRank、K-means 和 Logic Regression 应用组成的混合测试用例来测试 CategoryS 性能，所有实验都是基于一个 ResourceManager 节点和 8 个 NodeManager 节点构成的 YARN 集群。

为了更好地测试 CategoryS 的性能，我们将 CategoryS 与原生 YARN 比较。YARN2 采用 Capacity Scheduler 作为默认调度器，Capacity Scheduler 以多队列形式支持多用户共同使用集群，队列内部使用 FIFO 调度策略，但在我们所有的实验中，将多个测试用例都提交到同一个队列中，因此，测试用例之间还是按照 FIFO 分配资源执行。

1. PageRank 与 wordcount 应用混合测试用例

图 12-7 为运行两个 Job ID 3 的 PageRank 和一个 Job ID 1 的 wordcount 组成混合用例的比较数据，横坐标为混合用例的执行时间、CPU 和内存利用率，其中执行时间采用归一化表示的，从图 12-7 中我们可以看出，CategoryS 测试用例的执行时间明显短于原生 YARN，仅为原生 YARN 的 87%，且 CPU 和内存利用率都有增长，CPU 利用率提升 13%，内存利用率增长 7%。

性能提升是原生 YARN 为第一个 PageRank 分配资源后，剩余资源最多为 <1GB, 3cores>，不足以运行第二个 PageRank 应用，这部分资源或空闲着或者作为第二个 PageRank 应用的预留资源，当第一个 PageRank 应用执行完释放资源，第二个 PageRank 应用才会执行，接着执行 wordcount，而 CategoryS 充分利用空闲资源和预留资源，再运行两个 PageRank 应用，wordcount 应用的 map 任务（<1GB, 1cores>）同时运行，提高了集

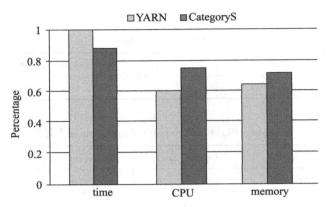

图 12-7　CategoryS 相比原生 YARN 运行 PageRank 与 wordcount 混合测试用例的比较数据

群资源利用率，减少任务执行时间。

2. K-mean 与 wordcount 应用混合测试用例

同理，图 12-8 为运行两个 Job ID 为 5 的 K-mean 和一个 Job ID 为 1 的 wordcount 应用的比较数据，CategoryS 混合测试用例完成时间是原生 YARN 的 85%，低于运行 PageRank 和 wordcount 的混合用例。K-mean 一个任务资源需求为<3GB，4cores>，而 PageRank 一个任务资源需求为<4GB，3cores>，根据前文的分析，执行 K-mean 应用时节点预留内存资源大于 PageRank，则可提前执行 wordcount 应用的 map 任务数多，可以推断出加速比应大于 PageRank，但是实验结果相反，这是因为 wordcount 应用先于第二个 K-mean 执行完，没有后续 map 任务"借用"预留资源。假如有后续任务，CategoryS 将进一步提升性能。

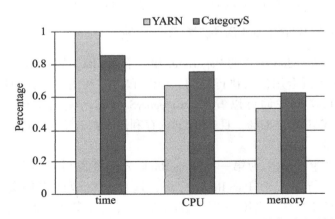

图 12-8　CategoryS 相比原生 YARN 运行 K-mean 与 wordcount 混合测试用例的比较数据

3. Logic Regression 与 wordcount 应用混合测试用例

图 12-9 为运行两个 Job ID 为 6 的 Logic Regression 和一个 Job ID 为 1 的 wordcount 应用的比较数据，CategoryS 获得 1.2 倍加速比，CPU 利用率提高 8%，总之，CategoryS 与原生 YARN 的任务调度相比，提高了 CPU 和内存资源利用率，减少了测试用例的执行时间。性能提升的主要原因是充分利用了为 Spark 应用预留的资源，将预留资源分配给 MapReduce 应用的 map 任务，使 map 任务提前运行，从而提高了集群吞吐率，在 Spark 应用所等待资源达到时，取回预留资源，不影响 Spark 应用执行。内存利用率提升 10.7%。

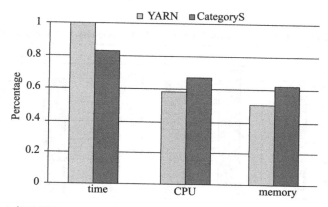

图 12-9　CategoryS 相比原生 YARN 运行 Logic Regression 与 wordcount 混合测试用例的比较数据

12.4.4　扩展性分析

最后，我们分析 CategoryS 在规模不同的集群上的性能，在我们的实验中，集群规模从 4 到 12 个 NodeManager，Spark 应用以 PageRank 为例，分别运行两个 Job ID 2 的 PageRank、Job ID 3 的 PageRank、Job ID 4 的 PageRank 和 wordcount 应用组成的混合用例。

图 12-10 和图 12-11 展示了 CategoryS 相对原生 YARN 获得执行时间、CPU 和内存利用率的提升，随着集群规模增大，加速比增加。主要原因是随着集群规模增大，存在的预留资源相对多，且 Job 4 任务内存资源申请比其他两种情况少，CategoryS 提前运行 map 任务个数多，但内存利用率在集群规模为 12 时稍微低于 8 节点，主要原因是 wordcount 应用申请的 1GB 内存真实利用率低于 PageRank 同样的 1GB 内存。

当然评估 CategoryS 扩展性的更有效方法是在大规模集群上测试。从算法分析和实验结果所展示的趋势来看，CategoryS 在大规模集群上运行也能表现良好。

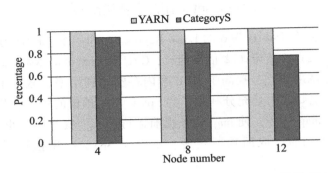

图 12-10　CategoryS 在集群规模不同情况下相比原生 YARN 的完成时间比较

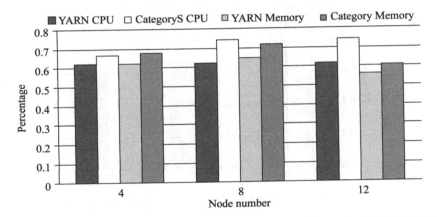

图 12-11　CategoryS 在集群规模不同情况下相比原生 YARN 的 CPU 和内存利用率比较

第 13 章　面向任务特性和资源约束的资源任务模型

13.1　引言

针对云计算中资源的动态性、超大规模特性、任务的多样性及对资源需求的差异性,本章提出一个资源任务模型,通过对资源负载进行动态加权评估来体现资源的动态性,通过资源聚类来减少资源规模,通过对任务分类来反映任务的多样性及对资源需求的差异性。

云资源的动态不确定性给资源任务调度带来了很大困难,而云资源的超大规模特性大大增加了云计算调度的规模和开销,影响了用户的服务质量,增加了能耗。

云资源的动态不确定性使得一些传统描述资源指标不再适用于云计算环境。这些物理静态指标(如 CPU 的计算能力、带宽、内存等[322])很难反映云资源的动态变化情况,也有些研究[323]采用了这些指标的延展形式,如 CPU 利用率。但 CPU 利用率并不能真实准确地反映 CPU 的实际使用状态,这其中还包括对内存写入和读取的等待时间等。因此,需要一些动态评估指标来更准确地描述云计算中的资源。

资源的预处理对于提高资源调度的效率起着十分重要的作用。调度所涉及的资源数量以及资源的动态性将对调度结果产生巨大影响。因此,对资源进行动态聚类将有利于减少调度时的候选资源规模,从而提高调度效率。

目前云计算平台上部署了各种各样的应用,不同的应用对资源的使用需求也是不同的。如有些应用需要很强的 CPU 计算能力,有些需要大内存,有些则需要频繁的 I/O 访问,而有些则对带宽要求比较高。因此,有必要研究任务的多样性及其对资源的需求差异,然后针对这些差异有针对性地分配资源,这将对资源的调度优化起到很重要的作用。

云计算平台的不断商业化和服务请求的多样性以及用户对服务质量的不同需求,使得用户服务质量(QoS)成为衡量云计算服务的一个重要因素,也成为调度的首要目标,主要反映任务调度的可靠性(如调度的响应时间、完成时间等)、任务的截止时间约束、费用预算约束等,这些决定了云计算中的调度要实现多目标优化,同时满足用户服务质量、任务的多约束以及资源提供商的利益等多个目标。

本章提出了一个基于熵优化资源任务模型,首先通过引入动态评估指标,准确描述资源的动态特征并实现资源的动态评估,然后对任务进行态分类,在此基础上基于熵优化原理提出一个资源任务模型，用以描述任务多约束、用户 QoS 和资源提供商利益等多个优化目标，使得该模型可以在综合考虑任务约束和资源特性的前提下支持云计算环境下的多目标优化调度。

13.2　相关工作

本章主要研究资源任务模型，而任务模型及其在调度中的应用一直为人们所关注。一个好的任务模型应该能够恰当地反映任务和资源的特性及其相关约束，从而为调度问题提供支持。下面对现有云计算中有关任务模型和资源及任务特性方面的研究工作进行介绍。

任务模型的创建通常来说有两种方式，一种是基于任务日志的建模，还有一种是基于纯数学模型的。在云计算方面，很多研究采用了并行、分布式集群中的任务日志建立任务模型，从而进行调度性能的评估。如文献 [303] 使用网页的负载建立了任务模型，文献 [304] 基于计算负载建立了任务到达时间的模型，评估了联合云环境下资源调度策略的性能。文献 [306] 基于网站 PWA[307] 的日志建立了一个任务模型，并利用该模型实现对其资源调度方法的评测。文献 [308] 利用了一个纯数学模型（使用泊松分布生成任务到达时间，其余采用正态分布生成）建立的任务模型进行调度方法的评测。文献 [305] 使用了除任务运行时间外的任务参数随机选择任务的运行时间，从而建立了一个纯数学模型，来对云计算中节省能耗的方法进行评估。但是这种基于纯数学模型的创建方式往往具有一定的片面性，大多是根据经验或者采用直接认定的方式，因此缺乏一定的说服力。

资源预处理可提高资源发现和分配的效率，在云计算调度中也非常重要。资源预处理主要是通过对资源聚类来实现的。如文献 [316] [317] 为提高资源发现的效率，提出使用资源属性的相似程度对资源进行聚类。文献 [318] 将资源的计算和通信能力作为属性参数提出了一种动态聚类方法。类似的文献 [319] 使用资源的计算和通信能力作为属性参数对资源进行动态聚类，但它假设资源的计算和通信能力在一定时期内是稳定的，所以没有考虑资源计算和通信能力的变化。文献 [320] 考虑了网格环境的动态变化因素，对资源先评估后聚类，取得了良好的效果。与本书方法类似的是文献 [321] 根据任务参数计算资源偏好来对资源进行聚类，然后使得不同偏好的任务可以在不同的聚类中选择，这样缩小了调度范围，并且反映了任务的需求。

云计算平台上的任务通常具有多样性。对于任务的多样性，目前也有一些研究利用任务分类的方法来解决。如文献 [309] 利用资源和性能需求的相似特征采用 K-均值聚类方法将任务负载分成了几个类。文献 [311] 重点研究分析任务的运行时间与资源的使用，如 CPU、内存和 disk，以利用历史信息提高系统性能，如任务等待时间和资源利用率。文献 [313] 研究任务负载及资源的消耗情况（主要是 CPU 和内存的使用），主要采用了 K-均值聚类方法对任务进行分类，分为大、中、小及其各种组合类型，并将其应用到了 Google 计算集群中。但是它是分别针对 CPU 和内存单个目标进行的聚类，而且最终分成了 18 类，因此该方法的复杂度比较高。文献［314］根据任务对 CPU 的使用，对任务特性进行了分析预测，但是它只考虑了 CPU 的情况没有考虑内存和 I/O，而且没有考虑针对任务特性进行调度的问题。文献［315］根据几个任务特性对任务进行了更为详细的划分，将任务分为 CPU 密集型、内存密集型、大任务和小任务等。

通过以上分析可发现，现有关于资源和任务的模型方面在兼顾任务对资源的需求以及资源本身的特点方面研究较少，在结合任务特性建立资源管理模型方面的研究较少，另外在任务分类时，在综合一个任务的这几个指标参数综合考虑任务的特性这样综合的任务分类方法研究不够。

因此，本章将针对这些问题提出综合考虑资源和任务特性的资源任务模型。

13.3 基于熵优化的资源任务模型

本节主要介绍熵优化原理及在此基础上提出的资源任务模型。

13.3.1 熵优化模型

由信息论可知，熵是关于信息的某种度量。设一个概率实验可能有 n 个结果，并假设这些结果出现的概率为 P_1，P_2，$\cdots$，P_n，则它们满足以下条件：

$$\sum_{i=1}^{n} P_i = 1, \ P_i \geqslant 0 (i = 1, \ 2, \ \cdots, \ n) \tag{13-1}$$

Shannon 从数学上证明并给出了熵函数为

$$S = -k \sum_{i=1}^{n} p_i \ln p_i \tag{13-2}$$

这里 k 是一个取决于度量单位的正常数，通常取 k 值为 1，且定义 $0\ln0 = 0$。

定义 13-1 设 X 是概率空间（Ω，F，P）上的随机变量，设一个概率实验有 n 个可能的结果，并假设这些结果各自具有离散概率 p_i（$i = 1$，2，$\cdots$，n），则离散事件 P 的熵定义为：

$$S_n(P) = -\sum_{i=1}^{n} p_i \ln p_i \tag{13-3}$$

类似的，连续随机变量 x 的密度函数为 $P(x)$，则熵定义为：

$$S(X) = -\int_{\Omega} p(x) \ln p(x) \mathrm{d}x \tag{13-4}$$

这表明熵并不依赖某些特定的分布，一旦随机变量的概率分布被假定，就可以得到相应的熵值。

如果已知分布类型，如 Ganuna 分布、对数正态分布、Pareto 分布、Beta 分布、weibull 分布等，都可以计算出相应的熵值，对于离散随机变量，如二项分布、几何分布、Poisson 分布等也同样。在此列出不同分布的熵，如表 3-1 和表 3-2 所示。本书在此仅列出常用的分布及其熵值，更多分布及熵值信息可参考文献［324］、［325］。

表 13-1　　　　　　　　　　　　　　　　　**离散随机变量的熵**[324]

变量及参数	概率分布	熵
二项分布 $B(n, p)$ $n = 0, 1, \cdots,$ $0 < p < 1$	$P(X = x) = \binom{n}{x} p^x (1-p)^{n-x}$ $x = 0, 1, \cdots, n$	$-np\log p - n(1-p)\log(1-p) - \log\Gamma(n+1)$ $+ \sum_{R=0}^{n} [\log\Gamma(k+1) + \log\Gamma(n-k+1)]p(k)$
几何分布 $Geo(p)$ $0 < p < 1$	$P(X = x) = (1-p)^x$ $x = 0, 1, \cdots$	$-\log p - \dfrac{(1-p)\log(1-p)}{p}$
泊松分布 $P(\lambda)$ $\lambda > 0$	$P(X = x) = \dfrac{\lambda^x}{x!}e^{-\lambda}$ $x = 0, 1, \cdots$	$\lambda - \lambda\log\lambda + \sum_{k=0}^{\infty} \log\Gamma(k+1)p(k)$
均匀分布 $U(n)$	$P(X = x) = \dfrac{1}{n}$ $x = 0, 1, \cdots, n$	$\log n$

表 13-2　　　　　　　　　　　　　　　　　**连续随机变量的熵**[325]

变量	密度函数	熵
伽马分布 Gamma(α, β) $\alpha > 0, \beta > 0$	$f(x) = \dfrac{1}{\beta\Gamma(\alpha)}\left(\dfrac{x}{\beta}\right)^{\alpha-1} e^{-x/\beta}$ $x > 0$	$\log\beta + \log\Gamma(\alpha) + (1-\alpha)\Psi(\alpha) + \alpha$
对数正态分布 $\log N(\mu, \sigma^2)$ $-\infty < \mu < +\infty$ $\sigma^2 > 0$	$f(x) = \dfrac{1}{\sqrt{2\pi}\sigma x} e^{-\frac{1}{2}\left(\frac{\log x - \mu}{\sigma}\right)^2}$ $x > 0$	$\mu + \log\sigma + \dfrac{1}{2}\log(2\pi e)$
帕累托分布 Pareto(α,β) $\alpha > 0, \beta > 0$	$f(x) = \dfrac{\alpha}{\beta}\left(\dfrac{x}{\beta}\right)^{-\alpha-1}$ $x > \beta$	$\log\beta - \log\alpha + \dfrac{1}{\alpha} + 1$
贝塔分布 Pareto(α,β) $\alpha > 0, \beta > 0$	$f(x) = \dfrac{1}{B(\alpha,\beta)} x^{\alpha-1} e(1-x)^{\beta} - 1$ $0 \leqslant x \leqslant 1$	$\log[B(\alpha,\beta)] + (\alpha-1)[\Psi(\alpha) - \Psi(\alpha+\beta)]$ $- (\beta-1)[\Psi(\beta) - \Psi(\alpha+\beta)]$
韦伯分布 Weibull(α,β)	$f(x) = \alpha\left(\dfrac{x}{\beta}\right)^{\alpha-1} e^{-\left(\frac{x}{\beta}\right)\alpha}$	$\log\beta - \log\alpha + \dfrac{(\alpha-1)\gamma}{\alpha} + 1$ $\gamma = 0.5772$

　　JayneS 所提出的最大熵原理，提供了这样一个选择准则，在根据部分信息进行推理时，应使用的概率分布，必须是在服从所有已知观测数据的前提下使熵函数取得最大值的那个概率分布。这是能够做出的仅有的无偏分配；使用任何其他分布，则相当于对未知的

信息做了任意性的假设[324][325]。

最大熵原理用一个数学规划问题来表达，作为选择判据的熵函数取最大值自然地成为这个规划问题的目标函数，而必须服从的已知信息（如均值、方差等）则作为问题的约束条件。因此，最大熵原理可被表达为如下优化问题：

$$\text{Max } S_n(P) = -\sum_{i=1}^{n} P_i \ln P_i \tag{13-5}$$

$$\text{s. t.} \quad \sum_{i=1}^{n} P_i = 1$$

$$P_i > 0, \; i = 1, \cdots, n$$

$$\sum_{i=1}^{n} P_i g_j(x_i) = E[g_j] = c_j, \; j = 1, 2, \cdots, m \tag{13-6}$$

这里，x_i（$i = 1, 2, \cdots, n$）是随机变量 X 的可能状态取值，$g_j(\cdot)$（$j = 1, 2, \cdots, m$）是给定的矩函数，c_j（$j = 1, 2, \cdots, m$）是给定的常数。这是离散变量下的最大熵优化问题，该优化问题可采用拉格朗日函数进行求解。

最大熵原理被广泛地应用在许多领域，通常用最大化熵来解决一些特定条件下的问题，也可以被推广到连续变量的优化问题。

$$\text{Max } S = -\int_{\Omega} p(x) \ln p(x) \, dx \tag{13-7}$$

$$\text{s. t.} \quad \int_{\Omega} p(x) = dx = 1$$

$$\int_{\Omega} p(x) g_j(x) \, dx = E[g_j], \; j = 1, 2, \cdots, m$$

$$p(x) \geq 0 \tag{13-8}$$

而将其应用到云计算平台的资源评估和调度优化研究中时，不同的应用，其任务到达情况也有不同，因此，需要首先得到任务请求的分布概率。然后根据任务请求的不同分布，根据表 13-1 和表 13-2 求得相应的熵。最后根据最大熵原理将其转化为优化问题及其约束条件。

首先需要定义用户和资源提供者对资源的需求函数。用户的需求主要体现在选择资源所需支付的费用和资源能否满足 QoS（这里主要通过截止时间体现）的需求。参考使用文献［320］中用户选择资源和资源提供者选择资源的目标函数的定义，定义 W_s 为任务在资源队列中的等待时间与实际运行时间的总和。由资源动态评估指标中对 r 和 h 的定义可知，W_s 是 r 和 h 的函数。P 为资源价格，与资源的服务能力有关，根据资源动态评估指标中对 r 和 h 的定义和分析，P 是 r 和 h 的函数。所以云计算中用户选择资源的目标函数定义如公式（13-9）所示。

$$F_u = \alpha \cdot P(r, h) + \beta \cdot W_s(r, h) \tag{13-9}$$

其中 α、β 分别为费用和截止时间的权重调节因子，体现费用和截止时间的重要程度。

类似的，资源提供者对资源的需求主要是提高资源收益，尽可能提高资源利用率。所以要计算出资源总的收益，首先需要计算出资源总的收入，然后减去资源成本。已知 P

为资源价格，且它是 r 和 h 的函数。另外根据资源动态评估指标中对 h 的定义，它是单位时间内资源能够完成的任务请求数量，因此，资源总的收入为 $h \times P(r,h)$。而资源成本的计算主要体现在空闲的资源上，定义 K 为单位时间资源空闲所需支付的成本，$V(r,h)$ 为资源空闲率。云计算中资源提供者选择资源的目标函数定义如公式（13-10）所示。

$$F_p = h \cdot P(r,h) - K \cdot V(r,h) \tag{13-10}$$

13.3.2　基于熵优化的资源任务模型

基于以上的熵优化原理结合云计算中用户和资源提供者的目标函数，建立基于熵优化的源任务模型。

首先需要统计资源的动态信息，利用曲线拟合技术建立资源请求量的概率分布模型。由于云资源的动态变化及不确定性，其概率分布模型采用最大熵原理求出资源评估的目标函数，并将资源动态属性作为其约束条件。

根据现有关于云计算和网格计算资源评估预测研究以及很多已有的对任务分布情况的研究，这些研究显示输入事件的刻画情况以及显示输入事件（任务请求量 r）的概率分布多呈泊松分布，则其概率分布为：

$$P(X=r) = \frac{\lambda^n}{r!} e^{-\lambda}, \ r=0,1,\cdots \tag{13-11}$$

根据资源任务请求的概率分布函数，求得其熵值为[309]

$$S = \lambda - \lambda\log\lambda + \sum_{k=0}^{\infty} \log\Gamma(k+1)p(k), \quad \lambda>0, k=0,1,2 \tag{13-12}$$

通过其熵值利用熵优化原理求其最大熵，同时可以将资源和任务的一些约束属性作为熵优化的约束条件，如任务的截止时间、费用约束等。

通过其熵值利用最大熵原理求其最大熵，得出公式（13-11），并将资源请求量与资源服务能力作为其约束条件，得出公式（13-12）；另根据熵增最小原理，即熵增最小时，系统可达最大化。利用用户与资源提供者选择资源目标函数即公式（13-12）和公式（13-13），得出公式（13-14）这一约束条件，再结合其他约束条件求出当前状态下使系统最优且满足用户 QoS（通过用户选择资源目标函数 F_u 来体现）的资源候选集。

$$\text{Max} S_n(P) = -\sum_{i=1}^{n} P_i \ln P_i \tag{13-13}$$

s. t.
$$\sum_{i=1}^{n} P_i = 1$$
$$P_i > 0, i=1,\cdots,n$$
$$\sum_{i=1}^{n} P_i q_{Nj}(r_i) = E[q_{Nj}], j=1,2,\cdots,m$$
$$| d_0 F_u + d_0 F_p | > d_0 F_p' + \sum_{k=1}^{n} F_{uk} \tag{13-14}$$

其中，n 为资源个数，r_i 为资源请求随机变量 A_i 的可能状态值，$q_{Nj}(\cdot)$ 为资源计算力函数。F'_p 为资源动态变化部分熵值，$\sum_{k=1}^{n} F_{uk}$ 为用户请求变动相关部分熵值。

该资源任务模型可用于云计算中的资源任务调度问题，反映云资源的动态性及应用任务特性及其与资源的关系。

（1）在使用本模型进行云计算平台相关应用评估时，首先需要获取具体应用的特性，如任务的到达率及其分布规律等，根据这些来应用熵优化模型体现资源任务特性。可通过对平台的任务日志进行分析，获取具体应用的特性。

（2）为了在资源任务模型中更准确地描述云资源的动态性，并解决动态性对调度带来的负面影响，提出对资源进行预处理。

（3）为了在资源任务模型中体现任务的多样性，根据任务对资源的需求差异对任务进行分类，从而为调度优化提供支持。

13.4　模型实现

13.4.1　资源与任务的预处理

为使资源任务模型更准确地描述云资源的动态性，提出对资源进行预处理；首先引入三个动态评估指标来动态描述资源。

为了使资源任务模型更好地体现任务的多样性，根据任务对资源的需求差异对任务进行分类，从而为后面的调度优化提供支持。

针对云计算中任务的多样性、资源的动态性和超大规模特性，提出对任务和资源进行与处理，即按照任务对资源的需求差异对任务进行分类，对于云资源的动态性采用一些动态评估指标，对云资源负载进行动态评估，并通过资源聚类来减少候选资源的规模。

1. 资源动态评估

当前评估指标多是静态的物理性能指标，如 CPU 计算能力、存储容量、网络带宽等，但在云计算这样的动态环境中，这些指标存在不确定性和非标志性（可能出现两个 CPU 计算能力在数值上相等，但实际处理速度却不同的情况），因此这些静态指标很难反映一个资源的实际服务能力。在此为了更准确地动态地描述资源，采用如下三个动态指标参数[320]。假设虚拟资源集合 U 中共包含 n 个资源，即 $U = \{U_1, U_2, \cdots, U_n\}$。

（1）资源请求量 r：单位时间内资源收到的平均任务请求个数。该指标通过任务请求量来表示资源。

若资源节点 $U_i(1 \le i \le n)$ 的资源请求量为 $r_i(1 \le i \le n)$，则 U 的资源请求量为 $r_N = \sum_{i=1}^{n} r_i$。

（2）资源计算能力 h：单位时间内资源完成的平均任务请求数目。

该动态指标显示了资源的计算能力。若资源节点 $U_i(1 \le i \le n)$ 的资源请求量为 $h_i(1 \le i \le n)$，则 U 的资源计算能力为 $h_N = n / \sum_{i=1}^{n} \frac{1}{h_i}$。

（3）资源计算强度 q：完成一个任务请求的平均时间与任务请求的平均时间间隔的比值，即 $q = \dfrac{r}{C \cdot h}$，其中 C 为资源的并行计算能力。资源计算强度体现了资源负载状况与实际计算能力的相对关系。资源计算强度越接近 1 说明资源的负载状态越大。U 的资源计算强度为 $q_N = r_N / (h_N \cdot \sum\limits_{i=1}^{n} C_i)$。

本部分的相关变量定义比较多，为方便起见，将其汇总如表 13-3 所示。

表 13-3　　　　　　　　　　　　　　**主要变量及含义**

符号	描　　述
U	资源集合
U'	评估聚类后的资源集合
U_i	资源节点 $i(1 \leqslant i \leqslant N)$
r_i	资源 i 的任务请求量 $(1 \leqslant i \leqslant N)$
h_i	资源 i 的计算能力 $(1 \leqslant i \leqslant N)$
q_i	资源 i 的计算强度 $(1 \leqslant i \leqslant N)$
S	任务请求服从一定分布时的熵值
F_u	用户选择资源的目标函数
F_p	资源提供者选择资源的目标函数
u_i	资源 i 的样本数据表示，对应于 $(r_i,\ h_i,\ q_i)$
u_j	聚类中心 $j(1 \leqslant j \leqslant g)$，$g$ 为聚类后子集个数
U'_j	新的聚类中心
P_{ij}	资源 i 归并到聚类中心 U_j 的概率
E_j	第 j 个资源样本的聚类误差

对云资源进行聚类可以有效减少候选资源规模，是解决云资源超大规模特性的有效方法。根资源动态评估指标向量 $(r_i,\ h_i,\ q_i)$，根据其中各参数值相同或相似的，通过聚类聚合到同一资源簇中。

具体描述如下：

设 $\{u_1,\ u_2,\ \cdots,\ u_n\}$ 是经过评估筛选后需要聚类的全部资源域，U 中的每个资源样本 u 用服务能力评估指标中的三个参数值 r_i、h_i、q_i 来表示，每个参数分别表示 u_i 的某个特征。如资源的评估指标参数 $V(u_k) = (u_{i1},\ u_{i2},\ u_{i3})$，$u_{ij}$ 分别表示 r_i、h_i、q_i。

云资源聚类需要将 U 中的 n 个数据对应的向量间的相似性按各向量间的相似关系，把 $u_1,\ u_2,\ \cdots,\ u_g$（g 为聚类后子集个数）分成多个不相交的子类集合，每个资源能且只能隶属于某一类，且每个子类都是非空的。资源数据对子集 u_i（$1 \leqslant i \leqslant g$）的隶属关系函数如下：

$$F_{u_i}(u_k) = \begin{cases} 1, & u_k \in U_i \\ 0, & u_k \notin U_i \end{cases} \tag{13-15}$$

针对云资源的动态特性，提出一个动态加权负载评估算法对资源进行负载评估。在对虚拟资源负载进行评估时，资源节点周期性地采用动态加权负载算法（dynamic weighted load algorithm）对自身负载状态进行评估，计算出归一化的相对负载值。$L[i]$ 能反映出资源之间的性能差异以及潜在的负载强度，为实现负载均衡提供最佳的决策依据。根据 $L[i]$ 的值采用双阈值 λ_1 和 λ_2（$\lambda_1 < \lambda_2$），将虚拟资源的负载状态划分为空闲、正常、过载三种状态。

参数定义如公式（13-16）所示。

$$L[i] = \begin{cases} 1, & \text{if } (r_i = R_i \text{ or } h_i \geqslant H_i \text{ or } q_i \geqslant Q_i) \\ w_1 \dfrac{r_i}{R_i} + w_2 \dfrac{h_i}{H_i} + w_3 \dfrac{q_i}{Q_i}, & \text{others} \end{cases} \tag{13-16}$$

其中 r_i、R_i 分别表示资源 U_i 的当前资源请求量和最大请求量，h_i、H_i 为资源的当前计算能力和最大计算能力，q_i 和 Q_i 为 U_i 当前负载强度和最大负载强度；r_i/R_i、h_i/H_i、q_i/Q_i 分别为 r_i 对 R_i，h_i 对 H_i，q_i 对 Q_i 进行归一化所得的值，取值范围均为 $[0, 1]$。

参数 r_i/R_i、h_i/H_i、q_i/Q_i 可通过动态调节加权值 w_j 来改变三个资源参数因素对 $L[i]$ 的影响权重，因此称为"动态加权负载评估算法"。采用动态变化影响权重，在每一个评估周期，由公式（13-17）自适应动态调节加权值 w_j。

$$w_i = w_0 + \mu(w_1 - w_0) \tag{13-17}$$

其中 w_0、w_1 均为常数，其范围分别是 $[0, 0.5]$、$[0, 1]$，且 $w_0 > w_1$；μ 是在 $[0, 1]$ 分布的随机数，公式（13-17）使得 r_i/R_i、h_i/H_i、q_i/Q_i 的影响权重在 $[w_0, w_1]$ 之间随机变化，并满足公式（13-18）。

$$\sum_{i=1}^{3} w_j = 1 \tag{13-18}$$

最后根据 $L[i]$ 的值采用双阈值 λ_1 和 λ_2（$\lambda_1 < \lambda_2$）将虚拟资源的负载状态划分为空闲、正常、过载三种状态。其中在每一个评估周期都需要对动态加权值 w_j 进行更新。

2. 任务预处理

云计算平台上部署了各种不同的应用，不同的应用任务对资源的需求也有很大差异，有的对存储需求较大，有的对计算能力即 CPU 有要求，有的则是数据密集型的，即其 I/O 比较明显。任务的多样性及对资源的需求差异会造成负载不均衡。比如实时的温度检测、淘宝的在线交易和银行的存取款交易等，都对 CPU 的需求比较高，需要及时响应。另外，一些应用需要频繁地从数据库读取或存储数据，需要大量频繁的磁盘读写操作即 I/O 操作。这些任务的复杂性和多样性对任务调度提出了更高的需求，因此，如果能针对任务的这种多样性进行分类，根据不同的任务（如 CPU 密集的）将其调度至相应合适的资源（如 CPU 占有率比较低的），这样将会大大提高调度的效率。所以，对任务按照其对资源的需求特性进行分类将是十分有效的方法。

综合考虑云计算中应用任务类型的差异和任务对资源的需求差异，将任务通过聚类划分为 CPU 密集型、I/O 密集型和内存密集型三类。将任务分为这三类是考虑常见任务对资源的需求，另外，考虑在实际应用中具体任务可能出现 CPU、I/O 和内存三者都高或相等的情况，引入三个权重系数来表示三者的优先级。

首先给出云计算中任务的定义。

定义 13-2　$T_i = (C_i, Q_i, M_i)$，其中三个指标参数分别代表执行任务所需的 CPU、I/O 和内存使用量。在此仅介绍任务分类方法。

任务的三个指标参数的单位不一致，因此，在分类之前要先对任务的三个指标进行归一化处理。

$$C_i' = \frac{C_i - C_{min}}{C_{max} - C_{min}} \tag{13-19}$$

$$O_i' = \frac{O_i - O_{min}}{O_{max} - O_{min}} \tag{13-20}$$

$$M_i' = \frac{M_i - M_{min}}{M_{max} - M_{min}} \tag{13-21}$$

这样经过归一化处理，任务的三个参数指标分别归一化为 [0，1] 之间，任务分类时采用归一化后的指标 $T_i = (C_i', Q_i', M_i')$。

13.4.2　实现方法

对资源和任务进行预处理的具体实现方法分别是采用蚁群算法进行动态聚类和基于 K-means 聚类而实现的任务分类。

1. 云资源动态聚类

对云资源进行聚类可以有效减少候选资源规模，是解决云资源超大规模特性的有效方法。在利用动态评估指标对云计算中的资源进行聚类时，需要考虑云资源异于其他聚类的特性：云资源的动态变化可能使得同一个资源在不同的时刻分属不同的类别；云资源可能随时加入或退出云计算环境。以上动态变化随时可能发生，因此，云计算中的资源聚类是一个动态的变化过程。传统相似性度量方法和聚类算法不能很好地适应云资源的这种动态变化，实现起来算法复杂度较高。因此，云资源聚类需采用复杂度小且自适应的动态聚类方法。一些仿生智能算法如蚁群算法在这类动态聚类方法有很好的表现。首先，蚁群聚类算法的聚类中心个数是由样本集中数据本身的特点产生的，克服了传统聚类算法中需要预先设定簇数的缺陷。另外蚁群聚类方法灵活，有很好的自组织、自学习和鲁棒特性。故在此使用蚁群算法来实现对云资源的动态聚类。

蚁群聚类方法的原理是将数据作为具有不同属性的蚂蚁，聚类中心作为蚂蚁要寻找的"食物源"，因此，聚类过程就是蚂蚁寻找食物源的过程。

将资源域 U 作为待聚类的资源数据集合，U 为聚类中心，R 为聚类半径，E_0 为给定误差，P_0 为转移概率阈值，则资源 U_i 能否归并到聚类中心 U_j 的概率 P_{ij} 为：

$$P_{ij} = \frac{\tau_{ij}^{\alpha}(t)\eta_{ij}^{\beta}(t)}{\sum_{m \in M} \tau_{mj}^{\alpha}(t)\eta_{mj}^{\beta}(t)} \tag{13-22}$$

$$\eta_{ij} = \frac{1}{d_{ij}} \tag{13-23}$$

$$\tau_{ij}(t) = \begin{cases} \frac{1}{|M|^2} \sum_{U_j \in M} \left[1 - \frac{d_{ij}}{\alpha}\right], & d_{ij} \leq R \\ 0, & d_{ij} > R \end{cases} \tag{13-24}$$

其中 α、β 为控制信息素和可见度 η_{ij} 的调节参数，$\tau_{ij}(t)$ 为 t 时刻 U_i 至聚类中心 U_j 路径上的信息素，d_{ij} 表示 U_i 至 U_j 之间的加权欧式距离，M 为聚类中心 U_j 领域内的数据集合，$M = \{U_m | d_{mj} <= R, m = 1, 2, \cdots, j, j+1, \cdots, n\}$。若 $P_{ij} > P_0$，则将 U_i 归并至聚类 U_j 中。

聚类算法循环终止的条件是所有聚类总误差 E 小于给定误差 E_0，总误差 E 的计算公式如下。

$$E = \sum_{j=1}^{n} E_j \tag{13-25}$$

$$E_j = \sqrt{\frac{1}{j} \sum_{i=1}^{J} (U_i' - U_j')^2} \tag{13-26}$$

$$U_j' = \frac{1}{j} \sum_{i=1}^{J} U_i(U_i \in U_k | d(U_k, U_j) \leq R, k = 1, 2, \cdots, j+1, \cdots, n) \tag{13-27}$$

其中 E_j 是聚类误差，U_j' 表示新的聚类中心，U_i 是被划分至 U_j 类中的资源，J 为该聚类中心所有资源的个数。

云资源蚁群聚类方法实现过程如算法 13-1 的伪代码所示。

算法 13-1: Cloud Resource Ant Colony Clustering Algorithm

Input: the Whole Resource Domain U = $\{u_1, u_2, u_3\}$

Output: U' = $\{u_1, u_2, u_3, \cdots, u_g\}$ //g 为聚类后子集的个数

Begin

    Initialize R、E_0、P_0, $\tau_{ij} = 0$, i = 1;

    Select the Clustering Center U_j

    Do

        Select not Marked and Non-clustering Center u_i;

        Calculate P_ii

```
    IF P>= P₀ THEN
        Fᵤᵢ（uᵢ）= 1；// uᵢ标识并归并至聚类中心 Uⱼ
    ELSE
        Fᵤᵢ（uᵢ）= 0；Break；
    ENDIF
    IF i>=n THEN //所有数据已处理完
        Calculate Eⱼ and E；
    ELSE
        Break；
    ENDIF
    Update（Uⱼ）；Update（τᵢⱼ（t））；i=i+1；
    UNTIL E<E₀
End
```

2. 任务分类

在此采用 K-means 聚类方法实现对任务的分类，利用任务归一化后的三个指标对任务进行分类，分为 CPU、I/O 和内存密集型三类。K-means 聚类方法简单、快速，较适合本书中聚类个数已知的情况（$k=3$）。将任务分为这三类是考虑常见任务对资源的需求，另外，考虑在实际应用中具体任务可能出现 CPU、I/O 和内存三者都高或相等的情况，引入三个权重系数来表示三者的优先级。即通过三个权重因子 α、β 和 γ 调整对 CPU、I/O 和内存的侧重，如对于侧重 CPU 应用的任务可以适当调整 α 的值，使其小于 β 和 γ。具体聚类过程描述如下。

（1）首先定义聚类任务集 T 和聚类中心 V。

$$T = T\{T_i \mid T_i = (C_i', O_i', M_i'),\ i = 1,\ 2,\ \cdots,\ n\} \tag{13-28}$$

$$V = \{v_h \mid v_h = (v_{hc},\ v_{ho},\ v_{hm}),\ h = 1,\ 2,\ 3\} \tag{13-29}$$

为方便表述，将 *CPU*、*I/O* 和内存对应的参数用 1，2，3 代替，即

$$T = \{T_i \mid T_i = (x_{i1},\ x_{i2},\ x_{i3}),\ i = 1,\ 2,\ \cdots,\ n\} \tag{13-30}$$

$$V = \{v_h \mid v_h = (v_{h1},\ v_{h2},\ v_{h3}),\ h = 1,\ 2,\ 3\} \tag{13-31}$$

三个聚类中心分别为 v_1，v_2，v_3。

三个聚类中心初始化为三个指标变量各自的平均值，即

$$v_1 = v_c = \left(\frac{C_{i1}' + C_{i2}' + \cdots + C_{in}'}{n},\ \frac{C_{i1}' + C_{i2}' + \cdots + C_{in}'}{n},\ \frac{C_{i1}' + C_{i2}' + \cdots + C_{in}'}{n} \right) \tag{13-32}$$

$$v_2 = v_o = \left(\frac{O_{i1}' + O_{i2}' + \cdots + O_{in}'}{n},\ \frac{O_{i1}' + O_{i2}' + \cdots + O_{in}'}{n},\ \frac{O_{i1}' + O_{i2}' + \cdots + O_{in}'}{n} \right) \tag{13-33}$$

$$v_1 = v_m = \left(\frac{M'_{i1} + M'_{i2} + \cdots + M'_{in}}{n}, \ \frac{M'_{i1} + M'_{i2} + \cdots + M'_{in}}{n}, \ \frac{M'_{i1} + M'_{i2} + \cdots + M'_{in}}{n} \right)$$

（13-34）

（2）计算相似度。

采用欧式距离计算任务 T_i 与聚类中心 v_h 的距离

$$d(T_i, v_h) = \sqrt{(x_{i1} - v_{h1})^2 + (x_{i2} - v_{h2})^2 + (x_{i3} - v_{h3})^2}$$

（13-35）

该公式可以通过三个权重因子调整对 CPU、I/O 和内存的侧重，如对于侧重 CPU 的任务可以适当调整 α 的值，使其小于 β 和 γ。

通过计算任务与三个聚类中心点的相似度，选取三者中最小的，将任务划归到该聚类中心所在的子类中。

（3）更新聚类中心。

新的聚类中心点需要在每一次迭代结束后重新计算。

$$v_{hl} = \frac{1}{N(\phi_l)} \sum_{T'_i \in \phi_l} T'_i, \quad (h, l = 1, 2, 3)$$

（13-36）

其中 $N(\phi_i)$ 是三个子类集合 ϕ_i 中的数据量，T'_i 是被划分至三个子类集合中的任务。

（4）聚类效果评估的准则函数。

采用类内误差平方和准则函数来评估聚类性能。

$$E = \sum_{h=1}^{3} \sum_{T'_i \in \phi_l} d(T'_i, v_h)^2$$

（13-37）

因此，聚类迭代终止的条件即为 $|E_t - E_{t-1}| < \varepsilon$，这里 ε 为一个很小的正数。

具体任务分类过程如算法 13-2 的伪代码所示。

算法 13-2： Cloud Task Clustering

Input：T = $\{ (T_i \mid T_i = (x_{i1}, x_{i2}, x_{i3}), i=1, 2, \cdots, n \}$; t_{max};

　　　V = $\{v_h \mid v_h = (v_{h1}, v_{h2}, v_{h3}), h=1, 2, 3\}$;

Output：V = $\{v_1, v_2, v_3\}$;

　　　Φ = $\{ (T'_i, s_{il}) \mid T'_i = (x'_{i1}, x'_{i2}, x'_{i3}), i=1, 2, \cdots, n; l=1, 2, 3\}$

Begin

　Initialize k = 3, t = 0;

　Do

　　　Calculate d (d (T_i, v_h));

　　　s_{il} = argmin (d (T_i, v_h));

　　　$v_h \leftarrow T_i$;

　　　$\Phi_l \leftarrow (T'_i, s_{il})$;

　　　Update (v_h);

```
        Calculate E；
        t＝t＋1；
    Until ｜E_t－E_{t-1}｜＜ε or t＝t_max
    Output V，Φ
End
```

其中 S_{il} 为标签变量，表示任务 T_i 划分至聚类中心 v_l 所在的子类集合中。t_{max} 为最大迭代次数。

13.5　结论

本章针对资源的动态性和任务的多样性等问题提出了一个资源任务模型，该模型提出对资源进行预处理，首先利用三个动态评估指标来评估资源，接着针对资源的超大规模特性提出对资源进行预处理，即按照资源的计算能力，利用蚁群动态聚类来实现对资源的分类筛选，并利用这些动态评估指标对资源进行负载状态评估，将资源负载分为过载、闲置和正常三种。该模型针对任务的多样性及其对资源的需求差异，提出对任务采用 K-means 聚类方法进行分类，按照其 CPU、I/O 和内存的使用情况将任务划分为 CPU、I/O 和内存密集型三类，可以为任务调度提供支持，因为可以根据任务对资源的使用情况有针对性地分配资源。在资源预处理和任务分类的基础上提出了一个基于熵优化的资源任务模型，针对任务的到达率、时间和费用等多约束情况提出一个熵优化模型，可根据任务的到达率的分布求出最大熵，并将资源和任务的一些约束属性作为其优化问题的约束条件。

本章主要工作：（1）提出了一个基于熵优化原理的资源任务模型，该模型通过熵优化方法实现了任务的多约束，保障了用户 QoS 保障、均衡了资源使用者与提供者双方的利益。该模型通过聚类实现了对资源的预处理和任务分类，从而体现了资源和任务的特性。（2）该模型通过三个动态评估指标来更准确地描述资源，并采用了一个基于云资源动态计算能力的智能聚类方法来实现对资源的预处理，该方法改进了蚁群算法的信息素更新规则，有利于提高蚁群聚类算法的收敛速度，更能充分利用云计算环境中的整体信息，更适合云资源动态变化的特点。（3）该模型采用 K-means 聚类方法对任务进行分类，该方法利用任务的 CPU、I/O 和内存三个指标将任务分成 CPU、I/O 和内存密集型三类，分类时采用了三个权重调节因子，可根据应用任务的特点调整任务对 CPU、I/O 和内存三个指标的权重，体现了任务的多样性和对资源的需求差异。

第 14 章　基于 Hopfield Neural Network 的负载均衡策略

14.1　引言

1982 年，J. J. Hopfield 提出了可用作联想存储器的互联网络，这个网络称为 Hopfield 网络模型，也称 Hopfield 模型。Hopfield 神经网络模型是一种循环神经网络，从输出到输入有反馈连接，Hopfield 网络有离散型和连续型两种。

反馈神经网络从其输出端反馈到其输入端，所以，Hopfield 网络在输入的激励下，会产生不断的状态变化。当有输入之后，可以求出 Hopfield 的输出，这个输出反馈到输入从而产生新的输出，这个反馈过程一直进行下去。如果 Hopfield 网络是一个能收敛的稳定网络，则这个反馈与迭代的计算过程所产生的变化越来越小，一旦达到了稳定平衡状态，Hopfield 网络就会输出一个稳定的恒值。对于一个 Hopfield 网络来说，关键是在于确定它在稳定条件下的权系数。

Hopfield 网络是一种网状网络，网络中的每个神经元都可以和其他神经元双向连接，如图 14-1 所示。这种连接方式使得网络中每个神经元的输出都能反馈到同一层次的其他神经元，因此，它是一种反馈网络。

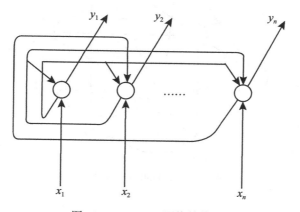

图 14-1　Hopfield 网络结构图

　　Hopfield 神经网络主要采用模拟生物神经网络的记忆机理[326]。这是一个非线性动力学系统，通过在网络中引入能量函数以构造动力学系统，并使网络的平衡态与能量函数的极小解相对应，从而将求解能量函数极小解的过程转化为网络向平衡态的演化过程。尤其是通过对问题的成功求解，开辟了神经网络模型在计算机科学应用中的新天地，动态反馈网络从而受到广泛的研究和关注，被广泛应用于优化问题中，且已设计出专用的硬件电路。

14.2　Hopfield Neural Network

　　根据所处理的信息特点，网络 Hopfield Neural Network 可分为两种，即离散型 Hopfield 神经网络和连续型 Hopfield 神经网络。

14.2.1　网络模型

1. 离散型 Hopfield 神经网络（DHNN）模型

　　DHNN 是一种单层，输入输出为二值的全反馈网络，其特点是任意一个神经元的输出均通过连接权 w_{ij} 反馈至所有神经元的输入。每个神经元都通过连接权接受所有神经元输出反馈回来的信息，其目的是让任一神经元的输出都受其他神经元输出的控制，从而使各个神经元互相制约。离散 Hopfield 网络结构形式如图 14-2 所示。

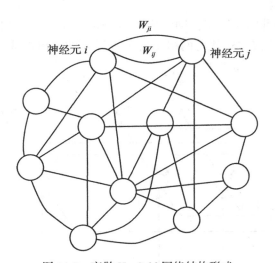

图 14-2　离散 Hopfield 网络结构形式

　　DHNN 网络计算公式如下：

$$u_i(t+1) = \sum_{j=1}^{n} w_{ij}v_j(t) - \theta \tag{14-1}$$

$$v_i(t+1) = \text{sgn}[u_i(t+1)] \qquad (14\text{-}2)$$

其中 $\text{sgn}(x)$ 为符号函数：

$$\text{sgn}(x) = \begin{cases} 1, & x \geqslant 0 \\ -1, & x < 0 \end{cases} \qquad (14\text{-}3)$$

若神经网络从某一状态 $v(0)$ 开始，经过有限时间 r 后它的状态不再发生变化，称为 DHNN 的稳定状态（吸引子）。用数学公式表示为：

$$v_i(t+1) = v_i(t) = \text{sgn}[u_i(t)] \, (i = 1, 2, \cdots, n) \qquad (14\text{-}4)$$

DHNN 的能量函数可定义为：

$$E = -\frac{1}{2}\sum_{i=1}^{n}\sum_{j=1}^{n} w_{ij}v_iv_j + \sum_{i=1}^{n}\theta v_i \qquad (14\text{-}5)$$

或者

$$E = -\frac{1}{2}X^{\mathrm{T}}WX + X^{\mathrm{T}}\theta \qquad (14\text{-}6)$$

2. 连续型 Hopfield 神经网络（CHNN）模型

CHNN 是 J. J. Hopfield 于 1984 年在 DHNN 的基础上提出来的，它的原理与 DHNN 相似。由于 CHNN 以模拟量作为网络的输入输出，各神经元采用并行工作方式，它在信息处理的并行性、联想性、实时性、分布存储、协同性方面比 DHNN 更接近于生物神经网络，网络模型如图 14-3 所示。

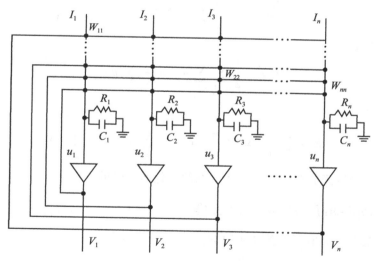

图 14-3　连续 Hopfield 网络的电路形式

CHNN 神经网络模型可以用下面的非线性微分方程描述：

$$\begin{cases} C_i \dfrac{\mathrm{d}u_i}{\mathrm{d}t} = -\dfrac{u_i}{R} + I_i + \sum_{j=1}^{n} w_{ji} v_j \\ v_i = g(u_i) \end{cases} \tag{14-7}$$

u_i 为神经元输入，v_i 为神经元输出，g 为常用的 Sigmoid 函数，如：

$$g(u_i) = \left[1 + \tanh(u_i/u_o)\right]/2$$

CHNN 是一个连续型的非线性动力学系统，其中电阻 R_i 与电容 C_i 并联，模拟生物神经元输出的时间常数，跨导 w_{ij} 模拟神经元之间互相连接的突触特性，运算放大器用来模拟生物神经元的非线性特性。CHNN 的能量函数定义为（Hopfield，1984）：

$$E = -\frac{1}{2}\sum_{i=1}^{n}\sum_{j=1}^{n} w_{ij} v_i v_j - \sum_{i=1}^{n} I_i v_i + \sum \frac{1}{R}\int_{o}^{V_i} g^{-1}(v)\,\mathrm{d}v \tag{14-8}$$

$$E = -\frac{1}{2}\sum_{i=1}^{n}\sum_{j=1}^{n} w_{ij} v_i v_j - \sum_{i=1}^{n} I_i v_i \tag{14-9}$$

14.2.2　Hopfield 反馈网络优化的原理

1. 离散 Hopfield 反馈网络优化的原理

离散 Hopfield 网络的输出为二值型，网络采用全连接结构，每个神经元的输出 v_1，v_2，$\cdots$，v_n，为各神经元与第 i 神经元的连接权值，θ_i 为第 i 神经元的阈值，则有：

$$v_i = f\left(\sum_{\substack{j=1 \\ j \neq i}}^{n} w_{ji} v_j - \theta_i\right) = f(u_i) = \begin{cases} 1, & u_i \geqslant 0 \\ -1, & u_i < 0 \end{cases} \tag{14-10}$$

能量函数定义为：

$$E = -\frac{1}{2}\sum_{i=1}^{n}\sum_{\substack{j=1 \\ j \neq i}}^{n} w_{ij} v_i v_j + \sum_{i=1}^{n} \theta_i v_i \tag{14-11}$$

则其变化量为：

$$\Delta E = \sum_{i=1}^{n} \frac{\partial E}{\partial v_i}\Delta v_i = \sum_{i=1}^{n} \Delta v_i\left(-\sum_{\substack{i=1 \\ j \neq i}}^{n} w_{ji} v_j + \theta_i\right) \leqslant 0 \tag{14-12}$$

也就是说，能量函数总是随神经元状态的变化而下降的。

2. 连续 Hopfield 反馈网络优化的原理

网络的动态方程提出可简单描述如下：

$$\begin{cases} C_i \dfrac{\mathrm{d}u_i}{\mathrm{d}t} = -\dfrac{u_i}{R} + I_i + \sum_{j=1}^{n} w_{ji} v_j \\ v_i = g(u_i) \end{cases} \tag{14-13}$$

其中，u_i，v_i 分别为第 i 神经元的输入和输出，$g(\cdot)$ 为具有连续且单调递增性质的神经元激励函数，w_{ij} 为第 i 神经元到第 j 神经元的连接权，I_i 为施加在第 i 神经元的偏置，C_i 和 Q_i 为相应的电容和电阻。

$$\frac{1}{R_i} = \frac{1}{Q_i} + \sum_{j=1}^{n} w_{ji} \qquad (14\text{-}14)$$

定义能量函数：

$$E = -\frac{1}{2} \sum_{i=1}^{n} \sum_{j=1}^{n} w_{ij} v_i v_j - \sum_{i=1}^{n} I_i v_i + \sum \frac{1}{R_i} \int_0^{v_i} g^{-1}(v) \, \mathrm{d}v \qquad (14\text{-}15)$$

则其变化量：

$$\frac{\mathrm{d}E}{\mathrm{d}t} = \sum_{i=1}^{n} \frac{\partial E}{\partial v_i} \frac{\mathrm{d}v_i}{\mathrm{d}t} \qquad (14\text{-}16)$$

其中，

$$
\begin{aligned}
\frac{\partial E}{\partial v_i} &= -\frac{1}{2} \sum_{j=1}^{n} w_{ij} v_j - \frac{1}{2} \sum_{j=1}^{n} w_{ji} v_j + \frac{u_i}{R_i} - I_i \\
&= -\frac{1}{2} \sum_{j=1}^{n} (w_{ij} - w_{ji}) v_j - \left(\sum_{j=1}^{n} w_{ji} v_j - \frac{u_i}{R_i} + I_i \right) \\
&= -\frac{1}{2} \sum_{j=1}^{n} (w_{ij} - w_{ji}) v_j - C_i \frac{\mathrm{d}u_i}{\mathrm{d}t} \\
&= -\frac{1}{2} \sum_{j=1}^{n} (w_{ij} - w_{ji}) v_j - C_i \frac{\mathrm{d}g^{-1}(v_i)}{\mathrm{d}v_i} \frac{\mathrm{d}v_i}{\mathrm{d}t}
\end{aligned} \qquad (14\text{-}17)
$$

于是，当 $w_{ij} = w_{ji}$ 时，

$$\frac{\mathrm{d}E}{\mathrm{d}t} = -\sum_{i=1}^{n} C_i \frac{\mathrm{d}g^{-1}(v_i)}{\mathrm{d}v_i} \left(\frac{\mathrm{d}v_i}{\mathrm{d}t} \right)^2 \leqslant 0 \qquad (14\text{-}18)$$

且当 $\frac{\mathrm{d}v_i}{\mathrm{d}t} = 0$ 时 $\frac{\mathrm{d}E}{\mathrm{d}t} = 0$。因此，随时间的增长，神经网络在状态空间中的解轨迹总是向能量函数减小的方向变化，且网络的稳定点就是能量函数的极小点。

连续型 Hopfield 网络广泛应用于联想记忆和优化计算问题。当用于联想记忆时，能量函数是给定的，网络的运行过程是通过确定合适的权值以满足最小能量函数的要求。当用于优化计算时，网络的连接权值是确定的，首先将目标函数与能量函数相对应，然后通过网络的运行使能量函数不断下降并最终达到最小，从而得到问题对应的极小解。

14.2.3　基于 Hopfield 网络模型优化的一般流程

Hopfield 网络是反馈式网络的一种，所有节点（单元）都是一样的，它们之间相互连接。从系统观点看，反馈网络是一个非线性动力学系统，具有一般非线性系统动力学系统的许多性质，如网络系统具有若干稳定状态，它为人们提供了从不同方面来利用这些复杂性质以完成各种复杂计算功能。

通过引入类似 Lyapunov 函数的能量函数概念，把神经网络的拓扑结构（用连接权矩阵表示）与所求问题（用目标函数描述）对应起来，转换成神经网络动力学系统的演化问题。因此，在用 Hopfield 网络求解优化问题之前，必须将问题映射为相应的神经网络。譬如对 TSP 问题的求解，首先将问题的合法解映射为一个置换矩阵，并给出相应的能量

函数，然后将满足置换矩阵要求的能量函数的最小值与问题的最优解相对应。

用 Hopfield 网络解决优化问题的一般过程如下。

（1）对于待求的问题，选择一种合适的表示方法，将神经网络的输出与问题的解对应起来；

（2）构造神经元网络的能量函数，使其最小值对应于问题的最佳解；

（3）由能量函数逆推神经元网络的结构，即神经元之间的权值 w_{ij} 和偏置输入 I_i；

（4）由网络结构建立起相应的神经网络和动态方程，令其运行，那么稳定状态就是在一定条件下问题的最优解；

（5）用硬件实现或软件模拟。

14.3 基于 Hopfield Neural Network 的作业调度策略

14.3.1 云作业调度概述

作为云计算的典型代表，MapReduce 以显著的并行的大规模数据处理优势得到了业界和学术界的重点关注。但是，MapReduce 的默认调度机制仅仅只考虑节点本地性、机架本地性和远程三个因素以及三者的依次关系，因此 MapReduce 在任务调度、执行性能等方面还有诸多可以改进的地方，例如，对任务剩余时间的准确评估，任务的时间平均合理分配、非同构环境下的资源调度和减少资源开销成本等[327]。

近些年来，为了提升云计算作业调度方面的性能，大量学者已经展开了努力。为了避免 MapReduce 在执行作业时参数设置过多的问题，文献［328］采用一种自动化参数配置方式，以提升作业执行效率。此方法通过作业相关性分析，得出参数对云作业的影响，自动设置参数，便于非专业用户的使用。

文献［329］将作业的优化级别扩展到工作流和工作负载平衡的层次，提升了 MapReduce 作业执行的性能。同时，文献［330］基于文献［328］所提出的方法，做了进一步改进，该方法通过假设分析和优化器对参数深入分析其影响，从而细化参数的作用。文献［331］依据 MapReduce 作业特点，将作业划分为 CPU 型和输入输出型。在作业调度时，将两种类型分别安排在不同的节点上运行，以便最大地发挥不同类型的资源优势，从而提高系统的整体性能。文献［332］中，从节约 MapReduce 作业的输入数量角度出发，采用具有静态数据过滤策略的 Manimal 系统来简化 MapReduce 程序。

文献［333］在异构环境上，采用 Tarazu 调度方法，该方法针对 MapReduce 作业中的映射阶段和混洗阶段的代价进行比较。假如混洗阶段代价高，则该方法将任务尽可能地安排在本地执行；否则采用平衡策略执行各个任务。在文献［334］中，针对异构环境，将节点依据计算效率分别安排到加速池和非加速池中。当 Map 任务执行时，该方法比较两个池的工作效率，如果加速池效率高，则安排更多的余下作业到该池中；否则，安排到非加速池中。当加速池中的任务过重时，系统会自动地在两个池中平衡任务数量，最终实现系统中的负载均衡。文献［335］使用共享文件系统中的异构环境调度算法 MARLA 来代替 HDFS，实现任务可以依据每个节点的执行效率来达到动态分配。该方法在任务启动后，自动从 Master 节点获取任务并开始执行，当该任务完成后才获得更多的任务，最终效率高的节点将获得更多的任务，从而实现高效节点和低效节点之间任务的平衡。文献［336］中，学者宋杰等人以降低系统能耗为侧重点，建立动态能耗模型来调整任务的大小，提高任务单位时间的吞吐量。

作业调度问题的本质是有限制的资源组合问题，针对该类问题，人工智能领域已经有大量表现突出的算法。为了提高系统作业的调度能力，已经有大量的学者采用人工智能手段对调度问题进行优化，主要代表有蚁群算法、退火算法、粒子群算法等。其中，Hopfield 神经网络在 Job-Shop 和多处理器任务调度中已经得到了成功应用[337]。

以上文献中的方法主要是以某一角度为问题的切入点，提出新算法进行改进。但是云作业上调度的参数和环境都是随机变化的，是难以事先估算的。所以针对以上问题，本书提出一种基于作业特征的人工智能方法来实现任务的自动适配和调度，以综合因素来提升系统的整体性能。

本策略总共包括三个部分，首先分析影响云作业调度的相关资源因素，针对云作业的特点建立综合资源利用模型。然后定义了 Hopfield 神经网络（HNN）和相关的理论，并设计一种新的云作业调度算法。最后通过实验比较该算法和默认的云作业调度算法在性能和命中率方面的优劣，并给出总结和评价。

14. 3. 2 影响云作业调度的资源描述

云计算的多个节点多任务调度过程的问题，其实质是在具有多个环境因素制约条件下的资源分配问题，也就是资源的一种组合优化问题。

本实验使用 4 个参数作为作业调度的性能指标，如表 14-1 所示。根据经验和其他文献的研究，我们用 HNN 来表示与求解。

表 14-1   作 业 特 征

名　　　称	归　　　类
平均处理器使用率（%）	作业
平均内存使用率（%）	作业
平均 I/O 使用率（%）	作业
平均网络使用率（%）	作业

14. 3. 3 约束条件的定义

使用 Hopfield 神经网络实现优化过程的本质就是通过求解一个能量函数极值的过程，不断地修正神经元的状态，以达到问题的最终解决。所以，我们需要使用 Hopfield 的能量函数表达其要求解的问题，也就是需要将问题的限制条件表示为该能量的函数形式。

设神经元变量 U_{ijk} 为第 i 个作业在第 j 个节点上第 k 个时间周期内执行的状态标志。若 $U_{ijk}=1$ 表示为在第 k 个周期时，编号为 i 的作业在第 j 的节点上执行，否则该值为 0。其中，i 的表示范围为 1 到 N，N 为作业数量；j 表示范围为 1 到 M，M 为节点数；k 的表示范围为 1 到 T，T 为作业完成得最大周期数。

定义 14-1（约束条件 1）　一个节点上任意一周期内仅可以有一个作业执行可表示为：

$$C_1 = \sum_{i=1}^{N} \sum_{j=1}^{M} \sum_{k=1}^{T} \sum_{\substack{h=1 \\ h \neq 1}}^{N} U_{ijk} \cdot U_{hjk} \tag{14-19}$$

定义 14-2（约束条件 2）　一个作业仅可以在一个节点上运行：

$$C_2 = \sum_{i=1}^{N} \sum_{j=1}^{M} \sum_{k=1}^{T} \sum_{\substack{h=1 \\ h \neq 1}}^{N} \sum_{l=1}^{T} U_{ijk} \cdot U_{ihl} \tag{14-20}$$

定义 14-3（约束条件 3）　最长运行时间限制：

$$C_3 = \sum_{i=1}^{N} \left(\sum_{j=1}^{M} \sum_{k=1}^{T} U_{ijk} - F_i \right)^2 \tag{14-21}$$

其中，F_i 为作业 i 所需要的运行时间。若该式的所有执行周期和等于 S_i，则该式获得最小值。

定义 14-4（约束条件 4）　任意执行周期内无空闲节点约束：

$$C_4 = \sum_{j=1}^{M} \sum_{k=1}^{T} \left(\sum_{i}^{N} U_{ijk} - 1 \right)^2 \tag{14-22}$$

该项是用来保证在执行周期内不会出现所有节点的空间。

定义 14-5（约束条件 5）　每个作业最后执行期限：

$$C_5 = \sum_{i=1}^{N} \sum_{j=1}^{M} \sum_{k=1}^{T} U_{ijk} \cdot G_{ijk}^2 H(G_{ijk}),$$
$$G_{ijk} = k - d_i, \text{ and}$$
$$H(G_{ijk}) = \begin{cases} 0 & G_{ijk} > 0 \\ 1 & G_{ijk} \leq 0 \end{cases} \tag{14-23}$$

其中，d_i 是第 i 个作业的最后执行期限。$H(G_{ijk})$ 是一个单位步函数。这个定义表明当一个作业的片段时长大于最后期限 d_i，$U_{ijk}=1$，$k-d_i>0$ 并且 $H(G_{ijk})>0$ 时，能量项将大于 0。差别越大说明能量项的值越大。相反，当 $U_{ijk}=1$ 且 $k-d_i<=0$ 时，该能量项值为 0。

定义 14-6（约束条件 6）　资源需求：

$$C_6 = \sum_{i=1}^{N} \sum_{j=1}^{M} \sum_{k=1}^{T} \sum_{\substack{h=1 \\ h \neq 1}}^{N} \sum_{\substack{i=1 \\ l \neq j}}^{M} \sum_{w=1}^{F} U_{ijk} \cdot R_{ijkw} \cdot U_{hlk} \cdot R_{hlkw} \tag{14-24}$$

对于资源约束，两个作业不允许同时使用同样的资源。此外，资源不能被剥夺，资源约束可以按公式（14-24）表达成能量项。

公式（14-24）中，F 表示可用资源的数量，R_{ijkw} 和 R_{hlkw} 分别代表了作业 i 和作业 h 的资源需求矩阵元素。其中 $R_{ijkw}=1$ 表明第 i 个作业需要资源 s，$R_{hlnw}=1$ 同理。这项约束表明：当两个不同的作业在 k 时间片时被安排到两个不同的节点上，这两个节点是不能同时使用相同的资源，即 R_{ijkw} 或 R_{hlnw} 其中至少一个为 0，因为每个可用的资源对指定的节点是唯一的。

从分析可以得出当满足对应的约束条件时，能量项为 0。相应的，用所有约束条件表达的整个能量函数可以按下式表达：

$$E = \frac{1}{2} \sum_{y=1}^{6} C_y S_y \tag{14-25}$$

公式（14-25）中，S_y 是各项的权重因子，且大于 0。

构造能量函数，即设计优化的目标，可以解决满足约束条件的作业调度问题[338]。

14.3.4　调度能量函数的设计与优化

因为 Hopfield 神经网络具有很强的并行执行能力，所以该网络被快速应用到解决优化组合问题中。以上约束条件联合公式（14-25）通过文献［339-341］证明可以满足 Lyapunov 函数条件，该系统存在稳定状态。经过整理上式能量函数可以继续转换为公式（14-26）：

$$E = \frac{-1}{2} \sum_i \sum_j \sum_k \sum_m \sum_l \sum_n U_{ijk} \cdot \Omega_{ijkmln} \cdot U_{mln} + \sum_m \sum_l \sum_n \varphi_{mln} \cdot U_{mln} \tag{14-26}$$

$$W_{ijkmln} = -S_1(1-\sigma(i, m))\sigma(j, l)\sigma(k, n) - S_2\sigma(i, m)(1-\sigma(j, l)) - S_3\sigma(i, m) -$$

$$S_4\sigma(j, m) - S_6(1-\sigma(i, m))(1-\sigma(j, m))\sigma(k, n)\sum_h R_{ijk}R_{mlnh}$$

$$\varphi_{mln} = -S_3 F_m - S_4 + S_5 G_{mln}^2 H(G_{mln})$$

$$\sigma(x, y) = \begin{cases} 0 & if \quad x \neq y \\ 1 & if \quad x = y \end{cases} \tag{14-27}$$

其中，U_{ijk} 和 U_{mln} 是节点，Ω_{ijkmln} 是神经元突触间的连接强度值，φ_{mln} 神经元的阈值。对应问题的约束条件，这里神经元只有 0 或 1 两个状态。该状态的转变依据公式（14-28）改变：

$$U_{lmn}^{s+1} = \begin{cases} 0 & if \quad Q_{lmn} < 0 \\ 1 & if \quad Q_{lmn} > 0 \\ U_{lmn}^{s} & if \quad Q_{lmn} = 0 \end{cases}, \qquad Q_{lmn} = \sum_i \sum_j \sum_k \Omega_{ijklmn} \cdot U_{ijk} - \varphi_{lmn} \tag{14-28}$$

14.3.5　调度实验与结果分析

1. 实验方法与工具

本章提出的 HNN 作业调度模型算法将在具有 9 台 PC 机的 Hadoop 分布式集群上完

成。每节点的配置为联想 i3 处理机，3. 30GHz，4GB 内存，500GB 硬盘，千兆以太网卡。

本实验采用 MapReduce 具有典型 CPU 和 I/O 密集型计算的标准测试集用例 Wordcount、Terasort、Pi Estimator，且该 3 个作业按随机方式提交。该设置系统 map 任务数和 reduce 任务数均为 15。

2. 性能分析

通过系统性能监控程序，如表 14-2 所示，我们可以看到 Wordcount、Terasort 和 Pi Estimator 三个测试程序的总执行时间分别为 433s、478s 和 63s，总执行周期为 974s。

表 14-2 HNN 运行性能

用例序列	执行时间（s）	Map 计时（s）	Reduce 计时（s）
Wordcount	433	360	409
Terasort	478	398	482
PiEstimator	63	13	28
总执行时间	974		

为了可以观察和比较 HNN 算法的优劣，我们在实验中分别采用 HNN、能耗算法、动态调用算法和公平调度算法进行测试。在表 14-3 中，我们可以观察到 HNN 算法、动态调用算法和能耗算法比 Hadoop 自带的公平调度算法分别快 75%、66.9% 和 64.8%。可以得出该 HNN 算法比能耗算法快 10.2%，动态调用算法快 8.1%。

表 14-3 常用算法比较

算法名称	执行时间（s）	Map 计时（s）	Reduce 计时（s）	提升率（%）
HNN	974	447	919	75
动态调用算法	1293	750	1134	66. 9
能耗算法	1376	770	1311	64. 8
公平调度算法	3911	3723	3730	——

在该实验中，我们针对 CPU 平均利用率、内存平均利用率、I/O 平均利用率和网络利用率 4 个方面对 4 个不同算法进行了比较（如图 14-4 所示）。在公平调度算法中，4 个指标都达到 90% 左右，根据分析可能的原因是该算法为了实现资源的公平处理，系统是以资源开销为代价，所以整个系统的资源较大。在动态调度算法中，I/O 利用率和网络利用率较为突出，分析可知系统在定时寻访所有的节点工作状况，将任务在繁忙的节点不停地向空闲的节点调度，导致频繁的 I/O 处理。在能耗算法中，可以观测到 CPU 和内存的利用率较 I/O 利用率和网络利用率突出，其原因是系统为了保证低能耗，将大量的计算任务放在本地导致耗能较高的 I/O 处理和网络传输减少。在本 HNN 算法中，4 个指标均接

近70%的利用率，说明系统在该4个方面处理较均衡。

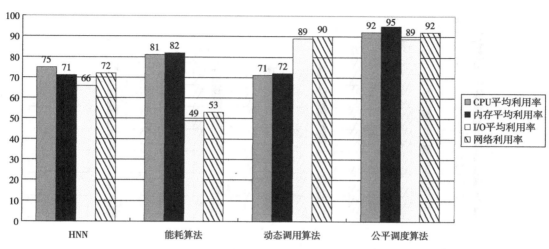

图 14-4　算法性能的比较

图 14-5 描述了本系统中 9 个节点在任务执行过程中的 CPU、内存、I/O 和网络的平均利用率，其中 1 号节点是主节点负责整个系统的调度。从图 14-5 中可以发现 1 号节点的 CPU、内存、I/O 和网络的 4 个平均利用率分别为 86%、84%、85% 和 85%，较其他几个节点高，究其原因是该节点中主节点具有整体系统的管理和调度作用，所以任务最终系统开销最大。而其他 8 个节点的 4 个利用率基本分布在 75%、71%、66% 和 72% 左右，分布比较均匀，说明该 HNN 算法在不同节点之间可以实现较好的负载均衡。

3. 结论

分布式非同构环境下，系统规模的增大和调度作业数量的提升，导致一般的云平台下的调度方法捉襟见肘，系统的容载能力容易饱和，云计算高弹性计算能力的目标无法保证。本章就是在 Hadoop 云平台环境下，首先分析云作业的特征，建立基于综合资源利用的特征模型，然后通过 HNN 技术设计调度算法，提高云作业调度的命中率和资源利用率。

作业调度不单是作业相关的任务，往往和数据的存储节点位置相关，优化数据的存储位置不仅可以提高存储效率，而且可以提高数据的检索效率，所以提高云计算下的数据存储和检索效率是我们未来下一步的研究工作重点。

14.4　基于 Hopfield Neural Network 的存储策略

14.4.1　云存储策略概述

云存储作为云计算的一种重要应用，通过对数据资源的统一化管理，能为用户提供高

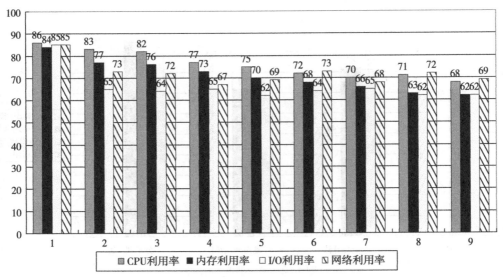

图 14-5　9 个节点的性能

可靠性和可用性的大数据存储方式，受到商界和学术界的重视[342-343]。基于 Google 云的云存储服务案例告诉我们，云并不一定建立在大规模和高可靠性的专用机器上，而是通过采用策略算法实施于一群普通 PC 上，就可以实现廉价的大规模存储。而这些硬件基础设施的可靠性并不一定高，一旦发生故障将导致永久性的数据遗失，为了提高可靠性，云存储系统往往采用副本技术来实现数据的冗余备份。副本技术将一个文件复制多份，然后采用算法将这些备份分布在不同的存储介质上，一方面可以防止存储设备宕机造成的危害，另一方面可为系统提供负载均衡，减轻单台存储造成的性能瓶颈，实现多台同时访问，以提高系统的整体性能和可靠性。

在 Hadoop 文件系统中使用 Replication Target Chooser 类实现副本存放算法，该算法默认设置 3 个副本：第一个副本存放在客户所在的 Data Node 上；第二个副本放在与第一个副本不同的机架中，并随机选择该机架中的一个 Data Node 进行存放；而第三个副本则存放于第一个副本所在的机架但与第一个副本不同的 Data Node 中。如果有更多副本则随机安放在系统的 Data Node 中。这种分布策略在一定程度上提高了系统的可靠性和负载能力，但这种策略随机性强，数据均衡性不是很强，所以需要进一步改进副本存放策略以提高系统的负责均衡能力[342]。在默认的副本复制方式下，系统的整体性能并不高，但是近十几年云存储管理方式才得到国内外学者的关注。

2010 年，国外学者 Bonvin 等[343]提出了一种可以自组织、故障忍耐，并可缩放的模型实现云存储。同期间，在 IEEE 的国际会议上，WEI Q S 等[344]也提出了一种云存储簇的概念，使用成本效益合算方法实现动态复制管理。缺省的 Hadoop 副本存放策略基本上采用随机方式存放，并没有考虑各个存储节点的异构性。为了解决该问题，文献［345］

中提出了依据节点处理能力计算备份的存储位置，在一定程度上提升了系统的整体存储性能，主要解决了系统中的异构性问题。2012 年，Wang 等[346]提出了一种基于历史访问记录和积极删除文件的方法来实现数据的复制，实现了文件访问时间与文件保持一致性之间的代价平衡。文献［347］中通过使用哈希分布算法实现节点数据均匀分布，同时也实现了负载均衡；但是仅从容量的角度来提升性能，无法满足异构式分布系统的需求。文献［348］中依据节点距离和负载能力之间均衡，实现对文献［6］的方法的进一步改进。2013 年，张兴等[349]提出了一种比较全面的副本存放策略，该方法参考服务器负载均衡的策略，主要从磁盘空间的使用率、磁盘 I/O 访问率、CPU 使用率和内存使用率来评价系统的负载均衡能力；但是该策略没有考虑网络因素和节点的分布方式对系统的影响，所以还有很多发展的空间。2014 年，付雄等[350]提出了一种基于分簇思想且采用网络带宽和负载均衡的方法来布置副本的技术，并在实验中得到证实。但该方法是一种静态簇方法，不能支持簇的动态加入；此外，使用临时副本技术也增加了管理上的难度。

应用在作业调度中的典型代表技术有粒子群算法、蚁群算法、BP 神经网络、概率神经网络[351]和霍普菲尔德神经网络（Hopfield Neural Network，HNN）等。其中，HNN 已经成功应用在 Job-Shop[352]和多处理器作业调度方面[353]。HNN 算法在文献[352-353]中针对时间约束和资源约束可以很好地结合，并通过实验结果表明可以达到资源的最佳配置。

在 Hadoop 分布式文件系统（Hadoop Distributed File System，HDFS）集群中，为了达到每个数据存储节点之间的负载平衡，往往需要对副本存储方案进行改进，选择合适的节点作为目标节点实现副本的存储。资源的负载平衡问题，其本质就是一个受限资源的分配问题，对应于数学上的 NP。本章将采用 HNN 来实现副本存储位置的选择，进一步提高云节点上数据存储和检索的性能。

14.4.2 影响负载均衡的特征描述

为了详细地描述系统中某个节点的使用状况，本章采用 5 个指标进行描述，包括 CPU 平均利用率、内存平均利用率、I/O 平均利用率、网络平均利用率和磁盘平均利用率。根据经验和参考其他文献，本章选取如表 14-4 所示的 9 个特征参数描述节点状态。

表 14-4　　　　　　　　　　　　影响负载均衡的资源特征

编号	名称	单位	编号	名称	单位
1	CPU 处理能力	MHz	6	剩余内存	MB
2	磁盘大小	GB	7	剩余磁盘空间	M
3	CPU 平均利用率（%）		8	网络访问速率	G/s
4	I/O 平均利用率（%）		9	最大数据吞吐率	G/s
5	网络平均利用率（%）				

14.4.3　副本问题的数学描述

文献［354］告诉我们应用 Hopfield Neural Network 实现优化的本质是求解对应能量函数的极值问题。在求解问题的过程中，首先设计一个能量函数，不断地改变对应神经元的变量，最终寻找到该问题的极值，也就是该神经网络达到了稳定的状态。为了设计该对应问题的能量函数，我们需要创建函数项，包括目标函数和问题的约束条件。

使用变量 Z_{mln} 表示编号为 m 的数据块在第 l 个存储节点上的第 n 个磁盘上存放的状态标识。也就是当 Z_{mln} 的值为 1 时，指明数据块 m 在第 l 个节点上的第 n 个磁盘上存放，否则 $Z_{mln}=0$。其中：$m=1$，2，$\cdots$，M，M 为数据块的最大编号；$l=1$，2，$\cdots$，N，N 为存储节点的个数；n 为磁盘编号，$n=1$，2，$\cdots$，S，S 为最大磁盘数。

约束条件 1　一个数据块的副本只能存放在任意一个存储节点上的一个磁盘中，可以按公式（14-29）表示。

$$C_1 = \sum_{m=1}^{M} \sum_{l=1}^{N} \sum_{n=1}^{S} \sum_{\substack{h=1 \\ h \neq m}}^{M} Z_{mln} \cdot Z_{hln} \tag{14-29}$$

约束条件 2　一个数据块的副本只能放在一个存储节点上，可按公式（14-30）表示。

$$C_2 = \sum_{m=1}^{M} \sum_{l=1}^{N} \sum_{n=1}^{S} \sum_{\substack{h=1 \\ h \neq m}}^{N} \sum_{l=1}^{S} Z_{mln} \cdot Z_{mhl} \tag{14-30}$$

约束条件 3　数据块 m 需要的磁盘数量限制：

$$C_3 = \sum_{l=1}^{N} \left(\sum_{n=1}^{S} \sum_{m=1}^{M} Z_{mln} - B_m \right)^2 \tag{14-31}$$

其中：B_m 是数据块 m 需要的最少磁盘数。如果公式（14-31）中所需要的磁盘数为 B_m 时，其值为 0，即最小值。

约束条件 4　存储过程中无空闲存储节点约束：

$$C_4 = \sum_{l=1}^{N} \sum_{n=1}^{S} \left(\sum_{m=1}^{M} Z_{mln} - 1 \right)^2 \tag{14-32}$$

该约束项用来保证在存储过程中不会出现所有的存储节点闲置。

约束条件 5　每个数据块分配最大磁盘数：

$$C_5 = \sum_{m=1}^{N} \sum_{l=1}^{M} \sum_{n=1}^{S} Z_{mln} \cdot J_{mln}^2 \cdot K(J_{mln}),$$

$$J_{mln} = n - t_m, \quad and \tag{14-33}$$

$$K(J_{mln}) = \begin{cases} 0 & J_{mln} > 0 \\ 1 & J_{mln} \leq 0 \end{cases}$$

其中：t_m 是数据块 i 需要存放的最大磁盘量；K（J_{mln}）为单位步长函数，当 $Z_{mln}=1$，$n-t_m>0$ 并且 K（J_{mln}）>0 时，此项大于 0，否则此项等于 0。

约束条件 6　资源共享竞争互斥：

$$\sum_{m=1}^{M}\sum_{l=1}^{N}\sum_{n=1}^{S}\sum_{\substack{x=1\\x\neq m}}^{N}\sum_{\substack{y=1\\y\neq l}}^{N}\sum_{z=1}^{L}\sum_{h=1}^{T}\sum_{k=1}^{F} Z_{mln}\cdot R_{mlnhk}\cdot Z_{xyn}\cdot R_{xynhk} \qquad (14\text{-}34)$$

针对共享资源竞争的问题，即两个数据块存放的相同扇区不能同时使用同样的资源，如网络、CPU 和具体存储单元等。在公式（14-34）中，F 代表磁盘扇区的总量，t 表示存储时间片，R_{mlnhk} 和 R_{xynhk} 分别代表了数据块 m 和数据块 x 的资源需求矩阵的元素。若 $R_{mlnhk}=1$，表示在 h 存储时间时数据块 m 需要资源 k，R_{xlnhk} 的作用等同于 R_{mlnhk}。该约束项的作用是保证这两个不同磁盘的数据不能同时使用资源 k。

当满足以上任意一个条件约束时，其值为 0。联合以上所有的约束条件表达项，可以按公式（14-35）统一表达所有约束：

$$E = \frac{1}{2}\sum_{i=1}^{6} C_i A_i$$

$$= \frac{A_1}{2}\sum_{m=1}^{M}\sum_{l=1}^{N}\sum_{n=1}^{S}\sum_{\substack{h=1\\h\neq m}}^{M} Z_{mln}\cdot Z_{hln} + \frac{A_2}{2}\sum_{m=1}^{M}\sum_{l=1}^{N}\sum_{n=1}^{S}\sum_{\substack{h=1\\h\neq l}}^{N}\sum_{l=1}^{S} Z_{mln}\cdot Z_{mhl} +$$

$$\frac{A_3}{2}\sum_{l=1}^{N}\Big(\sum_{n=1}^{S}\sum_{m=1}^{M} Z_{mln}-B_m\Big)^2 + \frac{A_4}{2}\sum_{l=1}^{N}\sum_{n=1}^{S}\Big(\sum_{m=1}^{M} Z_{mln}-1\Big)^2 +$$

$$\frac{A_5}{2}\sum_{m=1}^{N}\sum_{l=1}^{M}\sum_{n=1}^{S} Z_{mln}\cdot J_{mln}^2\cdot K(J_{mln}) + \frac{A_6}{2}\sum_{m=1}^{M}\sum_{l=1}^{N}\sum_{n=1}^{S}\sum_{\substack{x=1\\x\neq m}}^{N}\sum_{\substack{y=1\\y\neq l}}^{N}\sum_{z=1}^{L}\sum_{h=1}^{T}\sum_{k=1}^{F}$$

$$Z_{mln}\cdot R_{mlnhk}\cdot Z_{xyn}\cdot R_{xynhk} \qquad (14\text{-}35)$$

其中：i 是各个项的权重因数，并且保证其值 A_i 大于 0。

经过约束条件的组合设置，并设计能量函数，就可以实现优化目标，解决满足资源的分配问题。

14.4.4 任务能量函数的设计与优化

HNN 具有高度的并行执行能力，可以用来解决资源的优化组合配置问题。通过对上述约束条件的联合成能量函数，可以满足李雅普诺夫函数条件，该系统存在稳定的控制状态，即该能量函数有解[13]。整理公式（14-35）可以得到公式（14-36）。

$$E = -\frac{1}{2}\sum_{i}\sum_{j}\sum_{k}\sum_{x}\sum_{y}\sum_{z} Z_{ijk}\cdot \Psi_{ijkxyzhp}\cdot Z_{xyz} + \sum_{x}\sum_{y}\sum_{z}\zeta_{xyz}\cdot Z_{xyz} \qquad (14\text{-}36)$$

$$\psi_{ijkxyzhp} = -A_1(1-\sigma(i,\ x))\sigma(j,\ y)\sigma(k,\ z) -$$
$$A_2\sigma(i,\ x)(1-\sigma(j,\ y)) - A_3\sigma(i,\ x) - A_4\sigma(j,\ x) -$$
$$A_6(1-\sigma(i,\ x))(1-\sigma(j,\ x))\sigma(k,\ z)\sum_{h}\sum_{p} R_{ijkhp}R_{xyzhp};$$

$$\zeta_{xyz} = -A_3 F_m - A_4 + A_5 J_{xyz}^2 K(J_{xyz});$$

$$\sigma(u,\ v) = \begin{cases} 0, & u\neq v \\ 1, & u=v \end{cases}; \qquad (14\text{-}37)$$

其中：两个神经元突触之间的连接强度用 $\psi_{ijkxyzhp}$ 表示，神经元阈值用变量 ζ_{xyz} 表示。

该问题可由二值状态的离散型神经元表示，该变量的变化可由公式（14-38）推导得出。

$$Z_{xyz}^{t+1} = \begin{cases} 0, & Q_{xyz} < 0 \\ 1, & Q_{xyz} > 0 \\ V_{xyz}^t, & Q_{xyz} = 0 \end{cases}, \qquad Q_{xyz} = \sum_x \sum_y \sum_z \psi_{ijkxyz} \cdot Z_{ijk} - \zeta_{xyz} \qquad (14\text{-}38)$$

14.4.5 实验与结果分析

1. 实验方法

为了观察该 HNN 算法的性能，采用 Hadoop 三个标准的用例进行测试，包括 WordCount、TaraSort 和 MRBench，并且与基于资源的动态调用算法、基于能耗的算法和 Hadoop 默认存储策略进行对比。本章采用的是预先周期节点情况采样策略，定期更新 HNN 的输入参数，采样周期为 20s，该方法可以避免动态方法访问频率过高，增加了不必要的 I/O 开销。

该系统配置为 8 个节点，其中 1 个节点为管理节点，其余 7 个为存储节点。

网络参数 A_i 设置如下：$A_1 = 4.1$，$A_2 = 4.1$，$A_3 = 1.1$，$A_4 = 2.3$，$A_5 = 2.3$，$A_6 = 4.1$，并设置网络按串行方式迭代 200 步。

2. 实验分析

将 HNN、资源动态调用算法、能耗算法和 Hadoop 默认的存储策略在相同的实验平台，分别对三个标准测试用例进行测试。如表 14-5 所示，对比观察 4 个算法的执行效果，HNN 算法在 Wordcount 用例上比动态调用算法、能耗算法和 Hadoop 默认策略快 178ms、236ms 和 226ms；在 Terasort 用例上比动态调用算法、能耗算法和 Hadoop 默认策略快 138ms、353ms 和 523ms；在 MRBench 用例上比动态调用算法、能耗算法和 Hadoop 默认策略快 118ms、324ms 和 568ms。分析其比较效果，因为 HNN 算法独立运行在管理节点上，并不参与存储，没有消耗在存储节点上，所以没有过多地提升系统开销和时间。动态算法侧重于等待时间而轻资源消耗，能量算法偏重于资源利用而轻时间消耗，但是这两种算法对时间和资源未能均衡对待，都会导致增加系统整体开销，时间消耗增大。如某些节点资源处理能力弱却因等待时间长而被动态算法选择，事实上处理能力强的节点更加合适，所以会增加整体系统消耗时间；又如异构系统中节点资源不均等，资源多且能耗也大，但是能耗算法将选择其他资源小且能耗也小的节点，产生非能力分配等情况，系统的整体消耗将显著降低。因此，从总体消耗来观察，HNN 具有显著优势。

表 14-5　　　　　　　　　　**执 行 周 期**

算法	执行时间（ms）			总时长（ms）	提升率（%）
	Wordcount	Terasort	MRBench		
HNN	455	360	409	1224	55.92
动态调用算法	633	498	527	1658	40.29

续表

算法	执行时间（ms）			总时长（ms）	提升率（%）
	Wordcount	Terasort	MRBench		
能耗算法	691	713	733	2137	23.04
默认策略	917	883	977	2777	—

如表 14-6 中所示，节点 1 中的 CPU 利用率、内存利用率、I/O 利用率和网络利用率相对其他节点较高，而磁盘利用率较低，分析其原因，该节点是管理节点，主要维护数据的索引，并不真实存储数据，所以导致此现象。同时，可以观察到 CPU 利用率、内存利用率、I/O 利用率、网络利用率和磁盘利用率分别在 72.625%、73.12%、66.5%、53.55% 和 46.5%，且该 4 个利用率分布相对均衡。

表 14-6　　　　　　　　　　　**8 个节点的资源平均利用率**（%）

编号	CPU 利用率	内存利用率	I/O 利用率	网络利用率	磁盘利用率
1	86	84	85	85	40
2	73	77	65	53	53
3	71	76	64	53	52
4	67	72	65	57	45
5	65	69	62	48	48
6	76	68	64	49	51
7	71	69	65	42	46
8	72	70	62	41	37

经过 3 个用例对 4 个算法进行相同的测试，如表 14-7 所示，HNN 算法 CPU 平均利用率、内存平均利用率、I/O 平均利用率、网络平均利用率和磁盘平均利用率分别为 72.625%、73.125%、66.5%、53.5% 和 46.5%，其中 I/O 平均利用率、网络平均利用率和磁盘平均利用率相对其他算法较低，究其原因是负载均衡后，减少了不必要的 I/O 和网络开销，也就是 HNN 算法针对磁盘参数、I/O 参数和网络参数可以均衡地表达在约束条件中。能耗算法中 CPU 平均利用率、内存平均利用率显著较高，而 I/O 平均利用率、网络平均利用率和磁盘平均利用率较低，其原因是过度较少开销导致 CPU 和内存的代价增高。动态调用算法 CPU 平均利用率、内存平均利用率和磁盘平均利用率相对于其平均利用率和网络平均利用率较低，其原因是为了实现资源的动态平衡，而在不同节点之间进行数据交换，增大了 I/O 和网络的开销。在数据负载平衡之间没有较准确的按需调配，导致系统总的开销都比较大。

表 14-7　　　　　　　　　　　　**用例的性能比较**

算法	CPU 平均利用率（%）	内存平均利用率（%）	I/O 平均利用率（%）	网络平均利用率（%）	磁盘平均利用率（%）
HNN	77	73	67	54	47
能耗算法	85	84	49	41	40
动态调用算法	72	73	87	84	62
默认策略	91	92	87	86	72

3. 结论

本章首先分析了策略带来的问题，该问题最终会导致系统负载不均，以及系统恢复数据高成本的缺陷。然后，分析系统各个资源对存放数据的影响，建立一套综合资源利用模型。最后，使用人工智能 HNN 技术实现数据存放策略的改进，最终通过实验证明该方法可以实现存储负载均衡，显著地提升系统的存储性能和检索效率。

高弹性的系统能力是云计算的显著特征，但是在系统规模增大或作业数显著增加时，现有的云作业调度算法的性能容易达到峰值。如何改进作业调度策略，提升系统的整体作业吞吐量，实现作业调度算法的优化，将是我们下一步研究的重点。

第 15 章 基于改进的模拟植物 生长算法的调度模型

15.1 引言

模拟植物生长算法是李彤在 2005 年提出的一种源于植物向光性机理的智能优化算法,最初是以解决非线性整数规划问题为出发点的[355]。PGSA 对参数的确定极为简单和宽松,因而具有良好的应用和推广前景,目前在工程技术领域已逐步被许多学者应用。王淳将模拟植物生长算法应用到输电网络规划中,并与其他优化算法进行了比较研究,结果表明 PGSA 给出的最优网络是现有文献当中最好的方案,明显优于遗传算法和粒子群算法[356]。李彤以模拟植物生长算法为工具,提出了一种解决设施选址问题的智能优化算法[357]。郗莹等针对多目标旅行商问题,提出了一种基于模拟植物生长的优化算法[358]。

15.2 模拟植物生长算法模型

15.2.1 概述

MapReduce 作为云计算事实上的典型代表,以突出的数据处理能力得到了学者们的广泛关注。然而,MapReduce 的缺省作业调度方案只关注节点的位置特征的三个因素(本地性、机架本地性和远程性),以及该三者之间的关系,很多影响其作业调度性能的因素没有考虑进来,如节点的处理能力、作业的存储状态和环境的异构性等,所以默认的调度算法没有能发挥出系统最大的潜力[359]。

随着对云作业调度研究的深入,大量改进的新算法涌现出来,成为研究云计算的一个热点。例如文献[360]中,为了减少作业调度中人工参数的设置,提出了一种可以调度参数自动适应的作业调度算法,方便了用户的管理。

在文献[361]中,将工作流调度方式和负载平衡机理相结合实现云作业的调度,实现了 MapReduce 作业调度安排的细化。还有文献[362]改进文献[360]中的模型,使用假设分析和优化器相融合的方式细化各个参数对作业调度的作用。还有学者根据云作业的特点将作业划分为处理机型和 I/O 型,分别对待以优化处理作业调度队伍[363]。也有研究者以云作业的输入参数数量为依据,使用静态数据过滤策略来优化调度模型[364]。

针对异构环境上的云作业调度,文献[365]通过在云作业的映射阶段和混洗阶段,使用 Tarazu 算法调度作业。若混洗阶段资源紧张，则该算法倾向更多的任务在本地运行；否则使用资源平衡策略运行各个任务。也有文献以执行效率为依据，决策任务分配到加速池或非加速池。该模型通过比较两个池的性能决定哪个池更适合任务的分配，实现任务数量的总体平衡[366]。还有文献［367］使用 MARLA 算法在异构环境中来替代 HDFS，测试节点的执行效率实现任务的动态分配。此方法通过主节点在运行过程中判断从节点的执行效率，决定性能高的节点获得更多的任务，实现不同性能节点之间的任务均衡分配。宋杰等研究者以降低系统的能耗为出发点，使用能耗算法来自动调节任务的数量，实现资源的动态分配[368]。

云作业调度问题的本质属于多条件限制的资源分配问题，可对应于数学上的 NP 问题。为了解决该类问题，大量的算法不断被学者们提出，如退火算法、PSO 算法、蜂群算法和神经网络等。例如，使用 Hopfield 神经网络（HNN）解决多处理器作业调度和车间作业调度等问题[369][370]。基于模拟植物生长算法（plant growth simulation algorithm，PGSA）在近些年得到了改进[371]和广泛应用，特别在车辆调度[372]、物流网络优化方面[373]和整数规划问题求解[374]得到了突出的表现。

多数算法主要以某一角度为出发点，使用改进的算法来实现效率的提升。然而，云作业的环境参数随运行条件不断变化，无法事先测算。本章首先通过分析影响云作业执行的环境，定义问题数学模型，然后使用改进的模拟植物生长算法（IPGSA）来实现按参数变化的任务调度，实现基于综合资源特征的实时作业调度，最终提升系统的执行效率。

15.2.2　植物的生长方式

模拟植物生长算法在近些年智能优化算法中独树一帜，取得了令人瞩目的效果，特别是求解路径规划和组合优化问题中，表现出比流行的粒子群算法、蚁群算法等在全局性和稳定性方面具有更好的优势[372]。

该算法将求解问题的约束环境映射为植物的生长环境，依据植物向光性理论生长的规律，模拟植物生长过程来演绎问题的求解。

植物的生长过程可以简单描述为：首先，植物的茎从播种点（原始点）发芽出来，同时在该植物的茎上一些位置发出新芽，这些可以发芽的位置被称为（生长点）；然后，在这些生长点上长出新枝，同时，这些新枝上也会发出自己的生长点，这些生长点又会根据环境条件长出新的枝；最后，反复枝上生枝，以类似或相同的结构发展。

依据生物学实验，植物的茎干和枝上的生长点是否一定能长出新枝，与生长点上的生长激素（形态素）浓度有关，其浓度越高越能发出新枝，而该浓度的高低与所处的环境有关，其中阳光是影响作用最大的一个主要因素[371]。

15.2.3　植物生长规律的数学描述

根据文献［374］，每个可生长的生长点并不是均衡发展成为树枝的，而是依据生物学规律，每个生长点携带细胞形态素的浓度决定，第 t 个生长点的形态素浓度记为 p_t（$0<p_t<1$）。其单个形态素的浓度计算的积分形式可按公式（15-1）表达。

$$P_t = \frac{f(a) - f(t)}{\int_0^k (f(a) - f(x))\mathrm{d}x + \int_0^p \int_0^q (f(a) - f(x))\mathrm{d}x} \tag{15-1}$$

我们这里简化树枝的生长过程，假设茎干的长度为 M，并携带有 k 个生长点，记为 $S_M = \{S_{M1}, S_{M2}, \cdots, S_{MK}\}$，同时，每个对应的生长点附有的形态素浓度记为 $P_M = \{P_{M1}, P_{M2}, \cdots, P_{Mk}\}$；且设每一个树枝长度均为单位长度相等，记为 m（$m<N$），在每个单位长度上均匀分布 q 个生长点，记为 $S_m = \{S_{m1}, S_{m2}, \cdots, S_{mq}\}$，对应的生长点形态素浓度记为 $p_m = \{p_{m1}, p_{m2}, \cdots, p_{mq}\}$，树干和树枝上生长点上的形态素浓度计算值可按下式计算：

$$P_{Mi} = \frac{f(a) - f(S_{Mi})}{\sum_{i=1}^k (f(a) - f(S_{Mi})) + \sum_{j=1}^q (f(a) - f(S_{mj}))} \tag{15-2}$$

$$P_{mi} = \frac{f(a) - f(S_{mi})}{\sum_{i=1}^k (f(a) - f(S_{Mi})) + \sum_{j=1}^q (f(a) - f(S_{mj}))} \tag{15-3}$$

公式（15-2）和公式（15-3）中，a 代表种子的生长点，即原始点，$f(*)$ 是目标函数。树根和树枝的生长点共有（$k+q$）个，对应共有（$k+q$）个形态素浓度，且每次生长，会有新的生长点产生，且原有的形态素浓度将被更新。

要求所有的生长点的形态素浓度之和为 1，记为：

$$\sum_{i=1}^k P_{Mi} + \sum_{j=1}^q P_{mj} = 1 \tag{15-4}$$

公式（15-4）中，描述了生长点的形态素浓度的分配，以及浓度越大生长点将拥有更多的机会长出新枝，而其浓度值的确定由植物的向光性决定。将公式（15-4）中的状态空间映射为概率空间，如图 15-1 所示。经过在 [0，1] 之间产生随机数，并映射为扇区大小，整个小球的面积为 1。该小球落到哪个扇区空间，其对应的生长点将获得相应的生长概率。依据植物生长的动力学机理，反复按此规律生长，直到第 N 条枝生长出来或计算结果满足精度条件，算法结束。

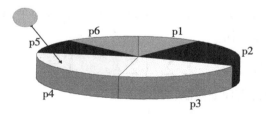

图 15-1　形态素浓度对应的概率空间

15.3　改进的模拟植物生长算法的云作业调度模型

采用基于模拟植物生长算法实现云作业调度的优化过程其本质是一个求解多项条件约

束函数极值的过程，该问题对应于有限条件的整数规划问题[374]。为了简化问题，采用拉格朗日乘数法将多条件约束函数求极值的问题转化为附加条件的多元函数极值问题。

15.3.1　约束条件及表达

被处理的作业集合表示为 $J = \{j_1, j_2, \cdots, j_n\}$，$j_k$ 表示第 k 个作业，$k = 1, 2, \cdots, n$；机器节点集合表示为 $N = \{n_1, n_2, \cdots, n_m\}$，$n_i$ 表示第 i 个节点；

定义 15-1　目标函数：求在所有方案中用时最小的方案，其对应的函数可描述为：

$$f_1 = \min \left(\max_T \sum_{i=1}^{N} \sum_{j=1}^{M} \sum_{k=1}^{T} X_{ijk} \right) \tag{15-5}$$

设变量 X_{ijk} 表示作业 i 在节点 j 的第 k 个时间片执行的状态。如果该变量值为 1，表示在第 j 号节点上执行 i 号作业，否则该值为 0。其中，$1 < j < N$，N 为最大作业数；$1 < i < M$，M 为节点数量；$1 < k < T$，T 为最大时间片数。每个作业按时间片分配机器节点。

定义 15-2　作业最长时间限制：

$$f_2 = \min \left(\sqrt{\sum_{i=1}^{N} \left(\sum_{j=1}^{M} \sum_{k=1}^{T} X_{ijk} - P_i \right)^2} \right) \tag{15-6}$$

其中，P_i 为第 i 个作业运行估计完成时间。如果公式（15-6）中所有的作业都接近估计完成时间，该式趋近于 0。

定义 15-3　节点时间约束，为任意节点上的一个执行时间片内至多有一个作业执行，可表示为：

$$\varphi_1 = \sum_{i=1}^{N} \sum_{j=1}^{M} \sum_{k=1}^{T} \sum_{\substack{l=1 \\ l \neq i}}^{N} X_{ijk} \cdot X_{ljk} = 0 \tag{15-7}$$

定义 15-4　节点作业互斥条件，一个作业在单位时间内仅可以在一个节点上执行，可描述为：

$$\varphi_2 = \sum_{i=1}^{N} \sum_{j=1}^{M} \sum_{k=1}^{T} \sum_{\substack{l=1 \\ l \neq i}}^{N} \sum_{h=1}^{T} X_{ijk} \cdot X_{ilh} = 0 \tag{15-8}$$

定义 15-5　无空闲节点要求，在任务序列执行周期内没有节点产生空闲周期。该要求可以保证系统整体的性能最佳。

$$\varphi_3 = \sum_{j=1}^{M} \sum_{k=1}^{T} \left(\sum_{i=1}^{N} X_{ijk} - 1 \right)^2 = 0 \tag{15-9}$$

定义 15-6　单作业最大周期限制，可表述为：

$$\varphi_4 = \sum_{i=1}^{N} \sum_{j=1}^{M} \sum_{k=1}^{T} X_{ijk} \cdot K_{ijk}^2 G(K_{ijk}),$$

$$K_{ijk} = k - p_i, \quad \text{and}$$

$$G(K_{ijk}) = \begin{cases} 1 & K_{ijk} > 0 \\ 0 & K_{ijk} \leq 0 \end{cases} \tag{15-10}$$

公式（15-10）中，第 i 个作业的执行最大时间限制长度为 p_i；$G(K_{ijk})$ 为单位计算函数。

定义 15-7　资源限制约束。保证任意两个作业不会同时使用相同的资源，即资源不可抢占条件。

$$\varphi_5 = \sum_{i=1}^{N} \sum_{j=1}^{M} \sum_{k=1}^{T} \sum_{\substack{h=1 \\ h \neq i}}^{N} \sum_{\substack{l=1 \\ l \neq j}}^{M} \sum_{w=1}^{F} X_{ijk} \cdot R_{ijkw} \cdot X_{hlk} \cdot R_{hlkw} = 0 \qquad (15\text{-}11)$$

该问题就是在满足各项有限资源环境中，对作业的调度顺序进行优化组合，针对该问题通过设计的算法求得最优解的作业调度顺序，使得整个任务的完成时间最短。

15.3.2　有限约束条件问题的表达

以上约束条件项被满足时，每项约束条件值为 0。引入拉格朗日乘数因子 λ_i，利用拉格朗日乘数法将约束条件和目标函数按公式（15-12）表达：

$$F = f_1 + f_2 + \sum_{l=1}^{5} \lambda_l \varphi_l \qquad (15\text{-}12)$$

通过构造拉格朗日函数，也就是统一函数表达，将有限多条件多元函数问题转化为简单多元函数的极值问题。再通过模拟植物生长算法来求解该问题，就可以实现受资源约束的云作业优化调度。

15.3.3　算法改进

1. 能量动力诱导生长函数的设计

众所周知，植物的生长并不是按固定长度增长的，其生长主要受到阳光、水分和环境温度等环境因素综合影响。所以，为了提升原有算法的效率，这里我们引进能量动力函数来作为植物生长的动力源，提升原有算法的执行效率和有效性[375]。

$$E_j(t) = S(t) W(t) T(t);$$
$$S(t) = \xi \eta(t) \qquad (15\text{-}13)$$

公式（15-13）中，$E_j(t)$ 是一定环境植物生长条件下光、水分和环境热量综合作用的强度；$W(t)$ 代表水分作用函数；$T(t)$ 是环境热量作用函数；$S(t)$ 为光能作用函数，ξ 是光利用系数；$\eta(t)$ 是光辐射时间函数。

自然界植物生长规律可按 Logistic 曲线函数描述，即：

$$L = \frac{L_0}{1 + e^{\alpha - \beta \int_0^t \varphi(x)\,\mathrm{d}x}} \qquad (15\text{-}14)$$

公式（15-14）中，L 是物质积累量，即生长长度；L_0 为最大物质积累常数；α 和 β 是生长系数；其中，$\varphi(x)$ 是生长作用函数，该积分式是求在一定时间 t 内的热量之和。使用函数 L 对时间 t 求导，可得：

$$V_t = \frac{dL}{dt} = \frac{\beta L_0 \varphi(x) \exp\left(\alpha - \beta \int_0^t \varphi(x)\,dx\right)}{\left(1 + \exp\left(\alpha - \beta \int_0^t \varphi(x)\,dx\right)\right)^2} \qquad (15\text{-}15)$$

公式（15-15）中，V_t 是单位时间生长速度函数；$\varphi(x)$ 是综合影响函数。

令 $W(*)$ 水分作用为常数；$T(*)$ 环境热量作用为常数，即 $W(t)\,T(t) = \lambda$；这里生长影响函数为

$\varphi(x) = E_j(x)$；则一定周期内的植物生长长度为：

$$\Delta T = \omega t; \quad G(t) = \int_0^t \varphi(x)\,dx;$$

$$\begin{aligned}
\Delta L = V_t \Delta T &\approx \left\| \frac{\beta L_0 \varphi(x) \exp\left(\alpha - \beta \int_0^t \varphi(x)\,dx\right)}{\left(1 + \exp\left(\alpha - \beta \int_0^t \varphi(x)\,dx\right)\right)^2} \right\| \Delta T \\
&= \left\| \frac{\beta L_0 \varphi(wt) \exp\left(\alpha - \beta \int_0^{wt} \varphi(x)\,dx\right)}{\left(1 + \exp\left(\alpha - \beta \int_{t\,0}^{w} \varphi(x)\,dx\right)\right)^2} \right\| \omega t \\
&= \left\| \frac{\beta L_0 \varphi(wt) \exp(\alpha - \beta G(wt))}{\left(1 + \exp(\alpha - \beta G(wt))\right)^2} \right\| \omega t \qquad (15\text{-}16)
\end{aligned}$$

根据世界气象组织的数据，太阳常数值为 1638 瓦每平方米，所以这里令 $\eta(t) =$ 1638；光利用系数按图 15-1 的要求随机变化 $\xi = p_t$；一个迭代周期约为 1 秒，则 $\Delta T = \omega t = 1t = 1$ 秒；δ 为修正系数，公式（15-16）可进一步修正为：

$$\begin{aligned}
\Delta L &\approx \delta \xi \eta \beta L_0 \left\| \frac{\exp(\alpha - \beta G(wt))}{\left(1 + \exp(\alpha - \beta G(wt))\right)^2} \right\| \omega t \\
&= \delta L_0 \beta \eta \omega \left\| \frac{\exp(\alpha - \beta G(wt))}{\left(1 + \exp(\alpha - \beta G(wt))\right)^2} \right\| p_t \\
&= 1638 \times \delta \beta L_0 \left\| \frac{\exp(\alpha - \beta G(t))}{\left(1 + \exp(\alpha - \beta G(t))\right)^2} \right\| p_t \qquad (15\text{-}17)
\end{aligned}$$

2. 动力函数分析

为了分析该动力函数的特征，我们继续对该函数求二阶导数，即求增长的加速度函数，如公式（15-18）表示：

$$\begin{aligned}
\alpha = \frac{\Delta L}{dt} &\approx 1638 \times \delta \beta L_0 p_t \frac{d \left\| \dfrac{\exp(\alpha - \beta G(t))}{\left(1 + \exp(\alpha - \beta G(t))\right)^2} \right\|}{dt} \\
&= 1638 \times \delta \beta L_0 p_t \frac{\beta \exp(\alpha - \beta t)(2\exp(\alpha - \beta t) - 1)}{\left(1 + \exp(\alpha - \beta t)\right)^2} \qquad (15\text{-}18)
\end{aligned}$$

令 $\alpha = 0$，可得：

$$t_0 = \frac{\alpha - \ln\frac{1}{2}}{\beta} L_0 \gamma \qquad (15\text{-}19)$$

很明显，Logistic 函数的一阶导数恒大于 0，该函数持续增加，如 t_0 点前二阶导数大于 0，该 Logistic 函数呈现出越长越快态势；如到 t_0 点后二阶导数小于 0，且一阶导数恒大于零，该函数的增长开始变缓慢。此外，公式（15-19）中 t_0 点的位置主要与 α、β 和 L_0 有关，不同植物的模型参数 α、β 和 L_0 不同，也就是说不同植物模型的增长方式、算法的收敛速度和位置是不同的。

15.3.4 算法步骤描述

本章的云作业调度算法步骤描述如下：

算法 15-1：Cloud_ Scheduling _ Based_ Improved_ PGSA

输入：资源互斥矩阵 $R_{ij} = \{r_{ij}\}$，节点数量 n，作业数 m，每个作业的估计完成时间 P_i，最大迭代次数 K。

输出：路径 path $= \{S_0, S_i, S_j, \cdots, S_k\}$

第一步：初始化 $V_{ijk} = 1$；初始化树干的有 k 个生长点；树枝的生长点数 $q = 0$；确定原始点 S_0，并将 S_0 添加到集合 S 中，即 $S = \{S_0\}$。

第二步：更新树干生长节点，为树干生成 k 个生长点 $S_M = \{S_{M1}, S_{M2}, \cdots, S_{MK}\}$，依据公式（15-10）为每个生长点计算生长概率，为 $P_M = \{P_{M1}, P_{M2}, \cdots, P_{Mk}\}$

第三步：更新新树枝生长节点，为树枝共分配 q 个生长点，记为 $S_m = \{S_{m1}, S_{m2}, \cdots, S_{mq}\}$，依据公式（15-11）计算生长点的浓度 $p_m = \{p_{m1}, p_{m2}, \cdots, p_{mq}\}$，

第四步：确定 $k+q$ 个生长点的，并依据公式（15-12）计算（$k+q$）个生长点的浓度及关系。

第五步：依据公式（15-16），计算选举出来的生长点的生长长度和位置，这里位置是将新枝按随机正负 45°方向调整，形成新的端点 S_{t+1}。

第六步：更新集合 S，即将 $S = \{S_0, S_1, S_2, \cdots, S_t, S_{t+1}\}$；求最新的树枝端点到原点的路径 $p = \{S_0, S_1, S_2, \cdots, S_t, S_{t+1}\}$；如果 $p < \text{path}$，则更新 path $= p$；将该路径代入公式（15-8）判断是否达到最优路径，若满足最优条件或达到迭代上限，进入下一步，否则转到第二步。

第七步：若满足最优条件，则输出路径 path，即任务安排方案；否则提示用户未找到最优解。

以上步骤如图 15-2 所示。

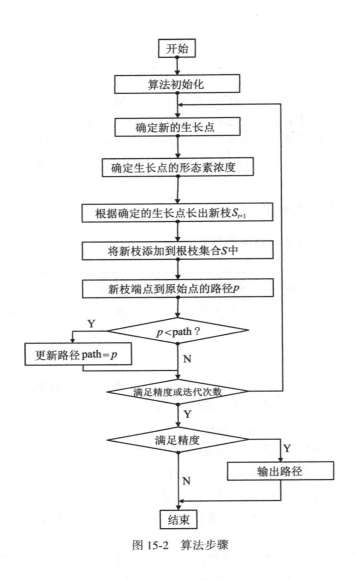

图 15-2　算法步骤

15.3.5　实验与分析

1. 实验环境与参数

该算法将在具有 7 台 PC 机的 Hadoop 集群上运行，每台计算机的配置为联想 3.5GHz 处理器，并配有 4G 内存，1TB 硬盘，千兆网络带宽。其中 1 台为 Master 点，其他 6 台为计算节点。

该实验使用标准云测试用例 Wordcount、Terasort、Pi Estimator，随机方式运行，并设置 map 和 reduce 的任务数都为 9。其中，Wordcount 和 Pi Estimator 测试是属于 CPU 密集

型用例，而 Terasort 属于 CPU 密集型和 I/O 密集型的综合代表。

本章采用静态和动态折中的方式定期采集各个计算节点的资源状态，包括 CPU、内存、I/O 和网络利用率的状态，Master 采集周期为 T = 10s。该方式可以避免静态调度不能实现资源负载平衡，又可以防止动态调度过于频繁地在节点间传输任务和状态信息，增加系统额外的开销。

2. 结果分析

（1）不同植物模型的比较。为了更好地反映植物自然增长规律，本章采用文献［376］中的 4 种实际植物生长参数来设置本实验的参数，如表 15-1 所示。

表 15-1　　　　　　　　　　　　　实验参数设置

植物类型	L_0	α	β
大针茅	1.205	2.608	0.042
冷蒿	3.177	2.770	0.077
羊草	0.200	2.032	0.060
冰草	0.156	1.858	0.040

如表 15-2 所示，在标准云测试用例中，大针茅、冷蒿、羊草和冰草 4 种植物模型被用来实验和比较，可以发现，这 4 种不同植物模型的系统开销分别为 734s、813s、855s 和 921s。其中，在该测试用例下，大针茅模型的性能最优。

表 15-2　　　　　　　　　　不同植物模型的执行性能

植物模型	执行时间（s）	Map 计时（s）	Reduce 计时（s）
大针茅	734	419	711
冷蒿	813	553	797
羊草	855	576	832
冰草	921	781	913

在实验中，采用四种不同生长参数模拟四种不同植物的生长，来观察问题的求解过程，如图 15-3 所示。图 15-3 中的图 a、b、c、d 分别对应大针茅、冷蒿、羊草和冰草 4 种植物模型，通过该问题求解的形态我们可以观测到，这 4 种模型共有的生长态势基本上呈现出越长越短，且越来越散的趋势，该情况符合本章采用 Logistic 动力函数诱导根枝生长方式的结果，更加符合植物生长的方式，有助于提升问题空间的搜索效率，并且在植物的顶端加速算法的收敛。

其中，大针茅、冷蒿（分别对应图 15-3 中的 a 图和 b 图）的形态属于占用空间比较

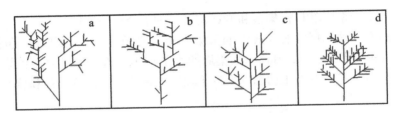

图 15-3　不同植物模型的形态

散，具有形态偏高，枝点偏稀松的特征；而羊草和冰草（分别对应图 15-3 中的 c 图和 d 图）的形态属于占用空间比较集中，具有形态偏矮，枝点偏密的特征。

根据反复实验，我们这里得出了"小空间多元变量易采用短杆多枝的植被模型，大空间少元变量易采用长杆少枝的植被模型"经验规律。

（2）不同算法比较。表 15-3 中展示的是大针茅模型的具体执行时间分布，可以观测到三个标准测试用例 Wordcount、Terasort 和 Pi Estimator 同时随机执行的周期分别是 734s、633s 和 93s，系统总开销为 734s。

表 15-3　　　　　　　　　　　　　　　　大针茅模型的执行性能

用例序列	执行时间（s）	Map 计时（s）	Reduce 计时（s）
Wordcount	734	677	713
Terasort	633	578	614
PiEstimator	93	73	87
总执行时间	734		

在本实验中，我们分别采用 IGPSA（大针茅植物模型）、GPSA、蚁群算法、PSO 算法、动态调用算法、能量算法和 Hadoop 默认的公平调度算法来测试比较。以上 7 种算法的系统开销如表 15-4 所示，分别为 734s、894s、974s、937s、1314s、1535s 和 3923s，前 6 种算法比 Hadoop 默认算法分别提升 81%、77%、75%、76%、67% 和 61%，我们归纳出 Hadoop 的默认算法具有很高的提升空间，该算法并不能发挥系统的最佳优势，具有很多的局限性。同时，我们发现改进的模拟植物生长算法的性能比其他典型算法更高。

表 15-4　　　　　　　　　　　　　　　　典型算法比较

算法名称	执行时间（s）	Map 计时（s）	Reduce 计时（s）	提升率（%）
IPGSA	734	419	711	81
PGSA	894	774	881	77

续表

算法名称	执行时间（s）	Map 计时（s）	Reduce 计时（s）	提升率（%）
蚁群算法	974	447	919	75
PSO	937	411	923	76
动态调用算法	1314	780	1437	67
能耗算法	1535	797	1513	61
公平调度算法	3923	3733	3830	—

　　通过系统监控程序，我们可以从图 15-4 中观测 7 个算法的 4 个性能指标，包括 CPU、内存、I/O 和网络 4 个方面的平均利用率。在 Hadoop 缺省的公平调度算法中，以上 4 个指标比其他算法都高，而本章推荐的改进的模拟植物生长算法，其 4 个指标基本上接近最低，说明该算法可以较好地分配任务，降低了作业调度的频次，减少了不必要的系统开销。

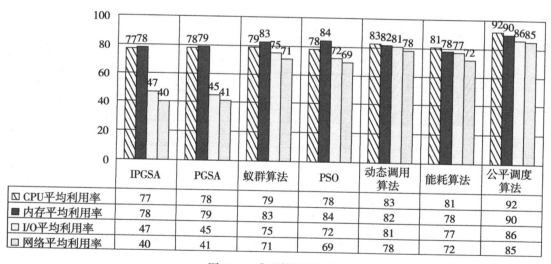

图 15-4　典型算法的性能

　　从计算的角度出发，可以观察到除公平调度算法 CPU 和内存的平均利用率超过 90% 外，其他 6 个算法的这两个指标都接近 80%，可以得出这 6 个算法花费在计算中的代价基本相同。

　　从系统外部开销的角度观察，按 I/O 和网络的平均利用率由高到低排列，分别是公平调度算法、动态调度算法、能耗算法、蚁群算法、PSO 算法和 IPGSA，其中公平调度算法的两个指标均超过 85%，开销最大。而 IPGSA 和 PGSA 的两个指标接近 45%，开销最小，说明该算法可以合理地按需调度作业，资源利用充分，没有过度地在节点间传输任务，减少了系统外部开销。同时，可以观察到剩余其他 4 个算法的这两个指标在 69% 到 81% 之间，可以得出该 4 个算法的外部开销基本接近。

此外，从表 15-4 中可以进一步观测到：改进的模拟植物生长算法比传统的模拟植物生长算法的执行效率还可以进一步提升 4%。结合图 15-3，还能发现 IPGSA 比 PGSA 的 CPU 执行效率和内存利用率略低一点，分析其原因是 IPGSA 采用 Logistic 动力函数减少了整体的计算量和算法的迭代次数，计算的开销降低了。因此，本章推荐的 IPGSA 算法比其他算法在性能方面具有更显著的优势。

图 15-5 表现的是本章推荐的改进的模拟植物生长算法（大针茅植物模型）在 7 个节点上运行的 4 个性能指标，包括 CPU 利用率、内存利用率、I/O 利用率和网络利用率。其中，第 1 个节点是 Master 节点，执行实验算法并负责作业调度，而其他 6 个是计算节点，负责任务执行。从图 15-5 中可以看出，Master 节点上的四个指标均超过 80%，Master 节点不仅负责完成本算法的执行，而且实现任务调度和其他计算节点状态检测，所以 Master 节点任务最重。

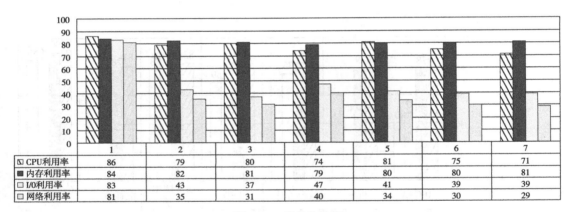

图 15-5　节点的性能

同时，我们还可以发现其他 6 个计算节点的 CPU 利用率和内存利用率均接近 80%，可以得出计算负载可以均匀布置，没有低效的计算节点。此外，还可以观察到该 6 个节点的 I/O 利用率和网络利用率分布在 29%~47%，说明这些节点的外部开销基本接近，资源负载比较均衡。

经过上述分析，可以得出结论：不论内部计算开销，还是外部传输开销，本章所推荐的算法都可以比较显著地实现系统整体资源的合理分配，而且可以比较高效地完成云作业的调度。

15.3.6　结论

本章将光能量函数作为植物生长的动力来提升模拟植物生长算法，提出一种可变生长速度的模拟植物生长算法来实现云作业的调度策略，并通过实验证明了该方法的高效性。本章通过自然环境对植物生长的动力学分析，设计能量动力诱导函数，作为植物生长的依据，更加科学地模拟了植物生长发育。

在实验中，采用四种不同生长参数模拟四种不同植物的生长，来观察问题的求解，并得出了"小空间多元变量易采用短杆多枝的植被模型，大空间少元变量易采用长杆少枝的植被模型"的经验规律。

与现有的云作业调度算法以及粒子群算法、蚁群算算法、基于能量的调度算法和动态调度算法实验比较和分析，该算法具有资源分配更加合理、性能更高的特点。此外，起点对计算结果和效率的影响、植物模型如何选择等问题是我们下一个研究的任务。

第 16 章　基于烟花算法的云作业调度模型

16.1　引言

随着大数据应用的不断展开，作为大数据支撑的云计算平台显得格外重要，尤其是云计算的作业调度效率直接关系到该平台的性能。以 MapReduce 为典型代表的大规模云计算模型为例，该模型的默认调度算法仅仅考虑三个方面：计算节点的本地性、机架的本地性和机架的距离。而在现实调度环境中还有很多可以考虑的因素，如环境的异构性、系统整体的负载能力和负载均衡等方面。因此，该模型还有很多可以改进的地方[377]。

2018 年，国外学者 Pandey Vaibhav 等在 *Big Data* 上发表了一篇关于 Hadoop MapReduce 调度器的文章，该文着重分析了异构环境如何影响云作业调度器的设计[378]。Ghomi 等学者在 2017 年也做了一项关于云计算环境下负载均衡算法的调查研究[379]。同时，Khezr 等研究人员针对 MapReduce 的未来发展趋势和应用，提出了自己的观点[380]。

2016 年，宋杰等学者建立了一种动态能耗评估策略实现任务调度的方法，该方法以减少系统能耗为目标来实现作业的调度，在实验中得到良好的证明[381]。

为了解决多用户异构环境下 Hadoop 作业调度效率缺乏反馈机制的问题，马莉等人提出一种动态反馈模型来提升云作业调度的效率。该模型通过心跳包实时计算作业的平均到达率和平均完成率，并将该两个参数反馈到作业队列调度器，来决策作业的调度优先级。最后通过与典型调度算法实验比较，该算法可以明显缩短作业调度队列的平均长度[382]。

马文等人于 2017 年在 Cloud Sim 环境下，通过数据挖掘技术建立了一种混合云作业调度算法，并用实验证明了该算法可以提升混合云的效率[383]。

2018 年，文献［384］中采用能量动力改进 Logistic 模型，提出一种受自然环境影响的模拟植物算法来实现云作业调度，并通过理论和实验选择适合云作业调度的植物类型，实验证明该方法在云作业调度效率方面可以比其他典型方法具有显著的提升。

王满英研究者提出一种通过评价 QoS 服务质量实现缩短作业完成时间的方法，该方法可以提高云作业调度的成功率，并在仿真实验中表现出可以满足用户的服务质量要求[385]。

Xu 等学者以弹性资源作为云作业调度时的条件，提出一种非线性问题解决方案来保证服务的质量[386]。

Suresh 等人通过优化副本策略和下一个任务到达时间以及磁盘运行情况来决定云作业的调度顺序，但是该算法没有考虑远程任务的调度情况[387]。Rasooli 等通过考虑异构环境下作业到达率和作业完成周期两个方面来改进云作业调度器的实现算法。但是该方法仍然没有充分综合考虑其他因素的影响，因此，它还具有很多改进空间[388]。Zhang 等人综合考量多方面云作业调度环境因素，提出一种基于多目标的云作业调度模型，可以比较好地提升系统的整体性能[389]。

可以提升任务调度性能的方法很多，如文献［390］中，夏家莉等人提出一种动态优先级的任务调度算法，可以综合提升作业的调度实时效率。还有王万良等使用 Hopfield 神经网络来解决车间作业调度问题[391]。王秀利等利用该神经网络来提升多处理机作业调度效率[392]。

近些年，很多人工智能算法在解决任务调度问题方面表现出突出的效果，如粒子群算法、蚁群算法、神经网络等，其中，烟花算法是一个近几年内被学术界所推崇的新算法，在任务调度性能中该算法也表现出了显著的效果[393]。

为了进一步提升烟花算法的性能和应用效果，大量的改进算法由此诞生。文献［394］采用高斯变异方法增加烟花种群的多样性，提升了该算法的效率，并在 Web 服务组合优化中得到了很好的应用。

余冬华等学者在 2018 年提出峰值火花概念并应用到烟花的选择策略上来改善搜索效率，在实验中证明该方法优于 PSO 和普通的烟花算法（FWA）[395]。还有朱启兵等通过粒子群算法优化该算法，提出一种带有引力的搜索算法来提升其性能[396]。

为了通过提升种群的多样性来提升算法的效率，白晓波等利用高斯函数实现混合变异算子，并提出一种烟花算法优化粒子波的方法，实验表明该方法可以有效解决精英粒子的优化问题[397]。

云作业的调度问题可以视作有限条件下任务的组合优化。本章将使用模拟植物过程来改进烟花算法的分布，优化调度云作业的先后次序，实现云作业调度效率的整体提升。

16.2　云作业调度的资源环境

云作业调度的本质是在多个资源条件下的动态分配过程，对应的数学问题为资源的组合优化过程。

16.2.1　调度器模型设计

该作业调度模型涉及作业、节点、调度器和调度算法，如图 16-1 所示。其中，调度器上配置了本章提出的调度算法。该调度器将所提交的作业按本算法决定优先级和资源分配。

16.2.2　性能指标

根据实践经验，本章中的实验以表 16-1 中的 5 个性能指标为参考，进行作业和资源的分配。

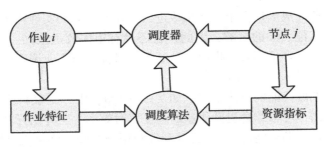

图 16-1　系统模型

表 16-1　　　　　　　　　　　　　　　　　资源利用率

名　　　称	单　位
Average processor utilization	%
Average memory utilization	%
Average I/O utilization	%
Average network utilization	%
Average disk utilization	%

16.2.3　问题描述

经过分析该问题的表达可以转化为多个条件函数的极值问题。在数学上可以通过 Lagrange Multiplier 法描述。

被处理的作业集合表示为 $J=\{j_1, j_2, \cdots, j_n\}$，$j_k$ 表示第 k 个作业，$k=1$，2，$\cdots$，n；机器节点集合表示为 $N=\{n_1, n_2, \cdots, n_m\}$，$n_i$ 表示第 i 个节点。

设任务集合 $T=\{T_1, T_2, \cdots, T_n\}$，$T_i$ 被定义为第 i 个任务，i 是自然数序列，上限为 n；M_j 描述为第 j 个计算节点，M 为计算节点集合，记为 $M=\{M_1, M_2, \cdots, M_j\}$，$j$ 是自然数序列，上限为 m。

定义 16-1　g_1 为目标函数：求在所有的条件组合中用时最小的排列，该函数通过公式（16-1）表达为：

$$g_1 = \min_T(\max_T \sum_{i=1}^{N} \sum_{j=1}^{M} \sum_{k=1}^{T} Y_{ijk}) \tag{16-1}$$

其中，变量 Y_{ijk} 取值为 0 或 1，该变量被描述为任务当前节点 j 上第 k 个时间片上被分配了第 i 个任务。

定义 16-2　每个作业的最长时间约束为 g_2：

$$g_2 = \min \left(\sqrt{\sum_{i=1}^{N} \left(\sum_{j=1}^{M} \sum_{k=1}^{T} Y_{ijk} - T_i\right)^2}\right) \tag{16-2}$$

其中，作业 i 预期为 T_i 个时间片完成，若每个作业都可以按预期时间完成，则该式值接近 0。

定义 16-3 计算节点时间内限制条件，为每个计算节点上一个时间片周期内只允许单个作业运行，表示为：

$$\tau_1 = \sum_i^N \sum_j^M \sum_k^T \sum_{\substack{h=1 \\ h \neq i}}^N Y_{ijk} \cdot Y_{hjk} = 0 \tag{16-3}$$

定义 16-4 作业互斥条件，即每个作业在同一个时间片周期内只能在单个计算节点上运行，表示为：

$$\tau_2 = \sum_i^N \sum_j^M \sum_k^T \sum_{\substack{h \neq i}}^N \sum_l^T Y_{ijk} \cdot Y_{ihl} = 0 \tag{16-4}$$

定义 16-5 空闲节点的限制条件，在任意组合的任务序列中要求不存在空闲节点，以保证系统的最大工作效率，表示为：

$$\tau_3 = \sum_j^M \sum_K^T \left(\sum_i^N Y_{ijk} - 1 \right)^2 \tag{16-5}$$

定义 16-6 限制每个任务最长时间，由公式（16-6）和公式（16-7）描述为：

$$G(L_{ijk}) = \begin{cases} 0 & L_{ijk} > 0 \\ 1 & L_{ijk} \leq 0 \end{cases}$$

$$L_{ijk} = k - t_i \tag{16-6}$$

其中，$G(L_{ijk})$ 为单位函数；L_{ijk} 为第 k 个时间片上第 i 个作业执行在第 j 个节点上的超时标志；作业 i 的最长时间为 t。

$$\tau_4 = \sum_i^N \sum_j^M \sum_k^T Y_{ijk} \cdot K^2 \cdot G(L_{ijk}) \tag{16-7}$$

定义 16-7 资源约束，保证任意两个任务不会同时争用同一资源，表示为：

$$\tau_5 = \sum_i^N \sum_j^M \sum_k^T \sum_{h \neq i}^N \sum_l^M \sum_s^F Y_{ijk} \cdot R_{ijkw} \cdot Y_{hlk} \cdot R_{hlkw} = 0 \tag{16-8}$$

16.2.4 问题的数学表达

将上述函数和条件公式联合表达为 Lagrange Multiplier，可以表达为公式（16-9）。

$$G(\cdot) = g_1 + g_2 + \sum_{i=1}^5 \theta_i \cdot \tau_i \tag{16-9}$$

通过 $G(\cdot)$ 将问题转换为函数表达后，就可以按本章提出的一种改进烟花算法来实现问题的求解。

16.3 烟花算法及其改进

16.3.1 烟花算法的描述

烟花算法是通过烟花爆炸的过程模拟空间搜索的过程。该烟花算法如同其他群体智能优化算法，烟花爆炸的过程可以理解为全局优化的一种策略。该算法第一步通过随机函数生成若干个种群，然后在种群中的每个烟花通过爆炸或者高斯变异方法生成新的火花因子，最后通过选择算法优选精英粒子，生成下一次烟花火种。通过反复迭代，直到计算精度可以满足条件或者达到预设的最大迭代次数。

16.3.2　烟花爆炸

假设在烟花算法的迭代过程中，S_i 变量用来描述第 i 个烟花种，每个烟花种在空间爆炸产生烟花，在每次迭代过程中可以产生 S_{max} 个爆炸烟花。该爆炸火花的数量与烟花的适应度值成正比，也就是适应度值高的将产生更多的爆炸烟花，反之将产生较少的烟花。每个爆炸火花产生的范围被限定在每个烟花的爆炸半径内，同时每个烟花的爆炸半径的长度与该烟花的适应度值成反比，即适应度值较小的烟花爆炸半径比较大，这样的设置可以保证烟花的寻优过程不被限制在局部，即在更大的空间内搜索结果。

$$S_i = \text{SC} \cdot \frac{g_{max} - g_i + \rho}{\sum_{i=1}^{N}(g_{max} - g_i) - \rho} \tag{16-10}$$

$$R_i = R \cdot \frac{g_i - g_{min} + \rho}{\sum_{i=1}^{N}(g_i - g_{min}) - \rho} \tag{16-11}$$

在式（16-10）和式（16-11）中，参数 SC 为爆炸烟花种数，R 为烟花的爆炸半径，g_i 为适应度值函数，g_{max} 为该烟花种群中最大适应度值，g_{min} 为该种群种中最小适应度值，是一个小数，用来保证除数不为 0。可以通过取整函数保证每次烟花的种群数为整数，通过式（16-12）控制取整过程，并控制火花的数量，同时可以适应较差适应度值的烟花数过多，而该值较好的烟花数过少的情况。

$$S_i = \begin{cases} \text{Rnd}(\alpha S_{min}), & S_i < S_{min} \cdot \alpha \\ \text{Rnd}(\beta S_{max}), & S_i > S_{max} \cdot \beta;\ \alpha < \beta < 1 \\ \text{Rnd}(S_i), & \text{其他情况} \end{cases} \tag{16-12}$$

该式中，α 和 β 是两个预设参数，Rnd 是一个取整函数，可以实现四舍五入的取整。一般情况下，设定 $\alpha = 0.1$ 和 $\beta = 0.2$。

16.3.3　爆炸火花的计算

第 i 个烟花将生成 S_i 个爆炸烟花，每个烟花具有 γ 个维度，对于一个爆炸烟花的每个维度记为 S_i^μ。按式（16-13）可以计算出每个爆炸烟花的空间距离：

$$S_i^\mu = S_i^\mu + R_i \cdot U(-1, 1) \tag{16-13}$$

其中，$U()$ 函数是一个均匀分布函数。当某个爆炸烟花的第 μ 个维度超出了上下界时，需要通过式（16-14）将该维度值映射到一个边界内的位置。

$$S_i^\mu = S_i^\mu \% (B_{up} - B_{down}) + B_{down} \tag{16-14}$$

其中，B_{up} 和 B_{down} 分别表示该维度的上下界，% 为求余运算。

16.3.4　高斯变异

在烟花算法中可以通过高斯变异提升种群的多样性。首先在烟花种群中任意选取 p 个烟花，再针对每个烟花的 γ 个维度根据式（16-15）进行高斯变异。

$$S_i^\mu = S_i^\mu \cdot G(1, 1) \tag{16-15}$$

上式中，$G(1, 1)$ 表示均值和方差都为 1 的高斯分布。同理，当某烟花的 γ 个维度超过界限时，需要将该距离通过式（16-14）重新转换到一个合理距离。

16.3.5　选择概率

在该算法的每次迭代过程中，为了将精英烟花种子遗传到下一次迭代过程中，需要从烟花、爆炸烟花和高斯变异烟花构成的集合 J 中通过选择规则保留 1 个精英种子和随机选取 $n-1$ 个种子。该选择概率方法如式（16-16）所示。

$$p_i = \left(\sum\nolimits_{i=1}^{n} \mathrm{dist}(S_i - S_j) \right) / \sum\nolimits_{i=1}^{n} S_i \tag{16-16}$$

其中，$\mathrm{dist}(\ )$ 为距离函数，用于计算任意两个烟花种子的距离。该烟花种子 S_i 距离越大，该式值越大，概率越大，越容易被选中。反之，越容易被淘汰。

16.4　算法改进

传统的烟花算法中爆炸烟花的实现是通过均匀分布实现的，而现实中的爆炸烟花并非按此分布。为了提高爆炸烟花的模拟效果，本章将通过模拟植物算法来更新爆炸烟花的均匀分布。

16.4.1　模拟植物算法描述

根据文献［398］所描述，植物的整个生长过程为：首先植物的茎从原始发芽点开始，并且茎上某些位置还可以生长出其他新芽，该位置被定义为新的生长点；其次，在这些新的生长点上还可以长出新的枝条，并且新的枝条上还会生长出新的芽；最后，通过同样的生长过程反复长出新的枝条，构成类似的结构。

根据该文，植物上发芽的位置与该点的生长激素有关，而这些激素水平决定了该生长点是否可以长成新芽。第 i 个生长点的激素浓度可以用式（16-17）表示。

$$p_i = \frac{g(o) - g(i)}{\sum\nolimits_i^L (g(o) - g(i)) + \sum\nolimits_i^L \sum\nolimits_j^M (g(o) - g(i))} \tag{16-17}$$

设每个茎的长度为 N，并具有生长点 q 个，表示为 $M_N = \{M_{N_1}, M_{N_2}, \cdots, M_{N_q}\}$。此外，生长点 M_{N_i} 对应的激素浓度为 p_{N_i}。每个枝条上具有个 l 生长点，且生长点距离相同，该枝条上的生长点 $M_L = \{M_{L_1}, M_{L_2}, \cdots, M_{L_l}\}$，其对应的激素浓度为 p_{L_i}。茎和枝的生长激素可以用式（16-18）和式（16-19）表示。

$$p_{N_i} = (g(o) - g(M_{N_i})) / \left(\sum\nolimits_i^q (g(o) - g(M_{N_i})) + \sum\nolimits_j^l (g(o) - g(M_{L_j})) \right) \tag{16-18}$$

$$p_{L_j} = (g(o) - g(M_{L_j})) / \left(\sum\nolimits_i^q (g(o) - g(M_{N_i})) + \sum\nolimits_j^l (g(o) - g(M_{L_j})) \right) \tag{16-19}$$

$g(\cdot)$ 为目标函数，茎和枝的生长点共有 $q+l$ 个，同时对应 $q+l$ 个激素。其中，$g(o)$

为原始生长点的目标函数。每次迭代生长过程中，会产生新的生长点，并添加到生长点的集合 S 中，并且按上式更新每个生长点的激素水平。

$$\sum_i^q p_{N_i} + \sum_j^l p_{L_j} = 1 \qquad (16\text{-}20)$$

式（16-20）保证所有的激素浓度和为 1。

通过模拟植物算法，烟花爆炸的形态将改变分布，如图 16-2 所示。

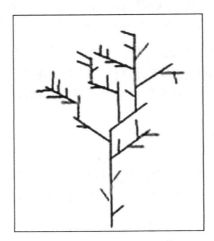

图 16-2　爆炸烟花的形状

16.4.2　算法步骤

第 1 步：随机产生 n 个烟花种子。

第 2 步：烟花种子分别爆炸，并计算每个烟花爆炸的半径，以及爆炸烟花的个数。

第 3 步：依据模拟植物算法形成爆炸烟花的分布。

第 4 步：依据植物模拟生长算法产生变异烟花。

第 5 步：由烟花、爆炸烟花和变异烟花组成候选种群 J，并选择 1 个精英种子和通过概率选择原则选取 n−1 个烟花种子。

第 6 步：若满足计算精度或达到迭代上限，则输出结果，否则重复执行第 2~6 步。

第 7 步：输出最优值。

16.5　实验分析

16.5.1　实验条件

为了测试该算法的效果，在本实验中，设定 11 台 PC 机上搭建 Hadoop 集群，每台计算机采用相同的配置，cpu3.2GHz，8G 内存，500G 硬盘，千兆光纤网络。其中 1 台为管理节点（Master），剩余 10 台为从节点（Slave），运行操作系统为 Linux。

采用标准的测试用例 Wordcount、Terasort 和 Pi Estimator。其中，Wordcount 和 Pi Estimator 用例为 CPU 密集型，而 Terasort 属于兼有 IO 密集型和 CPU 密集型综合的用例。分别运行，并设置 map 和 reduce 的任务书都为 10。

该算法需要部署在管理节点上，并在执行的动态过程中实时监控和获取每个从节点的资源性能指标，设定管理节点的采样周期为 $T=0.1$ 秒。

16.5.2 结果分析

1. 不同算法比较

经过实验运行，依次运行 Wordcount、Tersort 和 Pi Estimator 三个标准用例测试，分别需要花销系统 835ms、733ms 和 137ms，如表 16-2 所示。

表 16-2　　　　　　　　　　　　　**系统执行效率**

用例	执行时间（ms）	Map 计时（ms）	Reduce 计时（ms）
Wordcount	835	791	820
Terasort	733	695	721
PiEstimator	137	113	130
总计	1705	1599	1671

为了比较该算法的效果，实验中还使用了其他典型算法，包括：烟花算法（PWA）、动态调用算法、能耗算法以及 Hadoop 系统中缺省的公平调度算法。如表 16-3 所示，实验中 5 个算法的时间开销依次是 1705、2097、2443、2531 和 2915ms。前 4 种算法相比，Hadoop 缺省的公平调度算法在效率上分别可以提升 41%、28%、16% 和 13%。因此，可以看出 Hadoop 缺省算法的性能提升空间仍比较大。通过比较也可以发现，本算法比其他算法具有明显的性能优势。同时，也可以推出本算法比普通的烟花算法可以提高 13% 的效率，说明经过模拟植物生长算法改进的爆炸烟花的方式是比较有效的。

表 16-3　　　　　　　　　　　　　**算 法 比 较**

算法名称	执行时间（ms）	Map 计时（ms）	Reduce 计时（ms）	提升率（%）
本算法	1705	1599	1671	41
PWA	2097	2013	2085	28
能耗算法	2443	2383	2431	16
动态调用算法	2531	2513	2527	13

续表

算法名称	执行时间（ms）	Map 计时（ms）	Reduce 计时（ms）	提升率（%）
公平调度算法	2915	2757	2897	—

　　根据系统 Monitor 程序记录和统计系统的状态，5 个算法的系统整体资源利用率指标，即 CPU 平均利用率、内存平均利用率、IO 平均利用利率、磁盘平均利用率和网络平均利用率。如图 16-3 所示。从该图中可以看出本算法在 5 个性能指标方面比其他 4 个算法具有更加明显的优势。本算法的 5 个指标基本在 75% 和 81% 之间，说明该算法还有较强的弹性，系统还能承载更多的负载。而公平调度算法的 4 个指标和动态调度算法的 1 个指标已经超出 90%，系统已经进入瓶颈。从主机内的角度考虑，本算法、PWA 和能耗算法的 CPU 平均利用率和内存平均利用率都可以控制在 85% 以下，说明这 3 个算法在运算上的花销基本相同。

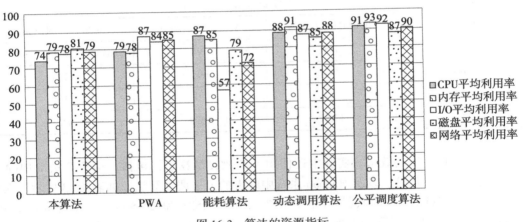

图 16-3　算法的资源指标

　　再从主机外的角度分析，能耗算法的 IO 平均利用率、磁盘平均利用率和网络平均利用率最低，而该算法的前两个性能指标较高，都达到了 85% 左右，说明该算法为了显著降低能耗开销，将大量的计算留在本地执行，导致系统在分配任务时偏重距离近的节点分配。而动态调用算法的 5 个指标都在 85% 以上，比公平调度算法略低，说明动态调用算法经常在各个节点之间调度作业，外部开销过大也可以加大内部开销。

　　在该实验中，第 1 个节点是管理节点（Master 节点），主要负责执行本算法和决策器，即作业的分配和调度。如图 16-4 所示，该节点的 5 个性能指标都是最高的。因此，大量的通信任务和作业记录都在该节点执行，导致该节点相比其他节点任务最重，而其他节点的每个性能指标基本相似。同时可以说明本算法基本上可以比较公平地分配作业到各个计算节点，即本算法实现了自动负载均衡，系统的整体性能可以较好地发挥。

　　此外，从图 16-4 中仍可以观察到其中 11 个计算节点的 CPU 利用率和内存利用率基本

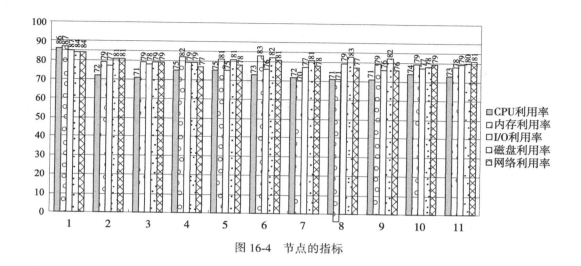

图16-4 节点的指标

分布在70%和80%之间，说明计算任务的负载是比较均衡的。它们的IO利用率、磁盘利用率和网络利用率也基本在80%左右，可以证明这些计算节点的主机外开销比较接近，比较合理地承担了外部开销。

上述实验说明本章提出的一种改进的烟花算法可以更好地分配系统资源，且能够充分调度系统的资源，比较合理地分配云作业。

16.6 结 论

本章使用模拟植物算法来改变烟花算法中爆炸烟花的变异分布方式，提出一种更加符合烟花爆炸的分布方式来实现MapReduce作业的调度，并通过实验与几个典型的云作业调度算法比较，证明了该方法无论是性能还是精度都可以更好地提升系统能力。

同时，我们也发现不仅爆炸烟花的分布对系统的效率有影响，而且烟花种子的起点可能对系统的精度和效率都有直接或间接的影响。因此，研究烟花种子的起点以及该起点如何选择的问题将是我们下一个目标。

第17章 基于云计算的科技资源信息共享模式的构建

17.1 引言

《2006—2020 国家信息化发展战略》将政务数据资源整合作为我国电子政务建设过程中的关键环节,以政务云计算平台建设来推动我国电子政务发展。当前国内政务云的建设如火如荼,以几个重点示范城市为榜样,带动其他城市政务云的建设[399]。正当示范城市中政务云如雨后春笋展露出其强大的功能时,工信部和其他部委公布了《国家电子政务"十二五"规划》和《基于云计算的电子政务公共平台顶层设计指南》,为我国政务云的建设提出了技术方向和框架[400]。在中央网络安全和信息化领导小组的国家信息化战略部署下,政务云建设工作组又编制了《电子政务云平台服务考核评估方法》和《电子政务云平台计费参考标准》[401]。

2013 年 8 月,山西省政府常务会通过了《山西科技创新城建设总体方案》,在此背景下,山西科技创新城作为山西省实施创新驱动发展战略的核心和平台,成为山西省的首位工程,肩负着以科技创新破解山西资源型经济转型升级的重任[402]。为了给创新个体提供创新条件,山西省积极组建了各类共享服务平台,以山西省科技基础设施和大型仪器设备等科技资源服务平台为主要服务内容,联合其他各部门向全省全社会开放各类科技服务资源,推动山西科技创新城的历史进程,完善太原市智慧城市的建设内涵。

17.2 国内研究现状

目前在我国科技资源业务范围内主要是通过共享平台实现各个科技资源信息的共享。随着技术的逐步发展,国内的科技资源共享平台逐渐完善起来,已经初步完成适应科技创新和科技发展需要的科技基础条件支撑体系。当前国内大多数省市、科技主管部门拥有独立的、功能较全的且具有特色的科技资源管理共享系统,在一定条件下可以达到各自科技资源的共享。如现有的中国科技资源共享网以及部分省市科技资源平台网站,如陕西科技信息网、四川省科技信息资源平台、上海研发公共服务平台等;还有科技资源建设项目网站,如大型科学仪器资源领域门户、海洋科学数据共享中心、交通科学数据共享网等,这些平台为大众使用科技资源提供了便利[403]。

虽然我国当前科技信息系统已经有了质的突破,但是仍然存在一些局限性,如各个省市和科技部门之间的信息资源未能互联互通，仅是在部门内部可以共享一些资源，基本上处于"信息孤岛"状态。此外，各个共享系统之间设有权限，通过信息系统的简单超链接是无法共享资源的。尽管通过交涉系统之间的数据，实现了一些系统间的共享，但各个系统往往都有自己的服务器，对用户来说他们仍然处于相互独立状态。该情况的存在可能导致用户为了查找某一科技资源需要逐个登录访问多个系统，加之访问权限的不统一，使科技资源不可能全面共享。虽然各个省市、部门等已经投入了大量的人力和财力来建设和完善科技资源共享平台，但是由于技术和管理上的制约还是不能实现真正意义上的科技资源共享，即科技资源的全面、无隔阂的完全共享[403]。

科技资源共享平台的研究在国外经历了比较长的时间，主要从三个角度开展，一是对社会开放的资源共享平台建设方案的研究；二是对科技发展创新推动力的研究；三是从创造的价值角度研究。就平台建设方案的研究又可以分为三个方向，主要包括：

（1）侧重于平台建设经验和理论的研究

学者岳晓杰通过探析中国科技基础条件平台建设的发展历程和现状，指出平台建设过程中存在的各种问题，并分析了该问题产生的原因，通过进一步分析和比较国内外科技发展的成功实践经验，提出成立国家综合协调管理委员会来加强我国科技基础条件平台的建设[403][404]。陈文倩，伶庆伟等人结合高校仪器管理经验，分析了大型仪器设备管理的现状和存在的问题，探讨了设备管理上的问题与不足，提出了高校大型仪器设备资源管理和共享的措施[403][405]。

（2）侧重于区域平台技术的研究

阮晓妮在对宁波市科技资源调研了解的基础上，运用模糊层次分析法建立了资源配置模型。在宁波的科技工作网站上采用共享信息的关键技术建立分布式网络中心，并通过对数据的规范化、网络化和空间化改造，实现了科技资源信息共享[403][406]。

针对山西省自然科技资源共享平台，郭常莲等人围绕平台的功能结构、内容和应用方法三方面开展了研究，指出前台的主要应用方式是信息查询与统计，并重点论述了该系统前后台的应用和建设方案[403][407]。

对于目前网络条件下文化信息资源共享存在的组织、服务、市场和管理机制等方面的问题，学者毕强通过网络资源管理基础理论的研究，以网络技术视角为切入点，采用 Qos 的资源动态分配方案，设计了基于层次式的网络文化信息资源共享平台体系结构[403][408]。

针对网络教学资源共享平台存在的问题，王庆和赵颜两位学者不但提出了基于知识管理的新平台设计框架和实现技术，而且指明该平台需要使用数据挖掘等知识管理关键技术来实现个性化和智能化为主要特征的共享服务[403][409]。

（3）侧重于平台在传统网络下的整合建设研究

针对农作物的特种资源共享平台的特点，叶锡君等学者进行了研究和设计，涉及平台的总体框架、数据存储和功能服务等方面。同时，为了使遗传资源实现数字化、标准化并对其进行整合，他们采用了国家种植资源描述规范和数据标准[403][410]。

张宇等研究者建立了网络平台科技资源整合的方法和原则以及基本的框架，以河北省科技基础条件平台为案例，给出了理论和实践上结合的科技资源整合方案，并指出针对不同资源分别使用不同的整合方法[403][411]。

学者张谨等人对平台的规范化、建设方法、整合方案、数据存储等方面开展研究，并基于同构跨库检索技术完成了资源的整合，同时给出了建设资源共享平台的可行方案[403][412]。

通过对近些年文献的查阅，国内学者从对科技资源共享的方案研究向科技资源共享平台与机制发展转变，从以上研究者的研究来看，对科技资源共享平台的关注往往停留在网络平台的基础上，而且基本都是基于对某一个区域或领域的研究。

当前我国科技部已经初步建成了以研究实验基地和大型科学仪器设备、自然科技资源、科学数据、科技文献等领域为基本框架的国家科技基础条件平台建设体系。

随着全国科技资源共享平台的建设，山西省陆续建成各个科技资源共享系统。2005年年初，山西省逐步启动了山西省科技基础条件平台建设计划，形成了一个跨行业、多学科的信息共享和应用服务的科技创新支撑体系[413]。2012 年年末，山西省科技文献共享与服务平台、山西省科学数据共享平台项目得到验收。其中山西省科技文献共享与服务平台为万方和维普数字化资源提供接入服务，主要包括文献检索服务、原文件传送服务、科技定题服务和科技查新服务。山西省科学数据共享平台集成了科研机构、高等院校和相关机构所拥有的公益性、基础性科学数据资源。该平台整合了山西省气象、地理空间、农业、林业、水利、环境、能源等科学基础数据服务。到目前为止山西省自然科技资源平台已经基本建成并投入运行，大型科学仪器协作共享平台、技术转让服务平台、专业创新公共服务平台也正在逐步完善中。

此外，山西省科技资源共享服务网为整个平台集成和提供了综合展示窗口，是各个共享资源和各种应用服务的集成应用平台，也是各个子平台的联合门户和统一入口。

为了推动山西省科技资源的共享和发展，山西省人民政府办公厅陆续出台了《山西科技创新城高端人才支持暂行办法》等 4 个办法[414]。

17.3　科技信息资源与云平台

17.3.1　科技信息资源的特点

科技信息资源广泛分布于科研院所、高校和科研管理部门等机构中，其内容主要包括数据、软件和设备特征，并涉及研发、使用、维护和流通等环节。其中，科研机构主要具有研发和使用功能，管理部门具有维护职责，而中介机构具有促进流通和推广的作用。科技信息资源主要具有数据量庞大、系统异构和应用服务繁多的特点。

17.3.2　云平台整合科技信息资源

本研究中使用云计算平台整合科技信息资源的意义可以概括为以下几点：

（1）云平台为科技信息资源系统服务提供新的范式。通过该范式，可以将不同的科研机构和管理部门使用的数据和服务整合在一起，并统一服务接口，提供各种级别的科技应用。

（2）云平台为实现海量科技信息数据的存储提供新的途径，为海量的数据存储和检索提供高效的方法。

（3）云平台还为跨平台的服务提供统一的接入方式，可以实现对不同系统上现有服务的整合。

通过云计算技术实现的科技信息资源整合具有如下特征：

（1）高效的存储和检索。云计算平台通过改变存储和冗余的方法，提高了存储空间的整体利用率，正如超市中物品存放有别的方式自然提高了物品的查找效率，存储方式的改变将有助于提高数据被检索的效率。

（2）跨平台和跨应用。云平台可以为用户提供各种科技信息资源和应用，并不局限于受环境约束的几种应用，如农业部门不仅可以调用水利和气象等信息，还可以得到电力和煤炭等能源信息。数据和应用在最大范围内共享。

（3）成本低。从谷歌云的成功案例中可以得知云计算平台的搭建并不需要建立在高端的物理设备上，而只需要将廉价设备配置虚拟软件就可以形成对外统一的计算资源池和存储资源池，这种方式极大地保护了投资，降低了成本。

（4）高弹性的扩展。云计算的本质就是提供一种类似于电厂按需发电的工作模式，其虚拟系统可以通过用户的需求自动适应，为用户动态地分配资源，该种模式特别适合于科技资源迅猛地生产和发展的需求。

（5）统一的访问入口。通过云平台对新旧系统的整合，通过虚拟技术设置统一的应用访问入口，保证了底层差异对用户的透明性，并通过权限统一分级管理和配置以及用户一致界面的使用，极大地方便了用户的使用。

（6）可靠性高。云计算不仅解决了大规模科技数据的海量存储问题，而且通过副本技术来增加数据的冗余性，保证了数据遗失后的快速恢复，从而增强了系统的可靠性。

（7）统一的管理。云计算不仅为用户提供统一访问入口，而且通过统一的专业化管理，大大降低了原有分散部门维护的成本，减少了资源分散带来的重复浪费。此外，该管理方式保证了数据的一致化，防止了"脏数据"的存在。

（8）高集成度。云计算是由分布式系统技术采用虚拟技术而产生的，天生就具备兼容异构系统的能力，所以可以通过虚拟技术将各个分散的系统整合起来，使现有的应用通过接口技术或总线技术连接在一起，具有很强的集成能力。

17.4 科技云的服务体系

17.4.1 服务的总体范式

基于云计算的科技资源共享平台是为了使科技管理部门、中介机构、高校和科研院所等单位能够实现信息服务的共享和资源的最大化利用，其服务的构建应该遵循一定的规范原则，建设指导部门通过服务的规范化将有利于服务的共享和服务的整合。

如图 17-1 所示，基于云计算的科技资源共享平台的整体框架既需要满足科技政务系统建设的要求，又要保持技术路线开发的一致和符合国家电子政务开发的要求[412][413]，包括云计算的物理层、系统层、服务支撑层、应用服务层和用户层[415][416][417]。其中，物理层为云计算服务提供必备的物理设施，包括存储设备、计算服务器和网络基础设施。系统层，通过支持虚拟化服务的系统软件，将物理层异构和分散的设备整合在一起，形成对用户透明的整体设施，为上层提供一致的服务接口。服务支撑层并不是直接为用户提供独立的服务，而是为上层独立的服务提供功能组件，满足服务设计上的灵活性和重用性。应用服务层是针对用户的不同需求而开发的一系列功能，是整个体系的设计重点。

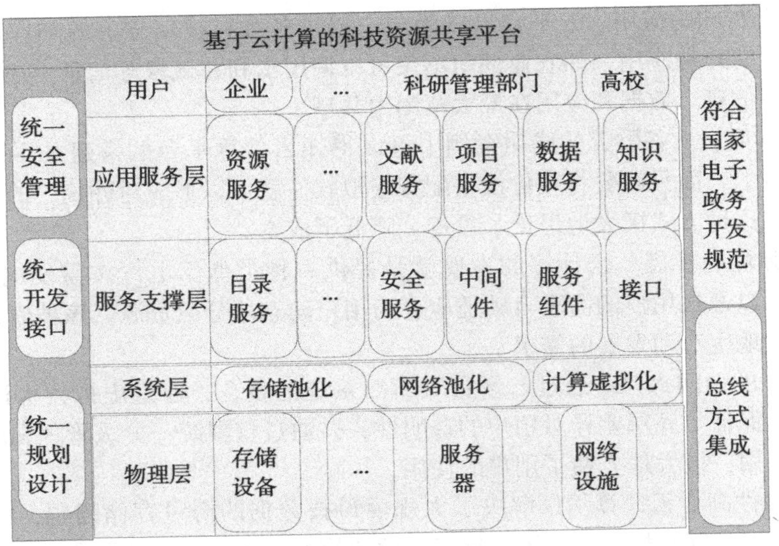

图 17-1　科技云的总体架构

如图 17-2 所示，企业、高校和科研院所是科技云平台的主要用户，管理部门主要负责整个云平台的管理和维护工作，并且兼具规范服务和指导系统开发的义务，而中介机构主要推广新产品和新技术，负责加快资源的市场化流通。

17.4.2　服务模式

针对科技用户的需求，科技云体系应用层中的服务可以划分为四大基本类，每一类中拥有多项服务，如图 17-3 所示。

第一类是知识服务，为科研用户完成科研提供必需的科学技术支持。知识服务还包括科研开发过程中的文献服务和专家服务，为其智力过程提供技术指导。文献服务主要采用搜索引擎的方式，满足用户关键字或主题的检索。专家服务可以通过在线咨询的方式，使用"网上专家门诊"的形式为用户进行答疑指导。

第二类是资源服务，为科研过程提供基础支撑，是科学活动的条件，主要有数据服务

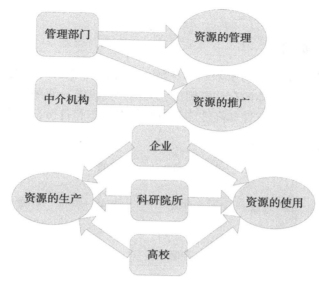

图 17-2 用户角色的划分

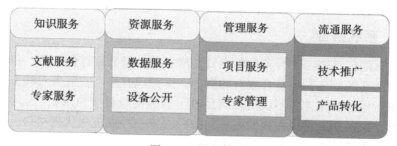

图 17-3 服务体系

和设备公开。数据服务包括自然科学的基础数据、社会科学的统计数据、人工智能的数据挖掘服务，是为科学判断提供基础资料。设备公开，主要用于共享仪器设备和提供重点实验室信息，是减少投资和研究成本的一项重要功能。

第三类是管理服务，辅助科研管理部门完成行政类业务流程，主要包括项目服务和专家管理。其中项目服务实现项目申报审批流程，以及对项目全过程的跟踪，是科研管理部门的一项重要活动。专家管理不仅实现了对专家成员的组织，更是对科学活动的科学化、规范化和公正化的保障。

第四类是流通服务，为科研过程资源的组合和市场转化提供催化媒介，形成贯穿研发、使用和流通的信息流，主要有技术的推广和产品的转化。科研过程也是一项资源组合的过程，不仅需要数据、文献、设备和资金等物质资料，而且更需要智力和人力等支持，技术推广就是将这些智力资源快速配置到相应的系列科研活动中，为科研活动的顺利开展提供支持。产品转化保障科研成果可以快速进入市场形成资金回流，为延续科研寿命提供支持。

17.4.3　存储模式

存储为服务提供了基本的物质基础和保障，云存储往往采用"池化"技术将分散的异构存储服务虚拟在一个整体的存储资源池，为用户提供统一使用方式，屏蔽了底层细节上的技术差异，实现了高可靠性和高性能的海量数据分布和备份，如图 17-4 所示。

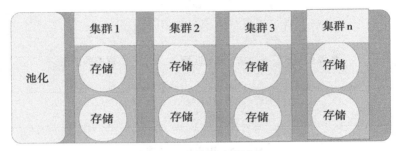

图 17-4　存储虚拟化

17.4.4　系统整合

基于云计算的科技资源平台不仅解决日益增长的海量数据存储问题，提供高性能的计算服务、多样的业务服务，还整合现有的资源，保护现有资产。服务总线方式是实现系统整合的一种流行手段，该方式不仅可以满足基于服务的设计（SQA），而且可以实现业务流程的再造和重组。为了可以兼容旧系统，我们设计一种规范化代理接口，可以将旧科技系统中的数据和服务接入云平台，如图 17-5 所示。

通过在旧系统服务上添加兼容 ESB 规范化接口，可以将旧服务数据转换为服务总线上的标准通信格式，这种模式只需要将原服务重新通过 XML 格式注册到云平台上即可使用，保证了服务对外使用的一致性。

17.5　结　论

通过对科技云的特点分析，我们具体提出了一种使用云计算如何实现海量存储、数据检索、服务范式设计、系统整合和集成服务的云平台构建模式。该模式不仅可以提高科技资源的使用效率，而且使用虚拟化技术实现资源的整合，扩展服务能力的弹性。此外，通过规范公共接口设计实现现有服务的信息共享和集成。

通过云计算方式来整合科技资源不仅是一个技术应用，更是一种全新的服务模式，该服务模式应该包括整个系统体系的范化设计，不仅可以兼容现有的服务，而且可以面向未来发展，所以这种模式具备很强的弹性。

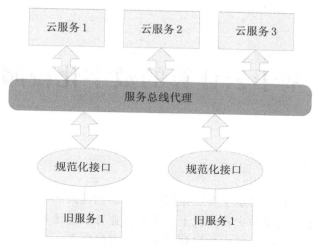

图 17-5　服务总线接口

　　为了适应数据庞杂、服务繁多的科技资源，通过科技云构建的科技资源信息共享平台不仅可以满足国家科技系统基本框架的要求，而且该系统具有很强的兼容性，能够面向未来的发展。我们将服务划分为 4 大类，该划分可以满足科技六大领域的服务：实验基地、科学仪器、自然科技资源、科学数据、科技文献和科技资源基本服务。除此之外，它还具有科技管理服务功能，如成果转化、专家系统、项目审批申报系统等，为了方便用户使用该系统还具备科技目录服务、全文检索等常规服务功能。

　　随着我国云计算技术的普及，国家和山西等地区积极开展云平台建设，科技部门资源和服务日益完善，建设一个科技云共享平台将是一个新的里程碑，如何保证科技数据和服务的安全将是下一个我们研究的重点问题。

第18章　基于云计算的数字化校园解决方案

18.1　需求分析

当前部分高校的信息化系统主要还是按照传统的烟囱式部署架构，尤其是一卡通系统等关键应用，甚至还运行于单个物理机上，关键的业务数据还是使用着本地的磁盘来进行存储。一旦出现故障，轻则业务应用受到影响不能提供服务，重则数据丢失，对数字化校园建设造成灾难性的影响。

现阶段高校的信息化系统已经开始做了一些虚拟化的尝试，通过一箱刀片服务器与一个中低端盘阵搭建了一个虚拟化的平台，并将学校的网站服务、教务系统等迁移到虚拟化平台上。但是在运行过程中依然存在一些问题，迫使整个信息化系统需要向一个整体的云平台架构转型。这个虚拟化平台上存在的问题有：

（1）系统容量不足。试运行的虚拟化平台不能满足全部的业务需要，现有环境中内存占用已经在50%以上，再考虑到某些虚拟化节点出现故障时其他节点需要接管其上运行的虚拟机应用，现有的平台资源显然已经不够。

（2）系统问题频发。由于虚拟化软件的版本问题，现有的虚拟化平台上存在不稳定因素，可能是目前导致一些系统故障的原因。整个数字化校园的信息化系统需要一套新的完整可靠的平台来支撑。

（3）缺乏厂家的专业服务。现阶段虚拟化尝试的过程中缺乏厂家服务，很多问题需要信息化老师自己想办法解决，给他们的工作带来了很大压力，使得他们无法从烦琐的维护工作中解放出来。

现有的数字化校园应用系统运行情况总结如下：

①视频教学、精品课程、财务审批等应用依然运行在学校原有的传统信息化平台之上。

②一卡通系统归学校的财务处自行管理，应用的部署依然按照烟囱式的部署方式，重要的财务数据存储于本地硬盘之上。

③学校的网站服务、邮件系统、教务系统等20多个应用已经迁移到了现有的虚拟化平台上。

在从传统信息化模式向云计算模式转变时，有以下几点建议：

①分步实施，循序渐进。从原有信息化平台向云平台的过渡不是一蹴而就的过程，在实施过程中需要统筹兼顾，分步进行，按照业务的重要程度制订详细的迁移计划以及试运

行步骤。

②架构上应用与数据库分离。参考大型网站以及企业关键应用的部署经验，关键数据库应用与上层的业务应用应该是一个物理上分离的架构，前端的业务应用通过网络连接后端的数据库系统。这种架构的好处是前端业务应用不涉及业务数据，能够方便快速地部署，而且可以进一步通过应用集群实现高可用与负载均衡。后端的数据库系统也可以通过物理机组建数据库集群来保护数据，同时提升后端的业务支撑能力。此外，未来的发展中，可以将很多个数据库应用进行整合，数据库应用与具体的数据库物理机呈多对一的结构。总的来说，应用与数据库分离的结构提升了业务的敏捷性，符合未来业务的发展需要，但是具体实施中还需要考虑业务应用的适应性。

③利用旧的服务器系统，并实现统一管理。业务迁移到云平台后，原有的服务器等资源不能闲置浪费。通过云管理平台可以将所有资源整合起来，并统一管理。原有的服务器可以继续提供计算资源，原有的存储系统可以作为数据备份的存储。

④利用云管理平台实现自动化运维。云管理平台可以通过一系列的自动化运维和管理流程，提升业务的高可用性和敏捷性，简化管理员工作，实现自动化运维管理。

⑤利用云管理平台实现异构平台的统一管理。采用成熟的云管理平台可以兼容诸如vmware 的其他虚拟化平台，在云运营中心中可以包含不同的业务分区。如果不需要将现有的 vmware 分区重新替换安装，可以将其整个作为一个分区加入云管理平台中统一运维和管理。

18.2 高校数字化校园云平台总体规划设计

高校数字化校园云平台的建设要遵循先进性、可扩展性、可靠性、稳定性、兼容性等原则，以支持今后不断更新和升级的需要。

18.2.1 总体架构

高校数字化校园云平台的总体技术架构设计如图 18-1 所示，整个架构包括基础设施层、云基础架构层、业务应用平台和云服务层等。

基础设施层：云平台的物理环境主要包括服务器、网络设备以及存储等设备，以便在此基础上采用虚拟化、分布式存储等云计算技术，实现服务器、网络、存储的虚拟化，构建计算资源池、存储资源池和网络资源池。

云基础架构层：在云基础设施的基础上，为了实现动态资源池的构建，通过虚拟化技术对基础设施（网络、服务器和存储设备等）进行资源池化、弹性管理，通过自主可控的云计算操作系统，实现云平台的服务及业务的统一管理，提高运维及运营的效率。

业务应用平台：通过建立统一的信息标准，构建统一的信息门户、统一的身份认证系统和安全可靠的公共数据交换系统，在此基础上建设先进实用的应用支撑系统（包括办公自动化、教务管理、科技管理、学生综合管理、人力资源管理、资产设备管理、财务管理、图书管理、学报管理、后勤服务管理、一卡通管理、网络教学平台、实践教学信息平

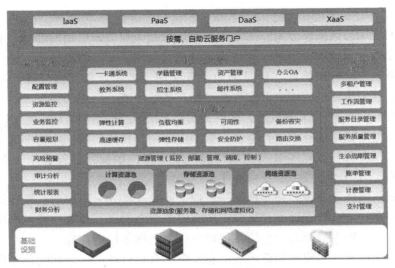

图 18-1　系统总体架构

台、教学评估管理、研究生管理、成教生管理与留学生管理等），实现各个应用系统之间的数据交换与数据共享，最终实现高校各项管理工作的信息化。

云服务层：云计算中心与最终用于交互的接口和平台，通过该平台能够实现云计算中心统一对外提供服务，为用户提供整体的云应用和服务。

运维和业务支撑服务：包括云平台的计费审计、资源监控、生命周期管理、容量规划、报表分析等多项内容。

18.2.2　通过 COC 汇聚实现云平台逻辑建设

综合运营平台逻辑架构如图 18-2 所示。

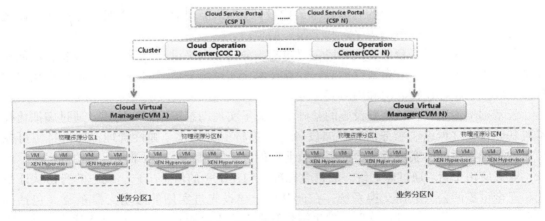

图 18-2　综合运营平台逻辑架构图

整个数字化校园云平台设计采用业务区域的理念。业务区域（以服务器集群为核心的物理资源区域，不同的业务区域设备配置可以不同）是系统的基本硬件组成单元，整个系统包括若干个业务区域。系统规模的扩大可以通过增加业务区域方式，使得整个系统具有很好的可扩展性。业务区域的业务网络交换机以万兆光纤线路上联到核心交换区，通过核心交换区与其他业务区域和域外系统互联。

在每个业务区域内，通过云资源管理平台的 COC 节点实现在 X86 业务节点上部署 Hypervisor，并形成一个或多个独立的逻辑资源池，提供给应用使用；通过 CVM（Cloud Virtual Manager）在逻辑资源池内可实现资源的共享和动态分配。

每个业务区域包括 CVM 节点、业务节点、业务网络、管理网络、心跳网络、本地镜像存储；业务区域根据各自的业务需要访问 FC 存储或并行存储等业务数据存储区域。

云计算平台配置多个自助门户节点（CSP），为最终用户的系统管理员提供自助门户服务。

以上设计理念使得整个系统具有超高的可扩展性，可使整个系统扩展到上千台服务器规模。同时，云计算中心云计算资源管理平台底层虚拟化能够实现对目前主流的 XEN、KVM 及 VMWare 等异构虚拟化技术的统一管理，技术上也能够实现很好的兼容性。

18.2.3　层次清晰的平台部署架构图

依据总体需求，勾画整个项目的部署架构（如图 18-3 所示），指导整体建设。

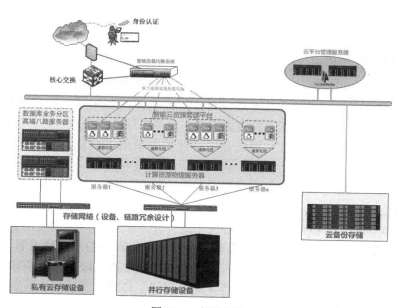

图 18-3　部署架构

部署主要包括几个层面：计算资源池的构建、业务数据的分区规划、共享存储的设计等。从整个部署架构来看：

计算资源池的构建主要采用高端四路服务器作为服务器基础支撑，通过虚拟化技术实现底层物理资源的虚拟化，通过云资源管理平台进行虚拟机的创建、动态分配、迁移及管理，形成统一的计算资源池。

考虑到招生系统等关键教育数据的安全性、可靠性及重要性，在本方案中规划业务数据处理的分区主要采用物理机支撑。这样能够保证整个数据库的稳定、高 I/O 吞吐和访问，主要通过高端八路服务器利用集群技术进行部署，支撑关键业务数据的存储和管理。

共享存储设计的存储数据主要包括重要业务数据和虚拟机镜像数据，其中：教育信息化中的重要业务数据主要通过 Oracle/DB2/SQL Server/MySQL 等数据库进行数据管理，结构化数据存储利用高端私有云存储设备来支撑，在未来需要对存储容量进行扩展时可方便横向纵向扩展；虚拟机镜像数据主要存放在共享存储部分，通过共享存储设备来支撑虚拟机镜像数据的存放，并利用并行存储系统来支撑。

数字化校园云平台采用软硬一体化的备份系统，可将数据库的结构化数据以及应用产生的非结构化数据进行备份，方便创建备份任务，设置备份任务定时自动运行，充分保障云平台中数据的安全。

18.3　数字校园云平台建设方案

18.3.1　云平台基础资源池建设

1. 计算资源池建设

对于学校的业务应用系统，例如 Web 网站、教务系统、学籍管理等不同应用都建议采用虚拟化的部署方式。虚拟化技术不仅可以提高资源的利用率，并且通过与 X86 平台计算节点的配合，能够有效降低总的投资成本，提高系统的安全性、可管理性，降低业务部署的复杂度和时间需求。因此，普通业务系统推荐采用虚拟化与 X86 平台的协同部署方式。

某项目建设中的业务系统云平台部分规划 10 台服务器的虚拟计算资源平台。这些服务器分为 1 个云运营中心和 1 个核心应用逻辑分区。云运营中心配置 2 台 2 路服务器，包括 1 台 CVM 节点和 1 台 COC 节点；核心应用逻辑分区配置 10 台 4 路服务器。

（1）核心应用逻辑分区分区。配置 4 路服务器作为核心应用逻辑分区，核心应用逻辑分区作为业务承载节点，用于部署虚拟化平台，承载应用系统。为了业务节点能承载更多的虚拟机并保证虚拟机性能，建议配置 4 路处理器，每颗处理器核心数尽可能多、主频尽可能高，同时配置大容量内存，配置 4 个千兆自适应网口（电口），用于业务与管理。

该业务系统云平台要负载至少 20 个应用系统，由于相关应用系统要处理众多数据，应用系统负载比较大，且不同应用间可能需要进行数据共享，考虑到未来发展以及负载均衡和性能提升的目的，每个系统平均分配 3 台虚拟机，因此大约需要 60 台虚拟机资源。

同时还应考虑两方面：①高可用性：即承载某台虚拟机的物理节点如果出现故障需要维护，那么需要进行虚拟机动态迁移，将故障节点承载的虚拟机动态迁移到核心应用逻辑资源分区中其他正常工作的物理节点上以实现高可用性，保证应用系统不中断。②弹性扩展：即考虑到未来 3~5 年内部分部门会上新的应用系统，从而需要新的虚拟机资源，到时核心应用逻辑资源分区还有资源可弹性分配给新的应用系统。

因此，按照云计算平台大项目建设经验，建议以 1∶3 的比例预留动态迁移及弹性可扩展虚拟机资源，即预留 20 台虚拟机资源。

综上，共需要 80 台虚拟机，为兼顾性能需求和资源合理利用、节能环保，按照每台 4 路物理节点 1∶8 的虚拟比例，构建 80 台虚拟机共需 10 台 4 路物理服务器作为业务节点。

（2）云运营中心。配置 2 台 2 路服务器作为云运营中心，其中分为 1 个 CVM 节点和 1 个 COC 节点。

CVM 节点：用于安装云管理系统 Cloud Virtual Manager 模块，该模块以 Xen 虚拟化为基础，提供基本的虚拟机管理、监控、分配和使用功能，资源静态分配及动态调度管理功能。每个业务区域建议配置 1 台 CVM 节点，CVM 节点与同组业务节点共同放置在业务区机柜中。

COC 节点：COC 节点又称为汇聚节点，用于安装云管理系统 Cloud Operation Center 模块，该模块主要满足云计算中心管理需求，提供对 CVM 的统一管理，同时提供审批管理。每组 COC 节点最多建议管理 12~13 组 CVM。针对 1 组 CVM，配置 1 台 COC 节点即可。

2. 存储资源池建设

大学数字化校园云平台的存储分类如下：

数据库存储：主要采用 FC SAN 存储模式，通过数据库集群技术构建集中存储模式，按照不同的数据库实例的构建，FC SAN 还可以通过划分不同的 LAN 来支撑不同业务数据的存储。

海量非结构化数据存储：为了保证海量非结构化数据（电子图书期刊、教学视频等）存储和数据分析的需求，该部分数据采用并行存储思想构建，通过并行存储网络的架设和提供数据存储的索引信息来提高数据的读取速度。

备份数据存储：备份数据包括结构化和非结构化数据，备份源可以是数据库，也可以是操作系统、文件夹等。

虚拟机镜像数据存储：与非结构化数据共用一个存储空间，也采用并行存储系统构建，为虚拟机的迁移提供支持。具体存储空间需根据虚拟机的个数和操作系统来划分。

（1）存储网络设计。在存储系统设计时采用两种存储网络模式来对不同数据提供高效的数据存储。

①FC 存储模式：所有服务器通过 FC 网络连接到 FC 存储系统，FC 存储系统向所有服务器提供块设备级共享存储系统。同时为了保证系统的可靠性，FC 存储模式采用双路径设计（如图 18-4 所示）。

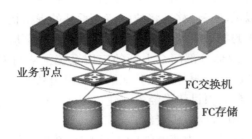

图 18-4　采用 FC 存储模式的业务区域

目前，业界的 FC SAN 存储网络通常有两种组网方案：一是采用大型的 FC SAN 交换设备，可提供 8Gps 的全双工光纤端口的线速互联，但是价格极其昂贵。二是采用业务区域的方法，根据业务特点划分物理资源池。业务区域内配置 2 台 SAN 交换机，实现服务器与 SAN 存储设备的 8Gbps 端到端互联；业务区域之间采用级联的方式实现弱连接（非线速互联），业务资源池之间实现松耦合。这样可以大大降低云平台构建成本。

②海量存储模式：采用存储服务器，通过海量存储区的汇聚交换机万兆上联至核心交换机，实现与业务网段的互联互通，供各个业务分区访问。海量存储系统对外提供万兆以太网接口，用于存储访问。海量存储系统可以通过万兆上联的方式连接到业务网核心交换机，服务器通过业务网络，以 NFS、CIFS、私有协议的方式访问海量存储系统。海量存储系统向所有服务器提供文件级高性能共享存储系统（如图 18-5 所示）。

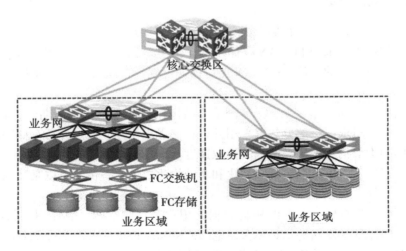

图 18-5　采用海量存储模式的业务区域

根据存储对象的不同特性，将存储系统集中并分离为结构化数据存储和非结构化数据（包括图片、视频等数据）存储两大模块，每个模块采用高性能、虚拟化、扩展性能强的独立存储系统进行支持。

（2）结构化数据存储资源池建设。结构化数据存储系统建设应基于 64 位高性能多核存储专用处理器，借助智能模块化端口、缓存永久备份、向导式配置管理等多项创新技术，并结合自动精简配置、重复数据删除、数据压缩等高级功能实现最高性能和最低运营管理成本，最大限度提高投资回报。

结构化数据存储资源池建设主要基于 FC SAN 存储网络，通过数据库集群技术构建集中存储模式。按照不同的数据库构建实例，FC SAN 可通过划分不同的 LAN 来支撑不同业务数据的存储。

结构化数据存储资源池具备的特性有：精简的多协议一体化存储，支持多种类型数据和应用；全面提升系统可靠性，消除单点故障；性能效率高，具备更好的虚拟化体验；秒级的应用数据备份和恢复，提高应用可用性；应用性能的差异化管理，保证核心应用的性能；灵活的资源管理技术，简化了配置管理，从容应对存储资源需求变化；重复数据删除技术，提高存储效率；优异的应用集成以及广泛的业界案例；"存储设置后不管"，与系统级软件紧密集成，简化管理；强大的扩展性和升级能力，更好的投资保护。

依据需求分析部分计算结果，初始 20TB，在整个存储架构中数据存储空间配置 24.2TB，不仅考虑了目前接入的结构化数据量，而且考虑了制作 RAID 组后盘阵容量的正常损耗，且考虑了结构化数据按照 10%的增长速度未来 2 年的数据增长量。

结构化数据存储资源池通过高端磁盘阵列采用 FC SAN 网络构建（如图 18-6 所示），主要用于支撑教育信息化系统中的关键数据库业务。同时，备份系统也可以将高端磁盘阵列作为后端的备份存储使用。

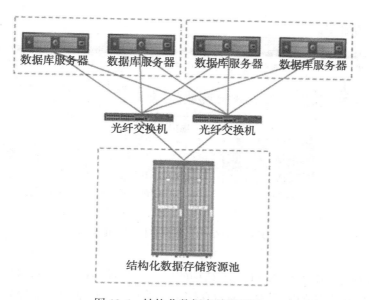

图 18-6 结构化数据存储资源池

（3）非结构化数据存储资源池建设。非结构化数据存储资源池采用元数据与实际数据相分离的方式，通过分布式存储技术将多台物理设备中的存储空间聚合成一个虚拟存储池，既能充分发挥存储系统的性能和磁盘利用率，又能为用户提供文件系统的共享功能，是一个完全开放、共享、跨平台，且具有高性能、高可靠性、使用维护简单、性能和容量可线性扩展的高端存储系统。

基于海量存储系统构建海量非结构化数据存储资源池，主要存储如下数据：

①海量非结构化数据存储：为了保证海量非结构化数据（图片、教学视频等）高效存储和数据读取需求，该部分数据采用海量存储思想构建，通过海量存储网络的架设和提供数据存储的索引信息来提高数据的查询速度。

②虚拟机镜像数据存储：与非结构化数据共用一个存储空间，也采用海量存储系统构建，为虚拟机迁移提供支持。具体存储空间需根据虚拟机的个数和操作系统来划分。

非结构化数据主要包括两部分内容：第一类包括图片文件、视频文件以及音频文件、其他的一些文本材料等数据；第二类数据是虚拟机镜像文件数据。

非结构化数据存储资源池通过海量存储系统实现，其优势主要体现在提高并行 I/O 的整体性能，特别是工作流、读密集型以及大型文件的访问，通过采用更低成本的服务器来降低整体成本（如图 18-7 所示）。

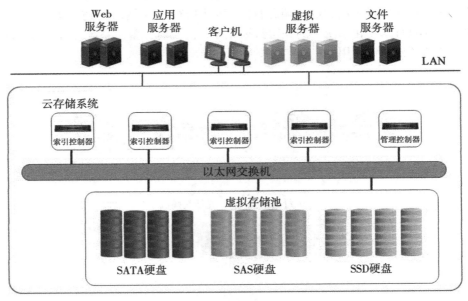

图 18-7　非结构化数据存储资源池架构

海量存储系统集中了 SAN 和 NAS 结构的优点，并且具备 SAN 和 NAS 不具有的优点。在大多数使用海量存储的案例中，随着存储系统的扩容，性能也随之提升。

海量存储系统具备高可用和快速恢复能力。本着"将磁盘、服务器和网络等设备失效作为常态考虑"的理念，系统中所有部件都有冗余配置，并通过数据冗余提供高可靠性。每一份元数据都有其副本数据，主从数据之间通过分布式日志系统保证它们之间的一致性。平时只有主副本数据提供访问，当主副本数据所在节点失效后，访问自动切换到从副本数据上。索引服务器分组使用的模式可以避免扩大了的系统带来开销的增长。数据同样提供多副本，只要一个副本可以提供服务，系统即可用。

3. 网络资源池建设

（1）云计算对网络的要求。服务器虚拟化引入了虚拟网络交换机（vSwitch）的概念，使用虚拟化软件技术仿真出来的二层交换机位于物理服务器中。vSwitch 创建虚拟的网络接口（vNIC）链接 VM，并使用物理网卡连接外部的物理交换机。

vSwitch 的出现，对传统的网络管理方式产生了巨大的影响，主要体现在以下几点。

①从网络管理的范围来看，不仅要覆盖物理网络设备（交换机、路由器、防火墙等），还要延伸到服务器内的网络交换功能，因此，需要有不同于 SNMP/CLI 等传统的管理手段来实现对 vSwitch 的管理。

②从网络的可视性来看，虚拟服务器和物理网络之间多了一层 vSwitch，使得传统的基于网络设备的网络可视化管理手段失效（比如，流量无法全部感知影响流量分析管理，终端接入无法感知影响网络拓扑分析）

③从网络的可控性来看，由于一个物理网络接口下面将连接一个复杂的网络结构，接入层的管控能力从原来针对一个终端扩展成针对一个网络（包含多个 VM 终端），需要有手段区分每个 VM 终端来达到接入层的控制（而不仅仅是区分接入接口，因为接入接口下移到服务器内部的 vSwitch 上了）。

（2）网络系统设计原则。统一性：网络架构的构建、网络安全和网络管理都建立在"一个整体"的基础之上。整体网络的设计和建设都是基于满足各项业务系统稳定运行；

标准性：网络规划遵循业界公认的标准制定一个高兼容性网络架构，确保设备、技术的互通和互操作性，方便快速部署新的产品和技术，以适应业务的快速增长；

可靠性：网络架构必须能够达到/超过业务系统对服务级别的要求。通过多层次的冗余连接考虑，以及设备自身的冗余支持使得整个架构在任意部分都能够满足业务系统不间断的连接需求；

可扩展性：网络架构在功能、容量、覆盖能力等各方面具有易扩展能力，以适应快速的业务发展对基础架构的要求；

安全性：网络安全需要从网络安全架构入手，遵从总体的信息安全体系建设，包括安全域的划分、安全技术手段的部署等；遵循等级保护原则；

易管理性：网络架构采用分层次、模块化设计，同时配合整体网络/系统管理，优化网络/系统管理和支持维护。

（3）网络拓扑方案。网络拓扑方案一般有三层组网方案和二层组网方案。

传统的网络设计方案中通常采用三层方案。三层方案将云计算中心基础网络分成核心、汇聚和接入三层架构。通常情况下，核心层与汇聚层之间通过路由技术进行流量控制，汇聚层设备可以部署安全模块作为业务分区的边界网关，汇聚层以下普遍采用二层接入，运行 STP/MSTP 等协议来降低二层环路带来的隐患。

三层结构的优点在于：网络分区清晰，以汇聚层设备区分业务部署，易于扩展、管理和维护；汇聚层可以灵活控制纵向网络的收敛比，不同性能要求的区域按照不同的规划进行设计，降低核心设备的端口压力；布线方式清晰、灵活，不会出现集中布线带来的散热、维护等问题；因接入层设备采用低端产品，汇聚层设备可按照收敛比灵活控制成本，整体组网成本相对较低；三层结构的缺点在于：组网结构复杂，需要部署 MSTP 和 VRRP 等冗余协议；在汇聚层收敛比较大，性能容易出现瓶颈；三层结构在部署时，网关部署在汇聚层，汇聚层以上采用路由协议进行流量控制，而路由收敛较慢，路由路径及节点增多，管理难度加大；汇聚层以下使用二层接入，仍然存在出现环路的风险；在整体规划上，三层结构较复杂。

随着信息技术的不断发展，高端交换机的转发性能和接入密度都在不断提高，因此，汇聚层高端交换机设备具备足够的能力直接提供高密度的千兆接入和万兆上行能力，从而精简大量的接入层设备，使网络架构趋向于扁平化。在核心与汇聚接入层设备之间运行二层交换，vlan 配置灵活，并可通过新一代交换机虚拟化功能替代传统的 STP/MSTP，通过 vlan 映射业务分区，网络结构简洁、清晰。

二层结构的优点在于：扁平化组网，简化网络拓扑，减少了单点故障和性能瓶颈，易于管理、维护；二层组网均采用高端设备，能够搭建一套具备极高转发性能的云计算中心高端网络，同时高端设备的可靠性更高，能够为云计算中心应用保驾护航；新一代高端交换机设备支持虚拟化技术，能够消除大量的环路设计，消除 STP/MSTP 等协议带来的运维、管理的复杂性；适合于大规模、集中部署，且高性能需求较高的云计算中心。

根据云计算服务器数量多、扩展速度快、可靠性要求较低、网络结构独立的几个特点，将服务器群接入网络物理采用二层网络设计，在逻辑上虚拟成一层考虑。网络拓扑如图 18-8 所示。

在网络设计中主要分成如下几个平面：业务网平面、存储网平面、虚拟化管理网平面和心跳网平面。

18.3.2　数据库集群系统建设

数据库平台作为高校数字化校园云平台的计算资源池的核心，具有业务量大、高 I/O 并发等特点。它承担着教育信息化系统中关键业务数据的存储和处理任务。对于高校数字化校园云平台中的关键数据库业务，例如 Oracle 数据库，建议采用传统的物理服务器架构来进行支持。一方面是由于物理数据库业务一般对系统和平台有限制，并非所有的数据库都适合移植到像虚拟化这样的计算平台上；另一方面，由于数据库对 I/O 的高要求，对于虚拟化的环境并不能提供充足的 I/O 支撑。另外，数据库系统的安全性要求很高，采用虚拟化技术虽然可以提高系统的灵活性，但是同物理设备上的其他系统会对数据库系统产生一定的影响，增加了系统的安全风险。因此，综合以上三方面的原因，数据库系统在云

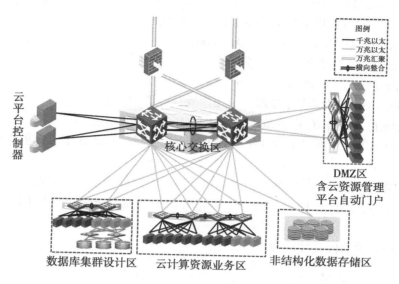

图 18-8 网络拓扑

计算中心将采用物理机的方式来部署。

1. 数据库服务器计算能力模型建立与估算

数据库平台承担着教育信息化系统中关键业务数据的存储和处理任务，因此，数据库平台中数据库服务器的选择就尤为重要。服务器的数据处理能力以及可靠性和可用性是首要需求，其次是安全性、可扩展性和可管理性等。基于 X86 架构的高端服务器系统是适用于数据库服务器的选择。考虑到其所支撑的教育业务应用的关键性，应采用多台服务器节点组成高可用集群。

（1）数据库平台事务处理能力计算。国际通用 TPC-C 计算公式如下：

$$\text{TPMC} = \frac{M \times M_0 \times C_t}{T \times (1 - M_1)} \times M_2 \times (1 + P)^5$$

其中：

M：每日实际处理量，$M = C \times a_1 \times a_2$，$C$ 为数据库系统待处理交易总量，a_1 为每日平均处理交易数量在待处理交易总量中所占的比例，a_2 为每笔交易对应的数据库事务数；

M_0：基准 TPC 指标值对应于实际处理值的比例，计算一般取标准值 15；

C_t：集中处理量比例，一般取标准值的 80%；

T：集中处理时间，一般取标准值 120 分钟；

M_1：CPU 处理能力余量；

M_2：高峰时期处理量平均处理量的倍数；

P：5 年内每年处理量的增量。

对现有需求的数据分析及计算。假设学校学生数量为 10000，教学系统的访问量为 20000 次/日。参照每年招生数据的增量，年增量也按照 21% 来衡量。

每日实际处理量 $M = C \times a_1 \times a_2 = 20000000$；

集中处理时间取标准值 $T = 120$ 分钟；

集中处理量比例取标准值 $C_t = 80\%$；

基准 TPC 指标值对应实际处理值的比例取标准值 $M_0 = 15$；

CPU 处理能力余量 M_1 取值范围为 30% 到 45%，取 30%；

现在以数据库系统满足未来 3 年的处理能力来衡量，那么 3 年内每年处理能力增长率 $P = 21\%$；

由于模拟测试值已经是实际数值的 2 倍，高峰时期处理量与平均处理量的倍数关系按照经验值为 3 倍，因此，现有基础上，高峰时期处理量与平均处理量的倍数 $M_2 = 3/2 = 1.5$。

根据上述分析数值，计算得：

$$
\begin{aligned}
\text{TPMC} &= \frac{M \times M_0 \times C_t}{T \times (1 - M_1)} \times M_2 \times (1 + P)^3 \\
&= \frac{20000000 \times 15 \times 80\%}{120 \times (1 - 30\%)} \times 1.5 \times (1 + 21\%)^3 \\
&\approx 7592404 \text{tpmC}
\end{aligned}
$$

所以，数据库系统服务器选型时，考虑采用 TPC-C 峰值不低于 760 万 tpmC 的服务器设备即可完全满足需求。

（2）数据库服务器事务处理性能计算。在数据库平台中，采用的架构为多路高端服务器，这样能够满足数据访问和存储的性能需求，也能保证稳定性。

服务器的 TPC-C 峰值衡量可以采用估算方式，以 TPC 组织官网公布的相关服务器测试值为基准，按照估算公式进行计算，还可对估算值与其他相近配置的测试值进行横向估算并得出服务器的 TPC-C 峰值。

本项目数据库系统建设时，单台数据库服务器建议配置如下：

Intel Xeon E7-8837 CPU（8 核，2.67GHz）×8；512GB 内存；300G 10K 2.5 寸 SAS 硬盘×2；6Gb 512M SASRAID 卡×1；单口 8Gb PCI-E 光纤 HBA 卡×2；PCI-E 千兆双口 RJ45 网卡×2；DVD-RW/双电源。

衡量现有数据库服务器的 TPC-C 值时，首先以同是高端 8 路服务器的 Oracle's Sun Server X2-8 为参考，其在 TPC 组织官网发布的 TPC-C 测试值为 5055888 tpmC，其测试机型配置了 8 颗 Intel Xeon E7-8870 CPU（10 核，2.4GHz）。

TPMC 参考计算公式如下：

$$\text{TPMC} = A（\text{tpmC}）/\text{CA} \times \text{CB}/\text{FA} \times \text{FB} \times S$$

A（tmpC）：参考机器的 TPC-C 公布值；

CA：参考机器测试时的 CPU 核数量；

CB：设备当前配置的 CPU 核数量；

FA：参考机器测试时所用的 CPU 主频（GHz）；

FB：设备当前配置的 CPU 主频（GHz）；

S：经验系数，同为 8 路服务器，考虑到部分部件规格微调，取经验系数值为 0.9。

按照公式计算：

$$\begin{aligned} \text{TPMC} &= A（\text{tpmC}）/CA×CB/FA×FB×S \\ &= 5055888/80×64/2.67×2.4×0.9 \\ &\approx 3272125\text{tpmC} \end{aligned}$$

还可再参考 4 路的 IBM System x3850 X5，其测试值为 3014684 tpmC，测试时配置了 4 颗 Intel Xeon E7−8870 CPU（10 核，2.4GHz）。

按照公式计算如下：

$$\begin{aligned} \text{TPMC} &= A（\text{tpmC}）/CA×CB/FA×FB×S \\ &= 3014684/40×64/2.4×2.67×0.9 \\ &\approx 4829523\text{tpmC} \end{aligned}$$

按照估算的高低值，可取其平均值，计算如下：

$$\text{TPMC} = \frac{\text{TPMC}_H + \text{TPMC}_L}{2} = \frac{4829523 + 3272125}{2} = 4050824\text{tpmC}$$

所以，单台数据库服务器的 TPC-C 值为 4050824 tpmC，4 台高端 8 路服务器组成的数据库集群可满足数据库平台所需的 7592404 tpmC 的需求。

2. 数据库集群建设方案

为了使数据库实现高可用，满足高并发、高负载均衡的需求，数据库节点建议采用数据库集群搭建。本项目采用 Oracle 实时应用集群（Real Application Cluster，RAC），能够实现多节点之间负载均衡，同时多个节点共享一套存储系统，能有效防止数据库单点故障；最后，Oracle RAC 的集群架构具备动态添加数据库节点的功能，具有良好的扩展性（如图 18-9 所示）。

数据库集群技术与单一数据库服务器相比其优势如下：

单一数据库服务器模式下，在业务量提高的同时，数据库的访问量和数据量快速增长，其处理能力和计算强度也相应增大，使得单一设备根本无法承担；

单一数据库服务器模式下，若因处理能力不足而扔掉现有设备，做大量的硬件升级，势必造成现有资源的浪费，且下一次业务量提升时，又将面临再一次硬件升级的高额投入；然而，通过组建集群数据库系统，可以实现数据库的负载均衡及持续扩展，在需要更高的数据库处理速度时，只需简单地增加数据库服务器就可以得到扩展；

数据库作为信息系统的核心，起着非常重要的作用，单一设备根本无法保证系统的持续运行，若发生系统故障，将严重影响系统的正常运行，甚至带来巨大的经济损失；通过组建数据库集群，可以实现数据库的高可用，当某节点发生故障时，系统会自动检测故障并转移故障节点的应用，保证数据库的持续工作。

本项目建设通过 4 台高端 8 路服务器构建集群，通过建设不同的数据库实例实现对各

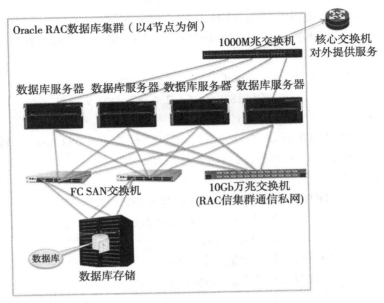

图 18-9　Oracle RAC 架构示意图

个业务数据的存储和管理。

18.3.3　云资源管理平台建设

1. 云资源管理平台概述

较之传统的数据中心，云的管理更为复杂，要求也更高，需要采用全新的管理模型和灵活的功能架构，并且充分考虑基础设施（资源）、业务运行、运维服务等各种管理要素，面向用户应用需求，通过按需装配资源组件，建立一个开放式、标准化、易扩展、资源可联动的统一智能管理平台，实现精细化管理，为数据中心的各种业务系统提供支撑。

云管理解决方案必须能够高效、自动管理云中的资源，完成服务的快速交付，并且必须有服务质量保证措施，因此，云平台的管理解决方案非常重要，云管理解决方案的好坏影响着云平台是否可按预定目标正常运转并取得预期的收益。

同时云计算技术的多样性、应用的资源需求多样性，也要求数据中心的管理应该是全方位的，适应基于不同技术的云计算平台。

2. 云资源管理平台的体系结构

云资源管理平台在设计上采用层次化、模块化结构，系统自身具有良好的可扩展性，支持系统功能模块扩展，满足云计算中心业务功能扩展需求，提高系统的管理效率，降低管理成本。

云资源管理平台由云计算服务门户、云计算运营中心、云计算虚拟化管理中心三部分构成（如图18-10所示）。从运维、运营与用户三个层面对云计算数据中心的物理资源和虚拟资源进行管理。

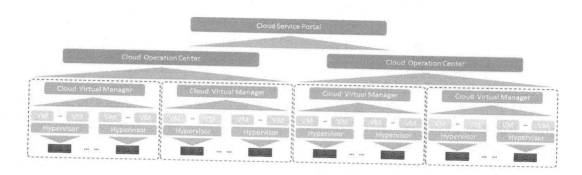

图18-10　云管理系统设计架构图

云计算服务门户是云计算中心的用户服务Portal，是用户访问云计算中心，使用云计算服务的接口。

云计算运营中心负责云计算的服务流程、服务质量管理、服务计费、用户管理、组织资源池管理等云计算中心运营工作，其功能有：实现云计算系统运营管理，为运营人员提供便捷的资源管理操作体验。对不同的虚拟化管理服务器进行管理，实现统一的云资源管理平台。实现云计算系统运营管理，辅助运营人员快速灵活地处理终端用户的请求。实现云计算系统服务访问功能，提供计算资源按需申请、按使用付费、动态可扩展三方面的主要功能，满足不同终端用户资产租赁、服务访问的差异化需求。

云计算虚拟化管理中心管理各种Hypervisior，并实现虚拟化资源的池化、调度、监控、记账、统一管理等运维工作。每个云计算虚拟化管理中心管理一个基本的服务器分区，如64台物理服务器构成服务分区，其功能有：针对不同的Xen、Vmware、KVM虚拟化技术，实现不同的虚拟化管理服务器，包括Cloud virtual Manager、VMWare vCenter，对分区内的云资源进行管理和监控；提供基本的虚拟机管理/监控/分配/使用功能；提供资源静态分配及动态调度管理功能。

通过云计算虚拟化管理将多个Hypervisior聚合形成资源池，而云计算运营中心通过管理多个云计算虚拟化管理，从而形成更大的资源池，最大程度地实现了云计算中心灵活扩展的能力。

3. 云资源管理平台详细功能划分

（1）云资源管理平台虚拟资源管理中心。云资源管理平台虚拟资源管理中心主要面向底层硬件资源的抽象和基础设施管理。云计算虚拟化管理为用户提供虚拟机创建以及使用的服务模式，为终端用户提供多种类型的可访问计算资源（IaaS）及多种灵活的访问方式，同时为系统运维人员提供更好的可管理性。云计算虚拟化管理实现单个云计算操作系统，支持 Xen 和 KVM 虚拟化平台。

虚拟资源管理是云平台对资源进行管理的功能，是云平台的基础功能模块。云平台的资源类型包括服务器、机柜、虚拟机、组、磁盘镜像等。云平台交付的所有资源，均通过资源管理模块获得。

云计算平台虚拟资源管理中心具备资源虚拟化、虚拟机管理、镜像管理、网络管理、存储管理、资源调度、用户管理等功能。

（2）云资源管理平台运营管理中心。云计算运营管理平台主要应用于构建云计算平台运营管理中心，为用户提供"按需申请、动态扩展、按使用付费"的服务模式，为终端用户提供多种类型的可访问计算资源及多种灵活地访问方式，同时为系统运维人员及运营人员提供更好的可管理性。

实现云计算系统运维管理，提供资源部署、资源抽象、动态调度、信息监控、告警管理、统计报表六方面的主要功能，为运维人员提供便捷的管理操作体验。云计算运营中心系统可管理服务器、虚拟机资源。对存储资源、网络资源的管理通过存储产品、网络产品自身的管理工具实现。

实现云计算系统运营管理，提供系统资源管理、用户生命周期管理、用户资产生命周期管理三方面的主要功能，辅助运营人员快速灵活地处理终端用户的请求，实现对终端用户及终端用户租赁资产的管理。

实现云计算系统服务访问功能，提供计算资源按需申请、按使用付费、动态可扩展三方面的主要功能，满足不同终端用户计算资源服务访问的差异化需求。

（3）云资源管理平台服务门户。

云资源管理平台服务门户将不同的硬件资源整合组成虚拟数据中心（VDC），每个虚拟数据中心都有一套独立的自服务门户，在自服务门户中，用户可以按照传统的思路定义一个或多个应用系统（项目），每个应用系统又可以配备一台或多台虚拟机。最终用户可以通过 Web 界面自助服务门户访问虚拟机。

虚拟数据中心在云计算平台中虚拟出一套与现实情况相同的架构，对构成业务系统的虚拟机角色和功能进行归类，方便用户使用和管理。服务门户管理示意图如图 18-11 所示。

虚拟数据中心提供项目、资产的生命周期管理，为项目成员分配、回收资产的功能。

云资源管理平台基于模块化的系统架构，可以针对不同用户的需求，灵活组合各种功能模块以提供不同的功能。可选的或基于定制的用户 Portal，为不同的用户提供了丰富的系统访问体验。

模块化的系统架构也方便对系统进行升级。当系统添加新功能时，只需将新的功能模块添加到系统中，而无须对系统已有功能进行改动。当系统改进某项功能时，也只需将相应的功能模块进行升级即可。

这些过程对用户是透明的，因此，不会影响用户对系统的正常访问，或只会造成系统相关服务秒级的短暂中断。

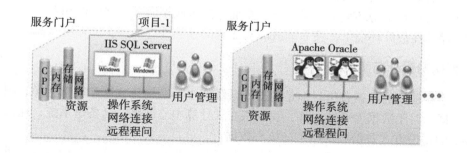

图 18-11　服务门户管理示意图

18.3.4　云备份系统建设

1. 云计算备份概述

在云计算应用当中，对于数据备份来讲，碰到的问题将比以往单一的应用更为复杂，这些复杂问题产生的原因包括以下几个方面。

（1）资源使用方式多样化。云计算方案重点要解决的问题是动态资源的分配及管理，这里的动态资源包括计算资源、存储资源、网络资源。对于利用这些资源的服务器来说，它们对这些资源的使用方式有些是按需来获取的，比如前端资源利用率不高的 Web 服务器、有时间选择特征的应用，它们适合虚拟化技术来承载；而有些压力较大的应用，比如数据库应用，它们需要有稳定的资源配备来支撑，通常会采用集群架构来搭建。

对于备份来讲，上述多样化的资源使用方式同样要求备份手段能随着资源的动态变化而做出灵活的调整使之匹配与适应。

（2）数据多样化。云计算应用环境中，数据的种类呈现出多样化，概括起来说，涉及 Windows 和 Linux 操作系统数据、VMware 和 Xen 等虚拟机数据、操作系统下的文件数据、数据库中的结构化数据等，这些数据的备份要在一个统一调度的备份环境中被执行，这就要求备份方法能够对上述要进行备份的数据有广泛的兼容性。

（3）关系复杂化。对云计算中的数据进行备份是为了恢复，在私有云环境中，不同类型的数据之间彼此存在着数据一致性的相互制约，给数据备份带来一定的技术处理要求，比如对于结构化数据来讲，其数据一致性由 DBMS 数据库软件来管理，不受操作系统的制约，我们仅靠对操作系统的全部数据进行备份，在数据进行恢复时，没有办法将数据库调整到一致的状态，仅靠这样的备份方式，数据库无法达到可用性的一致状态。这就要求备份时，有其他手段，或者将多种手段相结合，来实现完整的数据保护，使系统最终能够处于备份的保障之下。

（4）业务连续性要求。备份是为了恢复，但在云计算环境中，对恢复的时效性同样提出了更高的要求，因为云计算是一个提供对外服务的基础业务环境，其业务有连续性要求，为此，云计算备份环境中，必须能够全面考虑各应用服务器之间的相互影响，安排好恢复的次序，在故障环境下，使系统故障对业务的连续性产生最少的影响。

2. 云备份设计方案

该云平台项目的数据备份目标是数据库系统产生的结构化数据和教学视频、图片等非结构化数据。对于数据库系统文件，我们将在云计算中心部署一套备份系统，通过 Lan 或 Lan-Free 的备份方式备份数据库系统核心数据。

根据具体的项目需要，可以通过全备份与增量备份结合的方式，每周或每月进行一次全备份，其余时间进行增量备份。在保证数据安全的同时，提高系统的可用性，降低备份对系统本身的压力。本地备份示意图如图 18-12 所示。

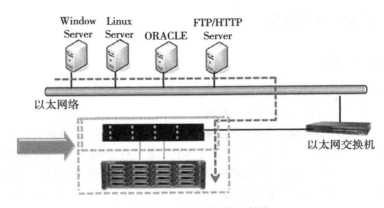

图 18-12　本地备份示意图

本地备份系统建设建议采取整体备份解决方案，按照统筹规划、分期建设的原则，建议灾备系统建设按照如下步骤进行：

一期建设阶段，即目前规划建设阶段，在系统多层面考虑冗余性与高可用性的基础上，在云计算中心内部建设数据备份系统；且一期建设按照数据备份三年来规划，云计算中心内部总备份容量上限大约为 40TB。

二期建设阶段，在市内与云计算中心异地的区域建设同城异地灾备中心，对数据实现远程备份，即通过在异地建立和维护一个备份存储系统，利用地理上的分离来保证系统和数据对灾难性事件的抵御能力。通过配置远程容灾备份将本地数据实时进行远程复制，如图 18-13 所示：

说明：

首先使用 DBstor 设置合适的备份策略在本地进行备份，本地局域网的带宽较大，可适当加大备份的频率；

租用运营商带宽或建设专网，根据网络状况设置合适的时间点和策略，利用 DataCopy

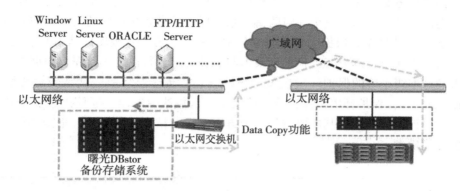

图 18-13　异地备份示意图

功能将本地备份的数据迁移到远端的容灾中心；

将迁移到容灾中心的数据恢复到备用服务器，即可接管客户应用。

18.3.5　云安全管理平台建设

云计算是一种新兴的商业计算模型，其模式已得到业界普遍认同，成为信息技术领域新的发展方向。但是随着云计算的大量应用，云环境的安全问题也日益突出。在拥抱云计算的同时云计算面对的风险不容忽视，如果不能很好地解决相关的安全管理问题，云计算就会成为过眼"浮云"。在众多对云计算的讨论中，SafeNet 的调查非常具有代表性："对于云计算面临的安全问题，88.5%的企业对云计算安全担忧，占首位。一方面，安全保护被视为云计算广泛使用的绊脚石；另一方面，它也可以成为云计算的推动力量。在'云'模式下，通过找到一个有效的保护数据的方法，企业可以将'云'模式所带来的商业潜力最大化，从而在行业中保持持续创新和增长。"从调查和社会反馈来看，如何保证云环境的安全成为企业和消费者最为关注的问题，如何做好企业和消费者所关注的云计算的安全和管理工作成为发展云计算产业急需解决的关键问题。

根据国家对信息系统安全的等级规划要求，我们建议在数字化校园的云平台设计中按照等保三级的要求进行云计算平台的安全系统设计。考虑到一般系统建设的规律，也可以分期建设，如一期按照等保二级进行建设，二期升级到三级标准。

下面我们将按照等保三级的要求进行安全系统详细设计。

（1）方案设计目标。三级系统安全保护环境的设计目标是：落实 GB 17859-1999 对三级系统的安全保护要求，在二级安全保护环境的基础上，通过实现基于安全策略模型和标记的强制访问控制以及增强系统的审计机制，使得系统具有在统一安全策略管控下，保护敏感资源的能力。

通过为满足物理安全、网络安全、主机安全、应用安全、数据安全五个方面基本技术要求进行技术体系建设；为满足安全管理制度、安全管理机构、人员安全管理、系统建设管理、系统运维管理五个方面基本管理要求进行管理体系建设，使得云计算中心网络系统的等级保护建设方案最终既可以满足等级保护的相关要求，又能够全方面为云计算中心的业务系统提供立体、纵深的安全保障防御体系，保证信息系统整体的安全保护能力。

（2）方案设计框架。根据《信息安全技术——网络安全等级保护基本要求》，分为技术和管理两大类要求，本方案严格根据技术与管理要求进行设计。首先应根据本级具体的基本要求设计本级系统的保护环境模型。根据《信息安全技术——网络安全等级保护安全设计技术要求》，保护环境按照计算环境安全、区域边界安全、通信网络安全和管理中心安全进行设计，内容涵盖基本要求的 5 个方面。同时结合管理要求，形成如图 18-14 所示的保护环境模型：

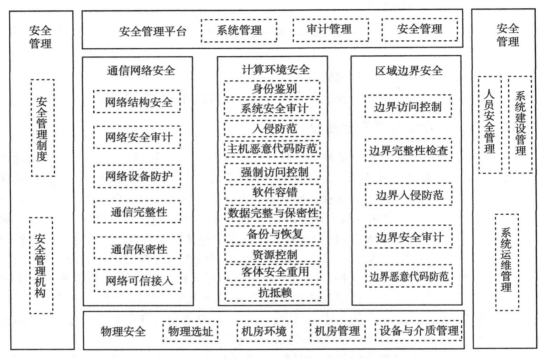

图 18-14　三级系统安全保护环境建设框架

信息系统的安全保护等级由业务信息安全性等级和系统服务保证性等级中较高者决定，因此，对某一个定级后的信息系统的安全保护的侧重点可以有多种组合。对于 3 级保护系统，其组合可以在 S1A3G3，S2A3G3，S3A3G3，S3A2G3，S3A1G3 中选择。以下对云计算中心详细方案设计时应对每个项目进行相应的组合级别说明。

参 考 文 献

第 1 章

［1］ Armbrust M, Fox A, Griffith R. A view of cloud computing ［J］. Communications of the ACM, 2010, 53（4）: 50-58.

［2］ Cloud Computing. http: //en. wikipedia. org/wiki/Cloud_ computing.

［3］ Rajkumar Buyya, Chee Shin Yeo, Srikumar Venugopal James Broberg, lvona Brandic. Cloud computing and emerging IT platforms: Vision, hype, and reality for delivering computing as the 5th Utility ［J］. Future Generation Computer Systems, 2009, 25（6）: 599-616.

［4］ Armbrust M, Fox A, Griffith R. Above the clouds: A berkeley view of cloud computing ［C］. University of California at Berkeley, 2009.

［5］ Foster I, Zhao Y, Raicu I. Cloud computing and grid computing 360-degree compared ［C］. Proceedings of the Grid Computing Environments Workshop, 2008: 1-10.

［6］ Sims K. IBM introduces ready-to-use cloud computing collaboration services get clients started with cloud computing ［EB/OL］. http: //www-03. ibm. com.

［7］ Mell P, Grance T. The NIST definition of cloud computing（draft）recommendations of the national institute of standards and technology ［J］. NIST Special Publication, 2011, 145（6）: 1-2.

［8］ Garfinkel S. An evaluation of amazon's grid computing service: EC2, S3 and SQS ［J］. Technical Report TR -08-07.

［9］ Ostermann S, et al. A performance analysis of EC2 cloud computing services for scientific computing ［C］. Proceedings of the Cloudcomp 2009（CloudComp）, 2009.

［10］ Barroso L. Web search for a planet: The google cluster architecture ［C］. IEEE Computer Society, 2003.

［11］ Dean J, Ghemawat S. The google file system ［C］. Proceedings of the 19th Symposium on Operating Systems Principles, 2003.

［12］ Dean J, Ghemawat S. MapReduce: Simplified data processing on large clusters ［C］. The Sixth Symposium on Operating System Design and Implementation, 2004: 137-150.

［13］ Amazon elastic block storage（Amazon EBS）［EB/OL］. http: //aws. zmazon. com/ebs/.

［14］Kolly Sims. IBM introduces ready-to-use cloud computing collaboration services get clients started with cloud computing ［EB/OL］. http：//www-03. ibm. com/press/us/en/pressrelease/22613. wss.

［15］Clark C, Fraser K, Hansen J G, Jul E, Pratt I, Warfield A. Live migration of virtual machines ［C］. Proceedings of the 2nd Symp. On Networked Systems Design and Implementation Berkeley：USENLX Association, 2005：273-286.

［16］Naoya Hatakeyama. Atmos ［M］. Berlin：Nazraeli Press, 2003.

［17］Microsoft-skydrive ［EB/OL］. http：//skydrive. 1ive. com.

［18］Liu Peng, et al. Masscloud cloud storage system ［J/OL］. http：//www. chinacloud. cn/show. aspx？id＝3036&cid＝50.

［19］刘世贤. 数据分区架构下负载均衡技术的研究与应用 ［D］. 杭州：浙江大学学位论文, 2010.

［20］Byers J, Considine H, Mitzenmacher M. Simple load balancing for distributed hash tables ［C］. Proceedings of IPTPS, 2003：80-87.

［21］Soltzer L J. Distributed, secure load balancing with skew, heterogeneity, and churn ［C］. Proceedings of the 24th Annual Joint Conference of the IEEE Computer and Communications Societies. IEEE Computer Society, 2005：1419-1430.

［22］熊伟, 谢冬青, 等. 一种结构化 P2P 协议中的自适应负载均衡方法 ［J］. 软件学报, 2009, 20 (3)：660-670.

［23］孟宪福, 陈晓令. 结构化 P2P 网络热点负载动态迁移策略 ［J］. 电子学报, 2011, 39 (10)：2407-2411.

［24］陈晨. 结构化对等网络中访问热点引起的负载均衡技术研究 ［D］. 北京：北京交通大学学位论文, 2008.

［25］［29］Datta A, Schmidt R, Aberer K. Query-load balancing in structured overlays ［C］. Proceedings of the 7th IEEE International Symposium on Cluster Computing and the Grid. ［S. 1］：IEEE Press, 2007：453-460.

［26］林伟伟. 一种改进的 Hadoop 数据放置策略 ［J］. 华南理工大学学报 (自然科学版), 2012, 1 (40)：152-158.

［27］程春玲, 张登银, 等. 一种面向云计算的分态式自适应负载均衡策略 ［J］. 南京邮电大学学报 (自然科学版), 2012, 4 (32).

［28］董继光. 基于动态副本技术的云存储负载均衡研究 ［J］. 计算机应用研究, 2012, 29 (9)：3422-3424.

［30］Nicolas Bonvin, Thanasis G, et al. Dynamic cost-efficient replication in data clouds ［C］. ACDC'09, June 19, 2009.

［31］Nicolas Bonvin, Thanasis G, et al. The costs and limits of availability for replicated services ［C］. ACDC, June 19, 2009.

［32］Zhou Xu, Lu Xianliang, Hou Mengshu, Wu Jin. A dynamic distributed replica management mechanism based on accessing frequency detecting ［J］. ACM SIGOPS Operating Systems Review, 2004, 3（38）.

［33］ Y. Bartal, A. Fiat, Y. Rabani. Competitive algorithms for distributed data management ［C］. Proceedings of the 24th ACM Symp on Theory of Computing, 1992.

［34］ Giacomo Cabri, Antonio Corradi and Franco Zambonelli. Experience of adaptive replication in distributed file systems ［C］. Proceedings of Huromicro-22, 1996.

［35］ Dean J, Ghemawat S. MapReduce: Simplified data processing on large clusters ［J］. Comimmi-cations of the ACM, 2008, 51（1）: 107-113.

［36］ Neumeyer L, Robbins B, Nair A. S4: Distributed stream computing platform ［C］. Proceedings of the IEEE International Conference on Data Mining Workshops, 2010: 170-177.

［37］ Bu Y, Howe B, Balazinska M. HaLoop: Efficient iterative data processing on large clusters ［C］. Proceedings of the VLDB Endowment, 2010, 3（1-2）: 285-296.

［38］ Ekanayake J, Li H, Zhang B. Twister: A runtime for iterative mapreduce ［C］. Proceedings of Proceedings of the 19th ACM International Symposium on High Performance Distributed Computing. ACM, 2010. 810-818.

［39］ Zaharia M, Chowdhuiy M, Franklin M J. Spark: Cluster computing with working sets ［C］. Proceedings of the 2nd USENIX conference on Hot topics in cloud computing, 2010（10）.

［40］ Bhatotia P, Wieder A, Rodrigues R. Incoop: MapReduce for incremental computations ［C］. Proceedings of the 2nd ACM Symposium on Cloud Computing, 2011（7）.

［41］ DaiD, LiX, LuK, et al. Domino: Trigger-based programming framework in cloud ［C］. Proceedings of the 7th workshop on the Interaction amongst \ Virtualization, Operating Systems and Computer Architecture Conjunction with ISCA, 2013.

［42］ Peng D, Dabek F. Large-scale incremental processing using distributed transactions and notifications ［C］. Proceedings of OSDI, 2010（10）: 1-15.

［43］ Low Y, Bickson D, Gonzalez J. Distributed graphLab: A framework for machine learning and data mining in the cloud ［J］. Proceedings of the VLDB Endowment, 2012, 5（8）: 716-727.

［44］ Malewicz G, Austem M, Bik A. Pregel: A system for large-scale graph processing ［C］. Proceedings of the 2010 international conference on Management of data. ACM, 2010: 135-146.

［45］ Schwarzkopf M, Konwinski A, Abd-El-Malek M. Omega: Flexible, scalable schedulers for large compute clusters ［C］. Proceedings of the 8th ACM European Conference on Computer Systems, 2013: 351-364.

［46］ Hadoop. http://hadoop. apache. org/.

［47］ Hindman B, Konwinski A, Zaharia M. Mesos: A platform for fine-grained resource sharing in the data center [C]. Proceedings of the 8th USENIX Conference on Networked Systems Design and Implementation. USENIX Association, 2011: 22-22.

[48] Vavilapalli V K, Murthy A C, Douglas C. Apache hadoop yarn: Yet another resource negotiator [C]. Proceedings of the 4th annual Symposium on Cloud CompvUing. ACM, 2013: 5.

[49] Typhoon. http: //typhoonframcwork. org/.

[50] Sun M, Zhou X, Yang F, Lu K. Bwasw-cloud: Efficient sequence alignment algorithm for two big data with MapReduce [C]. Applications of Digital Information and Web Technologies, 2014: 213-218.

[51] Papadimitriou S, Sun J. Disco: Distributed co-cluslcnng with map-reduce: A case study towards petabyte-scale end-to-end mining [C]. Proceedings of ICDM, 2008: 512-521.

[52] Yoo R M, Romano A, Kozyrakis C. Phoenix rebirth: Scalable MapReduce on a large-scale shared-memory system [C]. Proceedings of IEEE International Symposium on Workload Characterization, 2009: 198-207.

[53] Zaharia M. The hadoop fair scheduler, 2010.

[54] Zaharia M. Job scheduling with the fair and capacity schedulers [J]. Hadoop Summit, 2009 (9).

[55] Ananthanarayanan G, Ghodsi A, Warfield A, et al. PACMan: Coordinated memory caching for parallel jobs [C]. Proceedings of NSDI, 2012: 267-280.

[56] Zaharia Borlhakur D, Sarma J S. Job scheduling for multi-user mapreduce clusters [C]. EBCS Department, University of California, Berkeley, Tech. Rep. UCB/EECS-2009-55, 2009.

[57] Zaharia M, Borthakur D, Sen Sarma J. Delay scheduling: A simple technique for achieving locality and fairness in cluster scheduling [C]. Proceedings of the 5th European Conference on Computer Systems. ACM, 2010: 265-278.

[58] Zhang X, Zhong Z, Feng S. Improving data locality of mapreduce by scheduling in homogeneous computing enviromnents [C]. Proceedings of IEEE Intemational Symposium on Parallel and Distributed Processing with Applications, 2011: 120-126.

[59] Gu T, Zuo C, Liao Q. Improving MapReduce performance by data prefetching in heterogeneous or shared environments [J]. International Journal of Grid & Distributed Computing, 2013, 6 (5): 71-82.

[60] J Seo S, Jang I, Woo K. HPMR: Prefelching and pre-shuffling in shared MapReduce computation environment [C]. Proceedings of IEEE International Conference on Cluster Computing and Workshops, 2009: 1-8.

[61] Chen Y, Zhu H, Sun X H. An adaptive data prefetcher for high-performance processors [C]. Proceedings of IEEE/ACM International Conference on Cluster, Cloud and Grid Computing (CCGrid), 2010: 155-164.

［62］ Li J, Wu S. Real-time data prefetching algorithm based on sequential pattemmining in cloud environment ［C］. Proceedings of International Conference on Industrial Control and Hlectronics Engineering（ICI-CEE）, 2012：1044-1048.

［63］ Lin L, Li X, Jiang H. AMP：An affinity-based metadata prefetching scheme in large-scale distributed storage systems ［C］. Proceedings of IEEE Intemational Symposium on Cluster Computing and the Grid, 2008：459-466.

［64］ Rappos E, Robert S. Predictive caching in computer grids ［C］. Proceedings of IEEE/ ACM Intemational Symposium on Cluster, Cloud and Grid Computing（CCGrid）, 2013：188-189.

［65］ Doron A. Peled. 软件可靠性方法 ［M］. 王林章, 等, 译. 北京：机械工业出版社, 2012.

［66］ Krauter K, Buyya R, Maheswaran M. A taxonomy and survey of grid resource management systems ［J］. Software Practice and Experience, 2002, 32（2）：135-164.

［67］ 田洪文, 赵勇. 云计算资源调度管理 ［M］. 北京：国防工业出版社, 2011.

［68］ Chukwa. http：//wiki. apache. org/hadoop/Chukwa.

［69］ Nagios. http：//www. nagios. org/.

［70］ Ganglia, http：//ganglia. sourceforge. net/.

［71］ Tom White. Hadoop：The definitive guide ［M］. O'Reilly Media, Inc. , 2009.

［72］ Matei Zaharia, Dhruba Borthakur, Joydeep Sen Sarma, Khaled Elmeleegy, Scott Shenker. Job scheduling for multi-user mapreduce clusters ［J］. EECS Department, University of California, Berkeley, Technical Report, 2009.

［73］ Chris Hyser, Bret McKee, Rob Gardner. Autonomic virtual machine placement in the data center ［J］. HP Laboratories, February 26, 2008.

［74］ Mario Macias, Jordi Guitart. A genetic model for pricing in cloud computing markets ［J］. ACM Symposium on Applied Computing, 2011：113-118.

［75］ Ishai Menache, Asuman Ozdaglar, Nahum Shimkin. Socially Optimal Pricing of Cloud Computing Resources ［C］. ValueTools, 2011：16-25.

［76］ Dusit Niyato, Athanasios V. Vasilakos, Zhu Kun. Resource and revenue sharing with coalition formation of cloud providers：Game theoretic approach ［C］. The 11th IEEE/ ACM International Symposium on Cluster, Cloud and Grid Computing（CCGrid）, 2011：215-224.

［77］ Makhlouf Hadji, Wajdi Louati, Djamal Zeghlache. Constrained pricing for cloud resource allocation ［C］. The 10th IEEE International Symposium on Network Computing and Applications（NCA）, 2011：359-365.

［78］ Hongyi Wang, Qingfeng Jing, Rishan Chen. Distributed system meet economics：Pricing in the cloud ［C］. Proceedings of the 2nd USENIX Conference on Hot Topics in Cloud Computings, 2010：6-14.

［79］ Wei-Yu Lin, Guan-Yu Lin, Hung-Yu Wei. Dynamic auction mechanism for cloud resource allocation ［C］. The 10th IEEE/ACM International Conference on Cluster, Cloud and Grid Computing (CCGrid), 2010: 591-592.

［80］ Tim Pueschel, Fabian Putzke, Dirk Neumann. Revenue management for cloud providers—A policy-based approach under stochastic demand ［C］. The 45th Hawaii International Conference on System Science (HICSS), 2012: 1583-1592.

［81］ Jose Orlando Melendez, Shikharesh Majumdar. Utilizing "opaque" resources for revenue enhancement on clouds and grids ［C］. The 11th IEEE/ACM International Symposium on Cluster, Cloud and Grid Computing (CCGrid), 2011: 576-584.

［82］ 王宏起, 程淑娥, 李玥. 大数据环境下区域科技资源共享平台云服务模式研究 ［J］. 情报理论与实践, 2017 (3): 42-47.

［83］ 武日嘎. 云教育平台的研究与设计 ［D］. 长春: 东北师范大学学位论文, 2012.

［84］ 张敏, 周金辉. 云计算在高校教育信息化建设中的应用探究 ［J］. 中国教育技术装备, 2013 (32): 22-24.

第 2 章

［85］ 徐志伟, 冯百明, 李伟. 网格计算技术 ［M］. 北京: 电子工业出版社, 2005: 1-2, 94-102.

［86］ Rui Min, Muthucumaru Maheswaran. Scheduling co-reservations with priorities in grid computing systems ［C］. Proceedings of the 2nd IEEE/ACM Internaltional Symposim on Cluster Computing and the Grid, 2002: 250-251.

［87］ Rich Wolski. Dynamiscally forecasting network performance using the network weather service ［J］. Journal of Cluster Computing, 1998, 1 (1): 1, 19-132.

［88］ Enomalism. http://www.enomalism.com/.

［89］ Eucalyptus. http://open.eucalvptus.com/.

［90］ Nimbus. http://www.ninibusproject.org/.

［91］ Damien Cerbelaud, Schishir Garg, Jeremy Huylebroeck. Opening the clouds: Qualitative overview of the state-of-the-art open source vm-based cloud management platforms ［C］. The 10th ACM/IFIP/USENIX International Conference on Middleware, 2009 (22): 1-22.

［92］ B. Rochwerger, D. Breitgand, E. Levy. The reservoir model and architecture for open federated cloud computing ［J］. IBM Journal of Research and Development, 2009, 53 (4): 4.

［93］ Rajkumar Buyya, Chee Shin Yeo, Srikumar Venugopal. Market-oriented cloud computing: Vision, hype, and reality for delivering IT services as computing utilities ［C］. The 10th IEEE International Conference on High Performance Computing and Communications, 2008.

［94］冯登国，张敏，张妍，徐震．云计算安全研究［J］．软件学报，2011（01）：71-83.

［95］高志刚．建设电子政务专有云平台［J］．经济，2014（11）：138-139.

［96］董凌峰，李永忠．基于云计算的政务数据信息共享平台构建研究——以"数字福建"为例［J］．现代情报，2015（10）：76-81.

［97］欧阳鹏．引领资源型经济转型的科技城规划策略研究——以山西科技创新城核心区为例［A］．中国城市规划学会．城乡治理与规划改革——2014中国城市规划年会论文集（09城市总体规划）［C］．中国城市规划学会，2014：17.

［98］邹佳利．基于云计算的科技资源共享问题研究［D］．西安：西安邮电大学学位论文，2013.

［99］岳晓杰．我国科技基础条件平台建设的现状与对策研究［D］．沈阳：东北大学学位论文，2008.

［100］陈文倩，佟庆伟，战永佳．大型仪器设备资源共享平台建设的实践与探索［J］．实验技术与管理．2010（3）：296-298.

［101］阮晓妮．区域科技资源的优化配置及信息平台建设［D］．杭州：浙江工业大学学位论文，2006.

［102］郭常莲，阎永康，樊兰瑛，石莎，孙然．山西省自然科技资源共享平台结构分析及应用［J］．山西农业科学，2009，37（2）：75-77.

［103］毕强．基于网络的文化信息资源共享研究［D］．长春：吉林大学学位论文，2008.

［104］王庆，赵颜．基于知识管理的网络教学资源共享平台的设计与实现［J］．中国教育信息化，2010（21）：39-42.

［105］叶锡君，孙敬，张天真．农作物特种遗传资源共享平台的建立［J］．南京农业大学学报，2011，34（6）：7-12.

［106］张宇．基于河北省科技基础条件网络平台的网上科技资源整合［D］．石家庄：河北师范大学学位论文，2011.

［107］张瑾．科技信息资源共建共享平台构建研究［J］．图书馆学研究，2012（3）：4146.

［108］冀宪武，赵永胜，陈晓冬，郜春花，张强．山西省农业信息资源开发利用研究［J］．农业网络信息，2014（05）：124-127.

［109］山西省人民政府办公厅关于印发山西科技创新城人才支持、平台管理、成果转化、首台（套）装备认定等4个暂行办法的通知［EB/OL］．http：//www.jinshang.gov.cn.

［110］丁梅．大数据时代云平台与大容量存储——以湖北省科技信息共享服务平台部署为例［J］．软件导刊，2014（05）：1-3.

［111］李强．省级固定资产投资项目管理系统的规划与设计［J］．山西经济管理干部学院学报，2012，20（4）：37-40.

［112］李强．一种支持网格化管理的电子政务构架［J］．电子政务，2015（12）：55-64.

［113］安婧．美国高校信息化建设对我国高校的启示研究［D］．哈尔滨：黑龙江大学学

位论文，2010.

［114］黄荣怀等．智慧校园——数字校园发展的必然趋势［J］．开放教育研究，2012（4）．

［115］吕瑶．大数据下的智慧教育发展路径［J］．中国远程教育，2014（3）．

［116］National education technology plan［EB/OL］．http：//www. ed. gov/technology/netp-2010.

［117］何克抗等．通过学校自身的内涵发展促进教育结果公平的创新举措［J］．电化教育研究，2015.

［118］曾永卫，刘国荣．"卓越计划"背景下科学构建实践教学体系探析［J］．中国大学教学，2011（7）：75-78.

［119］赵涓涓，强彦，王楠．计算机类专业"卓越计划"中实践环节的改革与创新［J］．中国大学教学，2015，（09）：68-70.

［120］刘超．基于云计算辅助教学平台的课程混合式学习研究与应用［D］．大庆：东北石油大学学位论文，2013.

［121］龚洪敏．基于云计算环境的优质资源共享平台的研究［D］．西安：陕西师范大学学位论文，2013.

［122］张晓苗．混合学习在中职Java课程中的应用研究［D］．大连：辽宁师范大学学位论文，2012.

［123］封娜娜．云计算辅助教学平台下协作学习教学设计［D］．郑州：河南师范大学学位论文，2012.

［124］陆莉莉．基于网络教学平台的混合学习的应用研究［D］．上海：上海师范大学学位论文，2012.

［125］张利峰．云计算辅助教学在高校教学中的应用研究［D］．大庆：东北石油大学学位论文，2012.

［126］杨晓东．基于Moodle平台的计算机基础课混合式教学研究［D］．济南：山东师范大学学位论文，2010.

第3章

［127］Linda Zou，Fang-ai Liu，Yan Ma. Grid service scheduling algorithm based on marginal principle［C］．Proceedings of the 7th International Conference on Grid and Cooperative Computing，2008.

［128］Abraham Siberschatz，Peter B. Galvin，Greg Gagne. Operating system concepts［J］．John Wiley & Sons（Asia），2010：194.

［129］Ian Foster，Yong Zhao，IoanRaicu. Cloud computing and grid computing 360-degree compared［C］．IEEE Grid Computing Environments，2008.

［130］Y. Yang，K. Liu，J. J Chen. An algorithm in SwinDeW-C for scheduling transaction-intensive cost-constrained cloud workflows［C］．Proceedings of the 4th IEEE

International Conference on eScience，2008：374-375.

［131］ Raman R，Livny M，Solomon M. Mach-making：Distributed Resource Management for High Throughout Computing ［C］. Proceedings of the 7th IEEE International Symposium on High-Performance Distributed Computing（HPDC-7），1998.

［132］ Philippe Nain，Don Towsley. Comparison of hybrid minimum laxity/first-in-first-out scheduling policies for real-time multiprocessors ［C］. IEEE Transactions on Computers，1992，41（10）：1271-1278.

［133］ M. Zaharia，D. Borthakur，J. S. Sarma. Job scheduling for multi-user mapreduce clusters ［C］. EECS Department，University of California，Berkeley，Technical Report，Apr 2009.

［134］ Hadoop. http：//hadoop. apache. org/common/docs/currentycapacity scheduler. html.

［135］ Zhongyuan Lee，Ying Wang，Wen Zhou. Adynamic priority scheduling algorithm on service request scheduling in cloud computing ［C］. Proceedings of the 20th International Conference on Electronic and Mechanical Engineering and Information Technology，2011：4665-4669.

［136］ Murata Y，Egawa R，Higashida M. A history-based job scheduling mechanism for the vector computing cloud ［C］. Proceedings of the 10th IEEE/IPSJ International Symposium on Applications and the Internet，2010：125-128.

［137］ Luqun Li. An optimistic differentiated service job scheduling system for cloud computing service users and providers ［C］. Proceedings of the 3rd International Conference on Multimedia and Ubiquitous Engineering，2009.

［138］ Qu Xilong，Hao Zhongxiao，Bai Linfeng. Research of distributed software resource sharing in claud manufacturing system ［A］. International Journal of Advancements in Computing Technology，2011，3（10）：99-106.

［139］ 郑洪源，周良，吴家祺. Web 服务器集群系统中负载平衡的设计与实现 ［J］. 南京航空航天大学学报，2006，38（3）：347-351.

［140］ ［142］ Gang Wang，Tianshu Huang，Zenggang Xiong. Study on QoS based distributed bandwidth allocation in information convergence network ［C］. International Journal of Digital Content Technology and its Applications，2011，5（10）：39-44.

［141］ Ion Stoica，Robert Morris，David Liben-Nowell. Chord：A scalable peer-to-peer lookup service for internet applications ［C］. Proceedings of the International Conference on Applications，Technologies，Architectures，and Protocols for computer Communications，2001：149-160.

第 4 章

［143］ Chervenak A，Foster I，Kesselman C. The data grid：Towards an architecture for the distributed management and analysis of large scientific datasets ［J］. Journal of Network

Computer Applications, 2000, 23 (3): 187-200.

［144］ William H. Bell, David G. Cameron, Luigi Capozza. OptorSim: A grid simulator for studying dynamic data replication strategies ［J］. International Journal of High Performance Computing Applications, 2003, 17 (4): 403-416.

［145］ Abawajy, J. H. Placement of file replicas in data grid environments ［C］. The International Conference on Computational Science, LNCS 3038. 2004: 66-73.

［146］ Vladimir Vlassov, DongLi, Konstantin Popov. A scalable autonomous replica management framework for grids ［C］. Proceedings of the IEEE John Vincent Atanasoff International Symposium on Modern Computing, 2006: 33-40.

［147］ Qaisar Rasool, Jianzhong Li, Shuo Zhang. On P2P and hybrid approaches for replica placement in grid environment ［J］. Information Technology Journal, 2008, 7 (4): 590-598.

［148］ Qin X, Jiang H, Laurence T. Yang. Chapter data grids: Supporting data-intensive applications in wide-area networks ［C］. High Performance Computing: Paradigm and Infrastructure, 2006: 481-494.

［149］ Chuncong Xu, Xiaomeng Huang, Guangwen Yang, Yang Zhou. A two-layered replica management method ［C］. The International Joint Conference of IEEE Trust, Security and Privacy in Computing and Communications (TrustCom) and the 10th IEEE International Conference on Digital Object Identifier, 2011: 1431-1436.

［150］ Xueyan Tang, Jianliang Xu. Qos-aware replica placement for content distribution ［C］. IEEE Transaction on Parallel and Distributed Systems, 2005, 16 (10): 921-932.

［151］ Won J. Jeon, Indrail Gupta, Klara Nahrstedt. QoS-aware object replication in overlay networks ［C］. Proceedings of the IEEE GLOBECOM, 2006.

［152］ Wang H. , Liu P. , and Wu J. . A QoS-Aware Heuristic Algorithm for Replica Placement ［J］. Journal of Grid Computing, 2006: 96-103.

［153］ Hsiangkai Wang, Pangfeng Liu, Jan-Jan Wu. Optimal placement of replicas in data grid environments with locality assurance ［C］. The 12th International Conference on Parallel and Distributed Systems, 2006, 1 (6): 465-474.

［154］ Chieh-Wen Cheng, Jan-Jan Wu, Pangfeng Liu. QoS-aware, access-efficient, and storage-efficient replica placement in grid environment ［J］. Journal of Supercomputing, 2009, 49 (1): 42-63.

［155］ Changze Wu, Dongtian, Zhongfu Wu. Dynamic equilibrium replica location algorithms in data grid ［C］. Proceedings of the 3rd ChinaGrid Annual Conference, 2008.

［156］ Qingfan Gu, Bing Chen, Yuping Zhang. Dynamic replica placement and location strategies for data grid ［C］. Proceedings of International Conference on Computer Science and Software Engineering, 2008.

［157］ Mohammad Shorfuzzaman, Peter Graham, Rasit Eskicioglu. Distributed placement of replicas in hierarchical data grids with user and system QoS constraints ［C］. Proceedings of the International Conference on P2P，Parallel，Grid，Cloud and Internet Computing，2011.

［158］封孝伦. 人类生命系统中的美学 ［M］. 合肥：安徽教育出版社，1999.

［159］邢彦辰. 数据通信与计算机网络 ［M］. 北京：人民邮电出版社，2011.

［160］R. M. Karp. Reducibility Among Combinatorial Problems ［M］. Plenum Press，1972.

［161］M. R. Garey，D. S. Johnson. Computers and intractability：A Guide to the theory of NP-Completeness ［M］. W. H. Freeman and Company，1979.

［162］Anderson Chris. The Long Tail：Why the Future of business is Selling Less of More ［M］. Hyperion，2006.

［163］Tanenbaum A. S. 现代操作系统 ［M］. 3 版. 北京：机械工业出版社，2009.

［164］Dave Hitz，James Lau，Michael Malcolm. File sysem design for an NFS file server appliance ［R］. Proceedings of the Winter USENIX Conference，1994.

［165］P Schwan. Lustre：Building a file system for 1000-node clusters ［C］. Proceedings of the 2003 Linux Symposium，2003.

［166］SongIin Bai. The performance study on several distributed file systems ［C］. Proceedings of the International Conference on Cyber-Enabled Distributed Computing and Knowledge Discovery（CyberC），2011：226-229.

［167］Tom White. Hadoop：The definitive guide ［M］. O'Reilly Media，Inc.，2009.

［168］Ghemawat S. The google file system ［C］. Proceedings of the 19th Symposium on Operating Systems Principles，2003：29-43.

第 5 章

［169］郑洪源，周良，吴家祺. WEB 服务器集群系统中负载平衡的设计与实现 ［J］. 南京航空航天大学学报，2006，38（3）：374-351.

［170］Wood T，Shenoy P，Venkataramani A. Black-box and gray-box strategies for virtual machine migration ［C］. Proceedings of the 4th USENIX Conference on Networked Systems Design & Implementation，2007：17-17.

［171］田文洪，卢国明. 一种实现云数据中心资源负载均衡调度算法 ［P］. PCT/CN20101078247，2010.

［172］F Bonomi，P. J. Fleming，P. Steinberg. An adaptive join-the-biased-queue rule for load sharing on distributed computer systems ［C］. Proceedings of the 28th Conference on Decision and Control，1989：2554-2559.

［173］易辉. 基于模拟退火遗传算法的网络负载平衡算法研究 ［D］. 武汉：武汉理工大学学位论文，2006.

［174］刘振英，方滨兴，胡铭曾，张毅. 一个有效的动态负载平衡方法 ［J］. 软件学报，2001，12（04）：563-569.

［175］ Daniel Nurmi, Chris Grzegorczyk. The eucalyptus open-source cloud-computing system ［C］. Cluster Computing and Grid, 2009, 12：124-131.

［176］ Ms. Nitika, Ms. Shaveta, Mr. Gaurav Raj. Comparative analysis of load balancing algorithms in cloud computing ［J］. International Journal of Advanced Research in Computer Engineering & Technology, 2012, 1 (3)：34-38.

［177］ Iran Barazandeh, Seyed Saeedolah. Two hierarchical dynamic load balancing algorithms in distributed systems ［C］. The Second International Conference Computer and Electrical Engineering, 2009：516-521.

［178］ John Croweroft. Open distributed system ［M］. London UK：UCL Press, 1995：323.

［179］ Sanjay Ghemawat, Howard Gobioff, Shun-Tak Leung. The google file system ［C］. Proceedings of 19th ACM Symposium on Operating Systems Principles, 2003：20-43.

［180］ Tom White. Hadoop：The definitive guide ［M］. O'Reilly Media, Inc. , 2009.

［181］ Jeffrey Dean, Sanjay Ghemawat. MapReduce：Simplied data processing on large clusters ［C］. Proceedings of the 6th Symposium on Operating System Design and Implementation. New York：ACM Press, 2004：137-150.

［182］ Fay Chang, Jeffrey Dean. Bigtable：A distributed storage system for structured data ［J］. ACM Transactions on Computer Systems, 2008, 26 (2)：1-26.

［183］ 李冰. 云计算环境下动态资源管理关键技术研究 ［D］. 北京：北京邮电大学学位论文, 2012.

［184］ Borthakur D. The hadoop distributed file system：Architecture and international conference international conference on cloud computing ［M］. IEEE Press, 2011：49-56.

［185］ Ghomawat S, Gogioff II, Leung P T. The google file system ［C］. Proceedings of the 19th ACM Symp on Operating Systems Principles, 2003：29-43.

［186］ Amazon. Amazon simple storage service (AmazonS3) ［EB/OL］. ［2014-04-09］. http：//aws. amazon. com/s3.

［187］ Lewn D. Consistent hashing and random trees：Algorithms for caching in distributed networks ［D］. Cambridge, Massachusetts：Massachusetts Institute of Technology, Department of Electrical Engineering and Computer science, 1998.

［188］ Ranganathan K, Foster I. Design and evaluation of replication strategies for a high performance data grid ［C］. Proceedings of International Conference on Computing in High Energy and Nuclear Physics, 2001.

［189］ D. Yuan, Y. Yang, X. Liu. A data placement strategy in scientific cloud workflows ［J］. Future Generation Computer Systems, 2010, 26 (8)：1200-1214.

［190］ 郑湃, 崔立真, 王海洋, 等. 云计算环境下面向数据密集型应用的数据布局策略与方法 ［J］. 计算机学报, 2010, 33 (8)：1472-1480.

［191］ 赵武清, 许先斌, 王卓薇. 数据网格系统中基于负载均衡的副本放置策略 ［C］.

2010 年第三届教育技术与培训国际会议 . IEEE，2010：314-316.

[192] 石刘，郭明阳，刘浏，等 . 基于反馈机制的动态副本数量预测方法 [J] . 系统仿真学报，2011（S1）：193-200.

[193] Clark C，Fraser K，Hand S. Live migration of virtual machines [C]. Proceedings of the 2nd conference on Symposium on Networked Systems Design & Implementation-Volume 2. USENIX Association，2005：273-286.

[194] S. Kikuchi，Y. Matsumoto. Performance modeling of concurrent live migration operations in cloud computing systems using PRISM probabilistic model checker [C]. Proceedings of the 4th IEEE International Conference on Cloud Computing. Washington CD. IEEE Press，2011：49-56.

[195] Constantine P，Sapuntzakis. Optimizing the migration of virtual computers [C]. Proceedings of the 5th Symposium on Operating System Design and Implementation，2002：377-390.

[196] Steven Osman，Dinesh Subhraveti，Gong Su，Jason Nieh. The design and implementation of Zap：A system for migrating computing environments [C]. Proceedings of the 5th Symposium on Operating Systems Design and Implementation. New York：ACM Press，2002：361-376.

[197] 赵佳 . 虚拟机动态迁移的关键问题研究 [D]. 长春：吉林大学学位论文，2013.

[198] Bradford R，Kotsovinos E，Feldmann A，Schioberg H. Live wide-area migration of virtual machines including local persistent state [C]. Proceedings of the 3rd International conference on Virtual Execation Environments，2007：169-179.

[199] F. Travostino，P. Daspit. Seamless live migration of virtual machines over the MAN/WAN [J]. Future Generations Computer Systems，2006，22（8）：901-907.

[200] Paul Ruth，Junghwan Rhee，Dongyan Xu，Rick Kennell，Sebastien Goasguen. Autonomic live adaptation of virtual computational environments in a multi-domain infrastructure [C]. Proceedings of IEEE International Conference on Autonomic Computing，2006：5-14.

[201] Ming Zhao，Jian Zhang，Renato Figueiredo. Distributed file system support for virtual machines in grid computing [C]. Proceedings of the 13th IEEE International Symposium on High Performance Distributed Computing. Honolulu：IEEE Press，2004：202-211.

[202] Tones S，Arpaci-Dusseau A，Arpaci-Dusseau R. Antfarm：Tracking processes in a virtual machine environment [C]. Proceedings of the Annual Conference on USENIX Annual Technical Conference，2006：1-14.

[203] Yangyang Wu，Ming Zhao. Performance modeling of virtual machine live migration [C]. Proceedings of the 4th IEEE International Conference on Cloud Computing. Washington DC：IEEE Press，2011：492-499.

[204] 施杨斌 . 云计算环境下一种基于虚拟机动态迁移的负载均衡算法 [D]. 上海：复

旦大学学位论文，2011.

[205] Sotomayor B, Keahey K, Foster I. Combining batch execution and leasing using virtual machines [C]. Proceedings of the 17th International Symposium on High Performance Distributed Computing. New York：ACM Press, 2008, 87-96.

第 7 章

[206] Seneff S. Real-time harmonic pitch detector [J]. IEEE Trans on Acoustics, Speech and Signal Processing, 1978, 26 (4)：358-365.

第 8 章

[207] Jeffrey Dean, Sanjay Ghemawat. MapReduce：Simplified data processing on large clusters [J]. Communications of the ACM, 2008, 51 (1)：109-110.

[208] Ranganathan K, Foster I. T. Identifying dynamic replication strategies for a high-performance data grid [C]. Proceedings of the International Workshop on Grid Computing, 2001：75-86.

[209] Lamehamedi H, Shentu Z, Szymanski B. Simulation of dynamic data replication strategies in data grids [C]. Proceedings of the 12th Heterogeneous Computing Workshop, 2003：10.

[210] Choi S. C, Youn H. Y. Dynamic hybrid replication effectively combining tree and grid topology [J]. J Supercomput, 2012, 49：1289-1311.

[211] Hassan O. A., Ramaswamy L., Miller, et al. Replication in over lay networks：A multi-objective optimization approach [J]. Collaborative Computing：Networking, Applications and Work Sharing Lecture Notes of the Institute for Computer Sciences, Social Informatics and Telecommunications Engineering, 2009, 10：412-428.

[212] 徐娟. 云存储环境下副本策略研究 [D]. 合肥：中国科学技术大学学位论文，2011.

[213] 邓维，刘方明，金海，等. 云计算数据中心的新能源应用：研究现状与趋势 [J]. 计算机学报，2013, 36 (3)：582-598.

第 9 章

[214] 邓维，刘方明，金海等. 云计算数据中心的新能源应用：研究现状与趋势 [J]. 计算机学报，2013, 36 (3)：582-598.

[215] 叶可江，吴朝晖，姜晓红，等. 虚拟化云计算平台的能耗管理 [J]. 计算机学报，2012, 35 (6)：1262-1285.

[216] Armbrust M, Fox A, Grifth R. Above the clouds：A berkeley view of cloud computing [R]. University of California at Berkeley, 2009.

[217] Wikipedia. Load balancing [EB/OL]. http：//en. wikipedia. org/wiki/Load_ balancing

（computing）.

［218］ P. A. Dinda. The statistical properties of hostload［J］. Scientific Programming, 1999, 7 (3-4): 211-229.

［219］ 朱世平. 动态负载平衡算法设计的新途径［J］. 计算机工程与设计, 1994, 3（16）: 25-30.

［220］ Calheiros R. N, Ranjans A, Beloglazov. CloudSim: A toolkit for modeling and simulation of cloud computing environments and evaluation of resource provisioning algorithms［J］. Software-Practice and Experience, 2011, 41（1）: 23-50.

第 10 章

［221］ Shvachko K, Kuang H, Radia S. The hadoop distributed file system［C］. Proceedings the 26th IEEE Symposium on of Mass Storage Systems and Technologies（MSST）, 2010: 1-10.

［222］ Dean J, Ghemawat S. MapReduce: Simplified data processing on large clusters［J］. Comimmi-cations of the ACM, 2008, 51（1）: 107-113.

［223］ Hadoop. http: //hadoop. apache. org/.

［224］ Papadimitriou S, Sun J. Disco: Distributed co-cluslcnng with map-reduce: A case study towards petabyte-scale end-to-end mining［C］. Proceedings of the Eighth IEEE International Conference on Data Mining, 2008: 512-521.

［225］ Yoo R M, Romano A, Kozyrakis C. Phoenix rebirth: Scalable MapReduce on a large-scale shared-memory system［C］. Proceedings of IEEE International Symposium on Workload Characterization, 2009: 198-207.

［226］ Zaharia M. The hadoop fair scheduler, 2010.

［227］ Zaharia M. Job scheduling with the fair and capacity schedulers［R］. Hadoop Summit, 2009.

［228］ Ananthanarayanan G, Ghodsi A, Warfield A. PACMan: Coordinated memory caching for parallel jobs［J］. Proceedings of NSDI, 2012: 267-280.

［229］ Zaharia Borlhakur D, Sarma J S. Job scheduling for multi-user mapreduce clusters［R］. EBCS Department, University of California, Berkeley, Tech. Rep. UCB/EECS-2009-55, 2009.

［230］ Zaharia M, Borthakur D, Sen Sarma J. Delay scheduling: A simple technique for achieving locality and fairness in cluster scheduling［C］. Proceedings of the 5th European Conference on Computer Systems, 2010: 265-278.

［231］ Zhang X, Zhong Z, Feng S. Improving data locality of mapreduce by scheduling in homogeneous computing environmnents［C］. Proceedings of the 9th IEEE Intemational Symposium on Parallel and Distributed Processing with Applications（ISPA）, 2011: 120-126.

[232] Gu T, Zuo C, Liao Q. Improving MapReduce performance by data prefetching in heterogeneous or shared environments [J]. International Journal of Grid & Distributed Computing, 2013, 6 (5).

[233] Seo S, Jang I, Woo K. HPMR: Prefelching and pre-shuffling in shared MapReduce computation environment [C]. Proceedings of IEEE International Conference on Cluster Computing and Workshops, 2009: 1-8.

[234] Chen Y, Zhu H, Sun X H. An adaptive data prefetcher for high-performance processors [C]. Proceedings of 10th IEEE/ACM International Conference on Cluster, Cloud and Grid Computing (CCGrid), 2010: 155-164.

[235] Li J, Wu S. Real-time data prefetching algorithm based on sequential pattemmining in cloud hnvironment [C]. Proceedings of International Conference on Industrial Control and Electronics Engineering (ICI-CEE), 2012: 1044-1048.

[236] Lin L, Li X, Jiang H. AMP: An affinity-based metadata prefetching scheme in large-scale distributed storage systems [C]. Proceedings of the 8th IEEE Intemational Symposium on Cluster Computing and the Grid, 2008: 459-466.

[237] Rappos E, Robert S. Predictive caching in computer grids [C]. Proceedings of 13th IEEE/ACM Intemational Symposium on Cluster, Cloud and Grid Computing (CCGrid), 2013: 188-189.

[238] Byna S, Chen Y, Sun X H. A taxonomy of data prefetching mechanisms [C]. Proceedings of IEEE International Symposium on Paralld Architectures, Algorithms, and Networks, 2008: 19-24.

[239] White T. Hadoop: The definitive guide [M]. O'Reilly Media, Inc. , 2009.

[240] Borthakur D. The hadoop distributed file system: Architecture and design [J]. Hadoop Project Website, 2007, 11 (11): 1-10.

[241] Zhang X, Feng Y, Feng S. An effective data locality aware task scheduling method for MapReduce framework in heterogeneous environments [C]. Proceedings of IEEE International Conference on Cloud and Service Computing (CSC), 2011: 235-242.

[242] Chen G, Wu S, Gu R. Data Prefetching for Scientific Workflow Based on Hadoop [C]. Proceedings of Computer and Information Science, 2012: 81-92.

[243] Xie J, Mcng F, Wang H. Research on scheduling scheme for hadoop clusters [J]. Procedia Computer Science, 2013, 18: 2468-2471.

[244] Wang B, Jiang J, Yang G. MpCache: Accelerating MapReduce with hybrid storage system on many-core clusters [J]. Proceedings of Network and Parallel Computing, 2014: 220-233.

[245] Bu Y, Howe B, Balazinska M. Hadoop: Efficient iterative data processing on large dusters [J]. Proceedings of the VLDB Endowment, 2010, 3 (1-2): 285-296.

[246] Lu K, Dai D, Zhou X. Unbinds data and tasks to improving the hadoop performance

［C］. Proceedings of the 15th IEEE/ACIS International Conference on Software Engineering, Artificial Intelligence, Networking and Parallcl/Distributed Computing (SNPD), 2014: 1-6.

［247］ Condic T, Conway N, Alvaro P. MapReduce online ［J］. Proceedings of NSDI, 2010 (10): 20.

［248］ Ananthanarayanan G, Agarwal S, Kandula S. Scarlett: coping with skewed content popularity in mapreduce clusters ［C］. Proceedings of the Sixth Conference on Computer Systems, 2011: 287-300.

［249］ Ahmad F, Lee S, Thottethodi M. Puma: Purdue mapreduce benchmarks suite ［R］. Purdue University, 2012.

第 11 章

［250］ Dai D, Li X, Lu K, et al. Domino: Trigger-based programming framework in cloud ［C］. Proceedings of the 7th Annual Workshop on the Interaction amongst Virtualization, Operating Systems and Computer Architecture in conjunction with ISCA, 2013.

［251］ Peng D, Dabek F. Large-scale incremental processing using distributed transactions and notifications ［C］. Proceedings of OSDI, 2010 (10): 1-15.

［252］ Mitchell C, Power R, Li J. Oolong: asynchronous distributed applications made easy ［C］. Proceedings of the Asia-Pacific Workshop on Systems, 2012: 11.

［253］ Dai D, Chen Y, Kimpe D. Domino: An incremental computing framework in cloud with eventual synchronization ［C］. Proceedings of the 23rd International Symposium on High-Performance Parallel and Distributed Computing, 2014: 291-294.

［254］ Rabuzin K, Malekovic M, Lovrencic A. The theory of active databases vs. the SQL standard ［C］. Proceedings of the 18th International Conference on Information and Intelligent Systems, 2007: 49-54.

［255］ ［260］ McCarthy D, Dayal U. The architecture of an active database management systems ［R］. ACM Sigmod Record, 1989, 18 (2): 215-224.

［256］ Jaeger U, Obermaier J. Parallel event detection in active database systems: The heart of the matter ［J］. Active, Real-Time, and Temporal Database Systems, 1999: 159-175.

［257］ Gehani N, Jagadish H. Ode as an active database: Constraints and triggers ［C］. Proceedings of the Seventeenth International Conference on Very Large Databases (VLDB), 1991: 327-336.

［258］ Dayal U, Blaustein B, Buchmann A. The HiPAC project: Combining active databases and timing constraints ［J］. ACM Sigmod Record, 1988, 17 (1): 51-70.

［259］ Chakravarthy S, Krishnaprasad V, Anwar E. Composite events for active data bases: Semantics, contexts and detection ［C］. Proceedings of the International Conference on very large data bases. Institute of Fxectrical & Electronics Engineers（IEEE），1994：606.

［261］ Chang F, Dean J, Ghemawat S, Burrows M. Bigtable：A distributed storage system for structured data［C］. ACM Transactions on Computer Systems（TOCS），2008, 26（2）：4.

［262］ George L. HBase：The definitive guide［M］. O'Reilly Media, Inc. ，2011.

［263］ 代栋. 云计算基础软件平台的研究和实践［D］. 合肥：中国科学技术大学学位论文，2013.

［264］ Tayal S. Tasks scheduling optimization for the cloud computing systems［J］. International Journal of Advanced Engineering Sciences and Technologies（IJAEST），2011, 5（2）：111-115.

［265］ Chang H, Tang X. A load-balance based resource-scheduling algorithm under cloud computing environment［C］. Proceedings of New Horizons in Web-Based Learning-ICWL Workshops，2011：85-90.

［266］ Zaharia M, Konwinski A, Joseph A I. Improving MapReduce performance in heterogeneous environments［R］. Proceedings of OSDI，2008（8）：7.

［267］ Alakeel A M. A guide to dynamic load balancing in distributed computer systems［J］. International Journal of Computer Science and Information Security，2010, 10（6）：153-160.

［268］ Tanenbaum A S, Van Renesse R. Distributed operating systems［J］. ACM Computing Surveys（CSUR），1985, 17（4）：419-470.

［269］ Yung-Terng Wang, R. J. T. Morris, load sharing in distributed systems［J］. IEEE Transactions on Computers，1985, 100（3）：204-217.

［270］ Devine K D, Roman E G, Heaphy R T. New challenges in dynamic load balancing［J］. Applied Numerical Mathematics，2005, 52（2）：133-152.

［271］ Waraich S S. Classilicalion of dynamic load balancing strategies in a network of workstations［C］. Proceedings of the Fifth International Conference on Information Technology：New Generations，2008：1263-1265.

［272］ Sun M, Li C, Zhou X. DLBer：A dynamic load balancing algorithm for the event-driven clusters［C］. Proceedings of Network and Parallel Computing，2014：608-611.

［273］ Ni L M, Hwang K. Optimal load balancing in a multiple processor system with many job classes［J］. IEEE Transactions on Software Hngineering，1986.

［274］ Aggarwal M, Aggarwal S. Dynamic load balancing based on CPU utilization and data locality in distributed database using priority policy［C］. Proceedings of the 2nd IEEE International Conference on Software Technology and Engineering，2010.

［275］ Cybenko G. Dynamic load balancing for distributed memory multiprocessors［J］. Journal of Parallel and Distributed Computing，1989, 7（2）：279-301.

［276］ Barazandeh I, Mortazavi S S. Two hierarchical dynamic load Balancing algorithms in distributed systems［C］. Proceedings of the Second International Conference on

Computer and Electrical Engineering, 2009: 516-521.

[277] Sharma S, Singh S, Sharma M. Performance analysis of load balancing algorithms [J]. World Academy of Science, Engineering and Technology, 2008 (38): 269-272.

[278] Zomaya A Y, Teh Y H. Observations on using genetic algorithms for dynamic load-balancing [J]. IEEE Transactions on Parallel and Distributed Systems, 2001, 12 (9): 899-911.

[279] Zhou S. A trace-driven simulation study of dynamic load balancing [J]. IEEE Transactions on Software Engineering, 1988, 14 (9): 1327-1341.

[280] Lin F C H, Keller R M. The gradient model load balancing method [J]. lEEE Transactions on Software Engineering, 1987 (1): 32-38.

[281] Willebeek-LeMair M H, Reeves A P. Strategies for dynamic load balancing on highly parallel computers [J]. IEEE Transactions on Parallel and Distributed Systems, 1993, 4 (9): 979-993.

[282] Eager D L, Lazowska E D, Zahorjan J. A comparison of receiver-initiated and sender-initiated adaptive load sharing [J]. Performance evaluation, 1986, 6 (1): 53-68.

[283] Eager D L, Lazowska E D, Zahorjan J. Adaptive load sharing in homogeneous distributed systems [J]. IEEE Transactions on Software Engineering, 1986 (5): 662-675.

[284] Mitzenmacher M. The power of two choices in randomized load balancing [J]. IEEE Transactions on Parallel and Distributed Systems, 2001, 12 (10): 1094-1104.

[285] Ousterhout K, Wendell P. Zaharia M. Sparrow: Distributed, low latency scheduling [C]. Proceedings of the Twenty-Fourth ACM Symposium on Operating Systems Principles. ACM, 2013: 69-84.

[286] Ousterhout K, Panda A, Rosen J. The case for tiny tasks in compute clusters [C]. Proceedings of the 14th USENIX Conference on Hot Topics in Operating Systems. USENIX Association, 2013: 14.

第 12 章

[287] Hindman B, KonwinskiA, ZahariaM, et al. Mesos: A platform for fine-grained resource sharing in the data center [C]. Proceedings of the 8th USENIX Conference on Network Systems Design and Implementation. USENIX Association, 2011: 22.

[288] Vavilapalli V K, Murthy A C, DouglasC, et al. Apache hadoop yarn: Yet another resource negotiator [C]. Proceedings of the 4th Annual Symposium on Cloud Computing. ACM, 2013: 5.

[289] Corona. http: //gitbub. com/facebook/hadoop-20/tree/master/src/contrib/corona.

[290] schedulerC. http: //hadoop. apache. org/doces/current/hadoop-yarn/hadoop-yarn-site/ CapacityScheduler. html.

[291] Ghodsi A, Zaharia M, Hindaman B, et al. Dominant resource fairness: Fair allocation

of multiple resource types [C]. Proceedings of NSDI, 2011 (11): 24.

[292] Torque. http: //www. adaptivecomputing. com/products/open-source/torque/.

[293] Jennings B, Stadler R. Resource management in clouds: Survey and research challenges [J]. Journal of Network and Systems Management, 2014: 1-53.

[294] Murthy A C, Vavilapalli V K, Eadline D. Apache hadoop yarn: Moving beyond MapReduce and batch processing with apache hadoop [M]. Pearson Education, 2013.

[295] Gupta S, Fritz C, Price B. Through put scheduler: Learning to schedule on heterogeneous hadoop clusters [C]. Proceedings of the 10th International Conference on Autonomic Computing. USENIX, 2013: 159-165.

[296] Hahne E L. Round-robin scheduling for max-min fairness in data networks [J]. IEEE Journal on Selected Areas in Communications, 1991, 9 (7): 1024-1039.

[297] Moulin H. Fair division and collective welfare [M]. MIT press, 2004.

[298] Varian H R. Equity, envy, and efficiency [J]. Journal of Economic Theory, 1974, 9 (1): 63-91.

[299] Young H P. Equity: In theory and practice [M]. Princeton University Press, 1995.

[300] Nash Jr J. K. The bargaining problem [J]. Econometrica, 1950: 155-162.

[301] Polo J, Carrera D, Becerra Y. Performance-driven task co-scheduling for mapreduce environments [C]. Proceedings of Network Operations and Management Symposium (NOMS), 2010: 373-380.

[302] Ianglia. http: //ganglia. info/.

第 13 章

[303] Calheiros R. N. , Ranjan R. , Buyya R. Virtual machine provisioning based on analytical performance and qos in cloud computing environments [C]. 2011 International Conference on Parallel Processing (ICPP). IEEE, 2011: 295-304.

[304] Toosi A. N. , Calheiros R. N. , Thulasiram R. K. , et al. Resource provisioning policies to increase IaaS provider's profit in a federated cloud environment [C]. The 13th IEEE International Conference on High Performance Computing and Communications. IEEE, 2011: 279-287.

[305] Garg S. K. , Yeo C. S. , Anandasivam A. Environment-conscious scheduling of HPC applications on distributed cloud-oriented data centers [J]. Journal of Parallel and Distributed Computing, 2011, 71 (6): 732-749.

[306] Workloads P. Archive [EB/OL]. http: //www. cs. huji. ac. il/labs/parallel/workload/.

[307] Garg S. K. , Yeo C. S. , Buyya R. Green cloud framework for improving carbon efficiency of clouds [C]. Proceedings of the International Conference on Parallel Processing, 2011: 491-502.

[308] [323] Beloglazov A, Buyya R. Optimal online deterministic algorithms and adaptive

heuristics for energy and performance efficient dynamic consolidation of virtual machines in cloud data centers [J]. Concurrency and Computation: Practice and Experience, 2012, 24 (13): 1397-1420.

[309] Zhang Q, Zhani M F, Boutaba R. Harmony: Dynamic heterogeneity-aware resource provisioning in the cloud [C]. The 33rd IEEE International Conference on Distributed Computing Systems (ICDCS). IEEE, 2013: 510-519.

[310] Xu B, Zhao C, Hu E. Job scheduling algorithm based on Berger model in cloud environment [J]. Advances in Engineering Software, 2011, 42 (7): 419-425.

[311] Zhang Q, Hellerstein J L, Boutaba R. Characterizing task usage shapes in Google's compute clusters [C]. Proceedings of the 5th International Workshop on Large Scale Distributed Systems and Middleware, 2011.

[312] Moreno I S, Garraghan P, Townend P. An approach for characterizing workloads in google cloud to derive realistic resource utilization models [C]. The 7th IEEE International Symposium on Service Oriented System Engineering (SOSE). IEEE, 2013: 49-60.

[313] Mishra A K, Hellerstein J L, Cirne W. Towards characterizing cloud backendworkloads: insights from google compute clusters [J]. ACM SIGMETRICS Performance Evaluation Review, 2010, 37 (4): 34-41.

[314] Khan A, Yan X, Tao S, Anerousis N. Workload characterization and prediction in the cloud: A multiple time series approach [C]. Proceedings of 2012 IEEE Network Operations and Management Symposium (NOMS). IEEE, 2012: 1287-1294.

[315] Schwarzkopf M, Konwinski A, Abd-El-Malek M, Wilkes J. Omega: flexible, scalable schedulers for large compute clusters [C]. Proceedings of the 8th ACM European Conference on Computer Systems. ACM, 2013: 351-364.

[316] 王嫚, 徐惠民. 基于小世界聚类的网格资源查找算法 [J]. 北京邮电大学学报, 2006, 29 (1): 17-21.

[317] 肖国强, 邹询. 基于兴趣聚类的网格资源发现算法 [J]. 计算机应用研究, 2007, 24 (11): 274-277.

[318] Zhang H, Ma H. Weighted degree-based host clustering algorithm in grid [C]. IEEE 2007 Global Telecommunications Conference. IEEE Computer Society, 2007: 103-107.

[319] 杜晓丽, 蒋昌俊, 徐国荣, 等. 一种基于模糊聚类的网格 DAG 任务图调度算法 [J]. 软件学报, 2006, 17 (11): 2277-2288.

[320] 胡周君. 计算网格中面向 QoS 的资源可用性评估模型研究 [D]. 长沙: 中南大学学位论文, 2010.

[321] 李文娟, 张启飞, 平玲娣, 等. 基于模糊聚类的云任务调度算法 [J]. 通信学报, 2012, 3 (33): 146-154.

[322] Xu M, Cui L Z, Wang H. A multiple QoS constrained scheduling strategy of multiple workflows for cloud compufting [C]. IEEE International Symposium on Parallel and

Distributed Processing with Applications, 2009: 629-634.

[324] Ebrahimi N, Maasoumi E, Soofi E S. Ordering univariate distributions by entropyand variance [J]. Journal of Econometrics, 1999 (90): 317-336.

[325] 丰雪. 基于信息熵方法的非寿险定价研究 [D]. 大连: 大连理工大学学位论文, 2008.

第 14 章

[326] 阎平凡, 张长水. 人工神经网络与模拟进化计算 [M]. 北京: 清华大学出版社, 2000.

[327] 黄山, 王波涛, 王国仁, 于戈, 李佳佳. MapReduce 优化技术综述 [J]. 计算机科学与探索, 2013 (10): 885-905.

[328] Shivnath B. Towards automatic optimization of MapReduce programs [C]. Proceedings of the 1st ACM Symposium on Cloud Computing. ACM, 2010: 137-142.

[329] Herodotou H, Lim H, Luo Gang. Starfish: A self-tuning system for big data analytics [C]. Proceedings of the 5th Biennial Conference on Innovative Data Systems Research, 2011: 261-272.

[330] Herodotos H, Shivnath B. Profiling, what-if analysis, and cost-based optimization of MapReduce programs [C]. Proceedings of the 36th International Conference on Very Large Data Bases, 2010: 1111-1122.

[331] Tian Chao, Zhou Haojie, He Yongqiang. A dynamic MapReduce scheduler for heterogeneous workloads [C]. Proceedings of the 8th International Conference on Grid and Cooperative Computing, 2009: 218-224.

[332] Jahani E, Cafarella M J, Re C. Automatic optimization for MapReduce programs [C]. Proceedings of the 37th International Conference on Very Large Data Bases, 2011: 385-396.

[333] Ahmad F, Chakradhar S T, Raghunathan A, et al. Tarazu: Optimizing MapReduce on heterogeneous clusters [C]. Proceedings of the 7th International Conference on Architectural Support for Programming Languages and Operating Systems, 2012: 61-74.

[334] Polo J, Carrera D, Becerra Y. Performance management of accelerated MapReduce workloads in heterogeneous clusters [C]. Proceedings of the 39th International Conference on Parallel Processing. IEEE Computer Society, 2010: 653-662.

[335] Fadika Z, Dede E, Hartog J. MARLA: MapReduce for heterogeneous clusters [C]. Proceedings of the 12th IEEE/ACM International Symposium on Cluster, Cloud and Grid Computing. IEEE Computer Society, 2012: 49-56.

[336] 宋杰, 徐澍, 郭朝鹏, 鲍玉斌, 于戈. 一种优化 MapReduce 系统能耗的任务分发算法 [J]. 计算机学报, 2016 (02): 323-338.

[337] 王秀利, 吴惕华. 一种求解多处理器作业调度的 Hopfield 神经网络方法 [J]. 系统

工程与电子技术，2002（08）：13-1.

[338] 王万良，吴启迪，徐新黎．基于 Hopfield 神经网络的作业车间生产调度方法［J］.
自动化学报，2002（05）：838-844.

[339]［354］Hopfield J J, Tank D W. Neural computation of decision in optimization problems
［J］. Biological Cybernetics, 1985（52）：141 -152 .

[340] Huang Y M, Chen R M. Scheduling multiprocessor job with resource and timing
constraints using neural networks ［C］. IEEE Transactions on Systems, Man and
Cybernetic, 1999（29）：490 -502.

[341] Prigogine I. From being to becoming：Time and complexity in the physical sciences［M］.
San Francisco, CA：Freeman, 1980.

[342] Borthakur D. Hadoop［EB/OL］. http：//lucene. apache. org /hadoop.

[343] Bonvin N, Papaioannou T G, Aberer K. A selforganized, fault-tolerant and scalable
replication scheme for cloud storage［C］. Proceedings of the 1st ACM Symposium on
Cloud Computing. New York：ACM, 2010：205-216.

[344] Wei Q S, Veeravalli B, Gong B Z. CDRM：A costeffective dynamic replication
management scheme for cloud storage cluster［C］. Proceedings of the 2010 IEEE
International Conference on Cluster Computing. IEEE Computer Society, 2010：188-196.

[345] Xie J, Yin S, Ruan X. Improving mapreduce performance through data placement in
heterogeneous hadoop clusters［C］. Proceedings of the 2010 IEEE International
Symposium on Parallel and Distributed Processing, Workshops and Phd Forum. IEEE
Computer Society, 2010：1-9.

[346] Wang Z, Li T, Xiong N. A novel dynamic network data replication scheme based on
historical access record and proactive deletion［J］. Journal of Supercomputing, 2012, 62
（1）：227-250.

[347] 周敬利，周正达．改进的云存储系统数据分布策略［J］. 计算机应用，2012,
（02）：309-312.

[348] 林伟伟．一种改进的 Hadoop 数据放置策略［J］. 华南理工大学学报，2012, 40
（1）：152-1.

[349] 张兴．基于 Hadoop 的云存储平台的研究与实现［D］. 成都：电子科技大学学位论
文，2013：22-38

[350] 付雄，贡晓杰，王汝传．云存储系统中基于分簇的数据复制策略［J］. 计算机工程
与科学，2014,（12）：2296-2304.

[351] 李强，刘晓峰，贺静．基于语音特征的情感分类［J］. 小型微型计算机系统，2016
（02）：385-388.

[352] 王万良，吴启迪，徐新黎．基于 Hopfield 神经网络的作业车间生产调度方法［J］.
自动化学报，2002, 28（5）：838-844.

[353] 王秀利，吴惕华．一种求解多处理器作业调度的 Hopfield 神经网络方法［J］. 系统

工程与电子技术，2002，24（08）：13-16.

第 15 章

［355］李彤，王春峰．求解整数规划的一种仿生类全局优化算法——模拟植物生长算法［J］．系统工程理论与实践，2005，25（1）：76-85.

［356］王淳，程浩忠．模拟植物生长算法及其在输电网规划中的应用［J］．电力系统自动化，2007，31（7）：24-28.

［357］王众托．模拟植物生长算法在设施选址问题中的应用［J］系统工程理论与实践，2008，28（2）：107-115.

［358］郗莹，戴秋萍．多目标旅行商问题的模拟植物生长算法求解［J］．计算机应用研究，2012，29（10）：3733-3735.

［359］黄山，王波涛，王国仁，于戈，李佳佳．MapReduce 优化技术综述［J］．计算机科学与探索，2013（10）：885-905.

［360］Shivnath B. Towards automatic optimization of MapReduce programs［C］. Proceedings of the 1st ACM Symposium on Cloud Computing. ACM, 2010：137-142.

［361］Herodotou H, Lim H, Luo Gang. Starfish：a self-tuning system for big data analytics［C］. Proceedings of the 5th Biennial Conference on Innovative Data Systems Research, 2011：261-272.

［362］Herodotos H, Shivnath B. Profiling, what-if analysis, and cost-based optimization of MapReduce programs［C］. Proceedings of the 36th International Conference on Very Large Data Bases, 2010：1111-1122.

［363］Tian Chao, Zhou Haojie, He Yongqiang. A dynamic MapReduce scheduler for heterogeneous workloads［C］. Proceedings of the 8th International Conference on Grid and Cooperative Computing, 2009：218-224.

［364］Jahani E, Cafarella M J, Re C. Automatic optimization for MapReduce programs［C］. Proceedings of the 37th International Conference on Very Large Data Bases, 2011：385-396.

［365］Ahmad F, Chakradhar S T, Raghunathan A. Tarazu：Optimizing MapReduce on heterogeneous clusters［C］. Proceedings of the 7th International Conference on Architectural Support for Programming Languages and Operating Systems, 2012：61-74.

［366］Polo J, Carrera D, Becerra Y. Performance management of accelerated MapReduce workloads in heterogeneous clusters［C］. Proceedings of the 39th International Conference on Parallel Processing. IEEE Computer Society, 2010：653-662.

［367］Fadika Z, Dede E, Hartog J. MARLA：MapReduce for heterogeneous clusters［C］. Proceedings of the 12th IEEE/ACM International Symposium on Cluster, Cloud and Grid Computing. IEEE Computer Society, 2012：49-56.

［368］宋杰，徐澍，郭朝鹏，鲍玉斌，于戈．一种优化 MapReduce 系统能耗的任务分发

算法［J］. 计算机学报，2016（2）：323-338.

［369］ 王秀利，吴惕华. 一种求解多处理器作业调度的 Hopfield 神经网络方法［J］. 系统工程与电子技术，2002（8）：13-16.

［370］ 王万良，吴启迪，徐新黎. 基于 Hopfield 神经网络的作业车间生产调度方法［J］. 自动化学报，2002（5）：838-844.

［371］ 王莉，秦勇，徐杰，豆飞，贾利民. 植物多向生长模拟算法［J］. 系统工程理论与实践，2014（4）：1018-1027.

［372］ 曹庆奎，刘新雨，任向阳. 基于模拟植物生长算法的车辆调度问题［J］. 系统工程理论与实践，2015（6）：1449-1456.

［373］ 李彤，王众托. 大型城市地下物流网络优化布局的模拟植物生长算法［J］. 系统工程理论与实践，2013（4）：971-980.

［374］ 李彤，王春峰，王文波，宿伟玲. 求解整数规划的一种仿生类全局优化算法——模拟植物生长算法［J］. 系统工程理论与实践，2005（1）：76-85.

［375］ 唐卫东，李萍萍，李金忠. 基于生长动力学的芦苇属植株虚拟生长模型［J］. 计算机应用，2015（4）：1110-1115.

［376］ 张彩琴，杨持. 内蒙古典型草原生长季内不同植物生长动态的模拟［J］. 生态学报，2007，27（9）：3618-3629.

第 16 章

［377］ 黄山，王波涛，王国仁，于戈，李佳佳. MapReduce 优化技术综述［J］. 计算机科学与探索，2013（10）：885-905.

［378］ Pandey Vaibhav, Saini, Poonam. How heterogeneity affects the design of hadoop MapReduce schedulers：a state-of-the-art survey and challenges［J］. Big Data, 2018, 6（2）：72-95.

［379］ Ghomi Einollah Jafarnejad, Rahmani Amir Masoud, Qader Nooruldeen Nasih. Load-balancing algorithms in cloud computing：a survey［J］. Journal of Network and Computer Applications, 2017（88）：50-71.

［380］ Khezr Seyed Nima, Navimipour Nima Jafari. MapReduce and its applications, challenges, and architecture：a comprehensive review and directions for future research［J］. Journal of Grid Computing, 2017, 15（3）：295-321.

［381］ 宋杰，徐澍，郭朝鹏，鲍玉斌，于戈. 一种优化 MapReduce 系统能耗的任务分发算法［J］. 计算机学报，2016（2）：323-338.

［382］ 马莉，唐善成，王静，赵安新. 云计算环境下的动态反馈作业调度算法［J］. 西安交通大学学报，2014，48（7）：77-82.

［383］ 马文，耿贞伟，张莉娜. 基于数据挖掘的混合云作业调度算法［J］. 现代电子技术，2017，40（19）：49-51，55.

［384］ 李强，刘晓峰. 基于模拟植物生长算法的云作业调度模型［J］. 系统仿真学报，

2018, 30 (12): 4649-4658.

[385] 王满英. 基于 QoS 模型感知的云作业调度算法 [J]. 计算机工程与应用, 2014, 50 (8): 57-60.

[386] Xu Xiaoyong, Tang Maolin, Tian Yu-Chu. QoS-guaranteed resource provisioning for cloud-based MapReduce in dynamical environments [J]. Future Generation Computer System—The International Journal of Escience, 2017 (78): 18-30.

[387] Suresh S, Gopalan N P. An optimal task selection scheme for hadoop scheduling [J]. IERI Procedia, 2014 (10): 70-75.

[388] Rasooli A, Down D G. COSHH: a classification and optimization based scheduler for heterogeneous hadoop systems [J]. Future Generation computer Systems, 2014 (36): 1-15.

[389] Zhang F, CaoJ, Li K, et al. Multi-objective scheduling of many tasks in cloud platforms [J]. Future Generation Computer Systems, 2014 (37): 309-320.

[390] 夏家莉, 陈辉, 杨兵. 一种动态优先级实时任务调度算法 [J]. 计算机学报, 2012, 35 (12): 2685-2695.

[391] 王万良, 吴启迪, 徐新黎. 基于 Hopfield 神经网络的作业车间生产调度方法 [J]. 自动化学报, 2002 (5): 838-844.

[392] 王秀利, 吴惕华. 一种求解多处理器作业调度的 Hopfield 神经网络方法 [J]. 系统工程与电子技术, 2002 (8): 13-1.

[393] 谭营, 郑少秋. 烟花算法研究进展 [J]. 智能系统学报, 2014, 9 (5): 515-528.

[394] 张以文, 吴金涛, 赵姝, 唐杰. 基于改进烟花算法的 Web 服务组合优化 [J]. 计算机集成制造系统, 2016, 22 (2): 422-432.

[395] 余冬华, 郭茂祖, 刘晓燕, 刘国军. 改进选择策略的烟花算法 [J]. 控制与决策, 2020, 35 (2): 389-395.

[396] 朱启兵, 王震宇, 黄敏. 带有引力搜索算子的烟花算法 [J]. 控制与决策, 2016, 31 (10): 1853-1859.

[397] 白晓波, 邵景峰, 田建刚. 改进的烟花算法优化粒子滤波研究 [J]. 计算机科学与探索, 2018, 12 (11): 1827-1842.

[398] 曹庆奎, 刘新雨, 任向阳. 基于模拟植物生长算法的车辆调度问题 [J]. 系统工程理论与实践, 2015, 35 (6): 1449-1456.

第 17 章

[399] 冯登国, 张敏, 张妍, 徐震. 云计算安全研究 [J]. 软件学报, 2011 (1): 71-83.

[400] 高志刚. 建设电子政务专有云平台 [J]. 经济, 2014 (11): 138-139.

[401] 董凌峰, 李永忠. 基于云计算的政务数据信息共享平台构建研究——以 "数字福建" 为例 [J]. 现代情报, 2015 (10): 76-81.

[402] 欧阳鹏. 引领资源型经济转型的科技城规划策略研究——以山西科技创新城核心

区为例［C］．中国城市规划学会．城乡治理与规划改革——2014 中国城市规划年会论文集（09 城市总体规划）．中国城市规划学会，2014：17.

［403］邹佳利．基于云计算的科技资源共享问题研究［D］．西安：西安邮电大学学位论文，2013.

［404］岳晓杰．我国科技基础条件平台建设的现状与对策研究［D］．沈阳：东北大学学位论文，2008.

［405］陈文倩，佟庆伟，战永佳．大型仪器设备资源共享平台建设的实践与探索［J］．实验技术与管理，2010（3）：296-298.

［406］阮晓妮．区域科技资源的优化配置及信息平台建设［D］．杭州：浙江工业大学学位论文，2006.

［407］郭常莲，阎永康，樊兰瑛，石莎，孙然．山西省自然科技资源共享平台结构分析及应用［J］．山西农业科学 2009，37（2）：75-77.

［408］毕强．基于网络的文化信息资源共享研究［D］．长春：吉林大学学位论文，2008.

［409］王庆，赵颜．基于知识管理的网络教学资源共享平台的设计与实现［J］．中国教育信息化，2010（21）：39-42.

［410］叶锡君，孙敬，张天真．农作物特种遗传资源共享平台的建立［J］．南京农业大学学报，2011，34（6）：7-12.

［411］张宇．基于河北省科技基础条件网络平台的网上科技资源整合［D］．石家庄：河北师范大学学位论文，2011.

［412］张瑾．科技信息资源共建共享平台构建研究［J］．图书馆学研究，2012（3）：4146.

［413］冀宪武，赵永胜，陈晓冬，郜春花，张强．山西省农业信息资源开发利用研究［J］．农业网络信息，2014（5）：124-127.

［414］山西省人民政府办公厅关于印发山西科技创新城人才支持、平台管理、成果转化、首台（套）装备认定等 4 个暂行办法的通知［J］．山西政报，2016（3）：25-29.

［415］丁梅．大数据时代云平台与大容量存储——以湖北省科技信息共享服务平台部署为例［J］．软件导刊，2014（5）：1-3.

［416］李强．省级固定资产投资项目管理系统的规划与设计［J］．山西经济管理干部学院学报，2012，20（4）：37-40

［417］李强．一种支持网格化管理的电子政务构架［J］．电子政务，2015（12）：55-64.

第 18 章

［418］曙光信息产业股份有限公司．高校教育云服务平台建设方案［Z］．2014.